图书在版编目（CIP）数据

特色小镇规划与实施 / 艾昕，黄勇，孙旭阳主编
上海 ：同济大学出版社，2017.6
（理想空间 ；77 辑）
ISBN 978-7-5608-7101-1
Ⅰ．①特… Ⅱ．①艾… ②黄… ③孙… Ⅲ．①城镇—城市规划 Ⅳ．① TU984
中国版本图书馆 CIP 数据核字（2017）第 143886 号

理想空间
2017-06（77）

编委会主任　夏南凯　王耀武
编委会成员　（以下排名顺序不分先后）
赵　民　唐子来　周　俭　彭震伟　郑　正
夏南凯　蒋新颜　缪　敏　张　榜　周玉斌
张尚武　王新哲　桑　劲　秦振芝　徐　峰
王　静　张亚津　杨贵庆　张玉鑫　焦　民
施卫良
执行主编　王耀武　管　娟
主　　编　艾　昕　黄　勇　孙旭阳
责任编辑　由爱华
编　　辑　管　娟　姜　涛　陈　波　顾毓涵　汪　洋
张海鹏　刘　杰　金松儒　刘　悦
责任校对　徐春莲
平面设计　顾毓涵
主办单位　上海同济城市规划设计研究院
承办单位　上海怡立建筑设计事务所
地　　址　上海市杨浦区中山北二路 1111 号同济规划大厦 1107 室
邮　　编　200092
征订电话　021-65988891
传　　真　021-65988891
邮　　箱　idealspace2008@163.com
售 书 QQ　575093669
淘 宝 网　http://shop35410173.taobao.com/
网站地址　http://idspace.com.cn
广告代理　上海旁其文化传播有限公司

出版发行　同济大学出版社
策划制作　《理想空间》编辑部
印　　刷　上海锦佳印刷有限公司
开　　本　635mm x 1000mm　1/8
印　　张　16
字　　数　320 000
印　　数　1-10 000
版　　次　2017 年 06 月第 1 版　2017 年 06 月第 1 次印刷
书　　号　ISBN 978-7-5608-7101-1
定　　价　55.00 元

本书若有印装质量问题，请向本社发行部调换

编者按

我国经济发展步入新常态、倡导新型城镇化的背景下，特色小镇模式应运而生。其最早产生于浙江省，逐渐扩展至全国，呈现出燎原之势。

自住建部、发改委和财政部三大部委联合启动特色小镇培育工作以来，各地政府和各类市场主体申报、参建特色小镇热情高涨，社会各界越来越多地关注到了特色小镇的发展。然而，在政府和资本趋之若鹜的热潮之下，很多特色小镇规划中已经出现了产业定位不明、特色缺失、地产开发导向明显的端倪，热潮之下隐忧渐现。

本期内容正是着眼于此，针对当前各地特色小镇建设情况，从宏观层面加以点评并辨明政策方向，就特色小镇规划建设及其未来的发展趋势，在理论和实践上进行深入的探讨，并通过高品质的规划设计成果及案例分析，提供可借鉴的成熟经验。

上期封面：

CONTENTS
目录

主题论文

专题案例

特色小镇的规划与设计

特色小镇的建设与特色营造

Top Article

Subject Case

The Planning and Design of Characteristic Towns

The Building and Feature Creating of Characteristic Towns

主题论文
Top Article

中国特色小镇发展的政策趋势：适度降温与持续给力
——专访中国城市和小城镇改革发展中心学术委秘书长冯奎

Policy Trend of Small Town Development with Chinese Characteristics, Modest Cooling and Continuous Awesome
—Interview with the Secretary General of the Academic Committee of the Center for Reform and Development of Chinese Cities and Small Towns

冯 奎
Feng Kui

[关键词] 特色小镇；规划建设；理性认识；政策方向
[Keywords] Characteristic Town; Planning Construction; Rational Cognition; Policy Direction
[文章编号] 2017-77-A-004

记者（以下简称“记”）：您怎么看我国当前的特色小镇建设?

冯奎（以下简称“冯”）：特色小镇的星星之火，已有燎原之势。当前，要重视特色小镇发展中存在的一些现象，特别是低门槛进入、一哄而上无序规划建设特色小镇的问题，分析问题背后的原因，出台相关政策，用正确而鲜明的政策方向来促进特色小镇健康发展。

记：那么，在当前的特色小镇建设热潮中，您认为出现了哪些值得重视的现象?

冯：特色小镇发展是经济社会进入新常态条件下，供给侧改革的一项重要内容。特色小镇小而特、小而强、小而美、小而优，提供新产品、创造新动能、构建新模式，展示出活力、竞争力与生命力。从浙江起步，全国各地对发展特色小镇积极性很高。

但喜中有忧，现在有的地方出现了一些令人警惕的现象。概括起来说，有四个“头”。

一是一哄而上的势头。国家住建部、发展改革委、财政部等有三部委提出“十三五”期间要培育1 000个特色小镇。近来，其他部委也有特色小镇计划。各个省、各地市重视特色小镇，纷纷效仿，不少省提出要建省级的100个，地市提出要建地市级的二三十个特色小镇。按这样的架构，粗略估算一下，国家级1 000个，在省级层面按3 000个，地市县区层面按6 000个，“十三五”期间就将约有10 000个特色小镇将要规划与建设。层层下来，已经形成了一个金字塔的数量布局。

二是形象工程的苗头。一些地方看到特色小镇“好看”，又是上级政府重视的、认可的，纷纷拿出优越的地段，优质的资源，来吸引社会机构参与来谋划特色小镇。特色小镇的规划图非常“炫”，前景极其诱人，但实际的问题如产业如何培育、社会资本如何引入、后续如何运营，都是轻描淡写，一笔带过。

三是不切实际的噱头。新概念特色小镇，尤其受到追捧，机器人小镇、基金小镇、VR小镇等等，成为新宠。人民日报刊文讲西部一个县，不通高铁，只有几家规模以上企业，县里也要规划基金小镇。

四是房产开发的盖头。房地产企业是这一轮特色小镇发展的积极推手。特色小镇，离不开房地产，但特色小镇不是房地产。现实是，一些地方，房地产商借助特色小镇，“圈地”“屯地”。还有一些地产商，乔装打扮，假借特色小镇之名，实质是通过营造乡愁卖房子。

以上这些现象，在最近的一些媒体报道中都有许多揭示，值得注意。

记：在您看来，特色小镇“一哄而上”背后的原因是什么?

冯：特色小镇在部分地区发展过程当中出现了以上种种现象，最实质的表象是一哄而起，这具有非常强的背景，或者说有多方面的原因，需要我们高度警惕，大致有以下几个方面的原因：

一是宏观经济方面的原因，宏观经济背景发生了重大变化，进入了新常态，大规模开发条件不具备了，所以各方面的力量比较集中于特色小镇、小城镇发展，这是特色小镇兴起的原因，也是导致部分地区一哄而上的外部环境。

二是工商企业方面的原因，工商企业特别是房地产商在寻求转型发展过程当中，从大城市转移出来，纷纷转到特色小镇、小城镇，寻求出路。我们看到在很多所谓的特色小镇、小城镇发展，基本上是由工商企业尤其是房地产业企业在背后出力。

三是规划机构与规划师方面的原因，一些规划师，满足于拿项目，对于地方政府与开发企业的诉求，统统接受。没有从专业角度去分析特色小镇发展存在的问题与风险。笔者近日接触一些规划机构，都在转行做特色小镇，对特色小镇的过热现象实质上起到了推波助澜的作用。

四是地方政府的原因，有的地方政府为了寻求经济的增长点，要拉动经济增长，寄希望于特色小镇。东部的水平较高，一个特色小镇三年投资的规模是50亿元，中西部拉平均来看，一个特色小镇三年期内投资基本要达到20亿以上，这无疑是经济增长的强心剂。

五是认识方面的原因，对特色小镇、小城镇发展的难度缺乏估计。许多地方政府部门以及开发企业认为，特色小镇的开发比大城市以及城区的难度小，上上下下觉得搞小城镇小菜一碟，因此盲目上马。

六是浙江模式在推广方面的原因，浙江等地发展特色小镇的成就鼓舞了外地的政府部门官员以及开发企业。浙江特色小镇红红火火，但背后的原因有哪些？支撑条件有什么？这方面引起深层次的东西强调得不够多、讲得不够全。结果层致参观学习者只见其表，未知其里。

七是政策导向上的原因，政府导向的亮点、吸引点还在于给资金、给土地要素支持。在这样的政策设计的框架内，实际上没有极其有效的措施，来推动各地形成自我约束的发展机制，这导致各地为争夺上级的政策支持，挤破了脑袋。

八是舆论引导上的原因，对暂时成功的特色小镇讲得多，对可能出现的问题，讲得不够多，不够早、不够尖锐。

记：那么从国家政策层面，应该如何正确理解和理性认识特色小镇建设？

冯：应重视政策层面释放的信号。特色小镇发展，高层高度重视。在部委层面，2016年以来，多个部委多次下发通知，一系列具体工作也在推进之中。对于特色小镇的发展，应重视政策层面释放的明确信号。

一是明确“大战略”定位，强调特色小镇应从供给侧改革、从促进大中小城市与小城镇协调发展、从城镇化对新农村的带动等方面去认识，不能让特色小镇理解为又一轮圈地运动，房地产运动。

二是从长计议，特色小镇不是一年两年。就政策设计来说，要在“十三五”期间建设1 000个特色小镇。就政策精神来说，特色小镇代表着创新、绿色、共享等新型发展理念，将成为一条重要的发展主线，产生深远影响。

三是强调一系列创新。这个“新”，涉及一系列内容，包括创造新产品、提供新供给等；包括搭建城乡优势整合的新载体、城乡创业创新平台、城乡要素交流的新机制等。

四是要防止把好戏唱砸。国家发展改革委、住建部等政策文件多次明文指出，要防止一哄而上、防止形象工程、防止千城一面、防止政府大包大揽。也就是说，在看到成绩的同时，同时也要看到当前特色小镇发展中出现的一些问题的苗头，要加以克服与解决。

政策信号，归结起来，就是这四个字：大、长、新、防 。这四个字有内在联系。如果对特色小镇的认识不足，高度不够，就会把特色小镇当作新一轮开发热潮，就会出现一哄而上、低门槛进入的问题，最终就演变成要“防”。

记：对于我国未来的特色小镇建设，您有什么建议？

冯：总的来讲，应当适当降温与持续给力。特色小镇发展存在的一些现象与问题，值得警惕，因此短期内应给特色小镇降掉虚火，强调冷静下来。但从长期来看，特色小镇的追求之路，是中国城镇化的一个方向，因而还需要持续给力。

一是进一步明确特色小镇的方向性意义。建议在全国层面研究制定特色小镇发展的长期战略。支持各地因地制宜，结合新型城镇化发展与“十三五”规划，制定特色小镇发展的中长期规划。

二是在特色小镇规划建设过程中，坚持质量第一的原则，不搞数量比拼。有条件的地方发展特色小镇，但对于中西部，除了大城市周边以及其他确有条件的地区，近期的发展重点应该主要依托建制镇发展。在发展特色小镇的进程中，既有抢先意识，更要有“留白”的战略。不能浪费绿水青山，制造垃圾工程。

三是发挥市场机制的作用，把产业发展放在核心位置。要支持那些看得见，行得通的产业小镇。看得见原则是产业经济学上很重要的规律，这个地方具备基本条件，有这个基因，才有政策支持的基础。既不能认为本地一无是处，也不能异想天开。要把决定权交给有眼光的企业，当地的开发主体机构。

四是执行严格的评估，创建特色小镇要从准入、中间过程、出口等环节强化考评。创建特色小镇如果没有达到目标，就应把政策收回，同时还要给予警告与惩处。通过完善退出机制，来有效止损。评估工作要发挥公众参与的作用，采取效果公示、社会打分等原则，避免暗箱操作。

五是从政策支持的主要对象来看，重点支持特色小镇所集聚的各类中小型企业以及农业转移人口。只有把支持政策重点落实到中小企业头上才会持久的焕发活力。不走以往简单支持大开发商的老路。鼓励在特色小镇发展中建立“合伙人“制度，推动多元主体参与建设、规划与发展。

六是围绕特色小镇发展推进改革，包括行政管理体制改革、财政税收改革、中小企业登记改革、科技创新改革、人才引进等方面的改革。把特色小镇发展与推动政府职能转变，强化市场主体作用紧密结合起来。

七是限制以房地产业开发为内容的特色小镇。对没有实际产业内容，实质上搞房地产开发的特色小镇规划建设，应不批或少批。引导房地产企业联合其他类型的运营机构，通过土地开发、地产开发、产业开发、产业链开发、产业园区建设、综合开发等手段，获得综合收益，降低单纯的房产开发收益在特色小镇综合收益中的比重。

八是加舆论引导。特色小镇需要适宜的发展环境。全国规划建设众多的特色小镇，有经验，也有教训，对于经验要及时总结，教训要广而告之。要为特色小镇营造较好的舆论环境，促进特色小镇健康发展。

记：感谢冯秘书长高屋建瓴的分析和建言，希望我国未来的特色小镇建设能朝着更加健康有序的方向发展！

作者简介

冯　奎，中国城市和小城镇改革发展中心学术委秘书长。

中国特色小镇城镇化新模式
Characteristic Town: A New Mode of Urbanization

刘朝晖 仇勇懿
Liu Zhaohui Qiu Yongyi

[摘　要]　当前，特色小镇已经城镇化建设的重要热点。概念热潮也伴随着理解偏差和实践乱象，确保特色小镇的健康发展首先需要从时间和空间的维度深刻理解其内涵并提出理性的发展路径。在比较研究的基础上，本文认为，特色小镇应当被视为一种新的城镇化模式探索，其与传统小城镇在城乡要素流动方向、城镇网络中的功能和地位、产业价值链提升的主动性、城镇建设品质四个方面都有着显著的差异。建设特色小镇必须紧扣新的城镇化模式特征，通过"聚、网、群、育、范"五项举措进行精准化、精细化培育。

[关键词]　特色小镇；小城镇；城镇化

[Abstract]　Characteristic towns has soon became an important issue in urban development arena since it was introduced in 2015. However the spree of a concept is often followed with misunderstanding and chaotic practice. Rational development of characteristic towns relies on deliberate understanding and proper route. By comparative study, this essay indicates that characteristic towns is a new mode of urbanization and it can be distinguished from traditional towns through four features which are flow direction of ruran-urban factors, function and influence in towns' network, proactivity of improving industrial value-chain, and quality of built enviroment. Thus the development of characteristic towns should respond to these key features of the new mode. Finally this essay suggests five approachs - converging, networking, grouping, cultivating and piloting – for developing characteristic towns precisly and elaboratly.

[Keywords]　characteristic towns; small towns; urbanization

[文章编号]　2017-77-A-006

2015年以来，特色小镇自浙江发端并成为一股快速席卷全国的浪潮。对比被倡导了30多年的小城镇发展战略，特色小镇无疑在市场上取得了巨大的成功。我们认为，特色小镇可能创造出了一种新的城镇化模式。这种模式与之以往在很多方面有着本质的差异。

一、"小城镇、大战略"与用脚投票

其实远在20世纪80年代，我国就提出了以小城镇为主体的城镇化战略构想。虽然也产生了一批体现"一镇一品"的工业强镇，但普遍而言小城镇缺少发展动力，30多年的城镇化历程实际上已形成了以大城市为主要载体的特征，147个百万人口以上的城市吸纳了近30%的城镇化人口。这一战略将小城镇作为农村人口向城市转移的拦水坝、蓄水池。其出发点主要在于小城镇进入门槛低，城镇化成本低。也就是说，从一开始就决定了城镇是从乡村到城市两种文明，两种建设标准之间的过渡形态，城镇人口的来源是城镇化的农民，尤其是难以进入城市的那部分人，形成负面的反馈机制并不断强化，导致城镇文明很难向好的方向发展。

城镇化本质上是一个不断用脚投票的过程。笔者曾经做过一个简单的调研，在功能并不完善的开发区和小城镇之间选择一处作为就业和生活之所，人们会如何选择。几乎所有人都选择开发区而不是更加便利的小城镇。同时我们也观察到一个现象，在沿海地区产业向中西部地区转移的背景下，原本被认为劳动力资源极为丰富的地区却面临着招工难的问题，人们更愿意离乡见识更加美好和不一样的世界。无论小城镇的发展对于城镇化格局健康有多少好处，城乡居民都以"用脚投票"的方式坚定地选择了走向城市。从某种意义上，这种选择是对城市文明的选择。

二、特色小镇崛起

2015年1月，浙江省委省政府提出创建特色小镇战略。2016年7月，住建部等三部委发布《关于开展特色小镇培育工作的通知》。在短短的两年内，特色小镇已经成为席卷全国的热潮。截至2017年4月，全国共有18个省、自治区及直辖市出台了与特色小（城）镇培育建设相关的政策。住建部等三部委发布《关于开展特色小镇培育工作的通知》是一个重要的节点，此后各省政策快速密集出台。其中，15个都明确提出了省级特色小镇的创建数量，总数达到1 060个。不仅政府青睐特色小镇，大量的房地产商和资本也对特色小镇充满热情，特色小镇投资基金大量涌现，仅通过互联网信息不完全统计的结论，以特色小镇为主要投资对象的资本总额已近万亿元。

这种热潮显然与小城镇战略的冷清形成了鲜明的反差。那么，特色小镇又有什么不同呢？首先，特色小镇并不是从乡村地区的城镇基础上成长起来的。浙江省的有关政策明确提出特色小镇"非镇非区"，很多知名的特色小镇都位于城市边缘，是具有相对独立性的建设组团。国家发改委则在《关于加快美丽特色小（城）镇建设的指导意见》中将特色小镇定义为聚焦特色产业和新兴产业、集聚发展要素的创新创业平台，并明确提出特色小镇不同于行政建制镇和产业园区。

然而，全国超千个特色小镇背后的内涵差异巨大。很多地区的特色小镇建设存在着盲目性，不理解自身条件和能力，照搬发达地区的模式，还有一些房地产项目也披上特色小镇的外衣"圈地造城"。其中，最易混为一谈的是作为创新创业平台的特色小镇和独具地方特色的小城镇。浙江模式的特色小镇具有很强的探索和引领意义，各种资本和资源也更加青睐浙江模式的特色小镇。而特色小城镇则具有很强的现实意义，对于普遍的乡村人居环境改善，历史文化遗产保护，公共服务水平提升具有重要的政策引导的作用（详见表1）。从国内各省出台的政策来看，也存

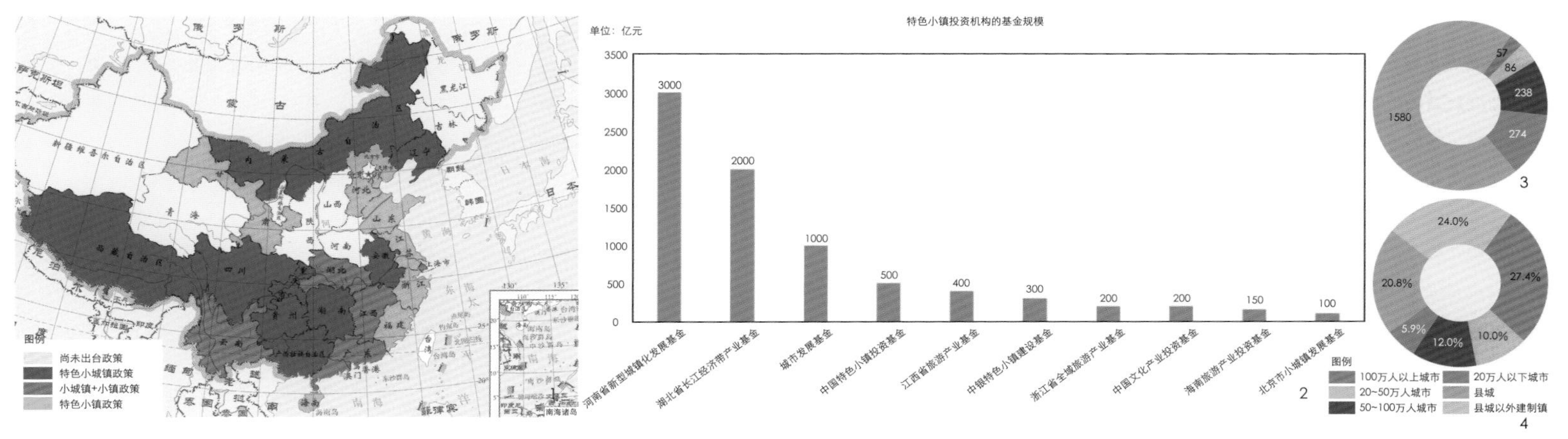

1.集散中心功能布局图
2.特色小镇投资机构基金规模
3.不同规模城市的数量构成
4.不同规模城市吸纳的城镇化人口比重

表1　特色小镇与特色小城镇的区别

	特色小镇	特色小城镇
主要内涵	特色小镇是聚焦特色产业和新兴产业，集聚发展要素，不同于行政建制镇和产业园区的创新创业平台。相对独立于市区，具有明确产业定位、文化内涵、旅游和一定社区功能的发展空间平台，区别于行政区划单元和产业园区	特色小城镇是指以传统行政区划为单元，特色产业鲜明、具有一定人口和经济规模的建制镇。一般地理位置重要、资源优势独特、经济规模较大、产业相对集中、建筑特色明显、地域特征突出、历史文化保存相对完整
主管部门	国家发展和改革委员会	住房城乡建设部
政策导向	经济转型升级； 城乡统筹发展； 供给侧结构性改革	新型城镇化建设； 新农村建设
规模范围	规划面积3km^2左右； 建设面积1km^2左右	整个镇区
产业类型	信息技术、节能环保、健康养生、时尚、金融、现代制造、历史经典、商贸物流、农林牧渔、创新创业、能源化工、旅游、生物医药、文体教育	商贸流通型、工业发展型、农业服务型、旅游发展型、历史文化型、民族聚居型等
运作方式	政府引导； 企业主体； 市场化运作	政府资金支持； 统筹城乡一体化； 规划引领建设
代表省份	浙江省	贵州省

在着明显的分野。

三、新常态下的发展共识

中国城镇化的最大成功是前所未有地创造了一种将国家带向成功的商业模式，从一个一切条件均缺乏的落后起点走到今天举世皆羡的发展奇迹。简而言之，这一模式就是由城镇化提供增长预期，由工业化提供经济回报，以城市开发为载体，撬动大量社会资本和未来资本，增长得以实现，从而完美地满足了罗斯托经济起飞理论的四个条件。因此，与其争论中国模式是强政府还是强市场的结果，倒不如说是政府与市场之间共识的产物。城镇化和工业化将按照一定的速度不断增长，投资—回报的商业模式能够成立，由此形成持续的正向激励。

当前，我国的城镇化发展进入后半程，经济发展也进入新常态。城镇化很难按照原有速度持续扩大市场规模，工业化也很难延续简单的规模扩张路径，旧的发展共识终结成为横亘中国面前的巨大挑战。特色小镇的主要推动者，浙江省原省长李强是将特色小镇作为破解浙江高端要素聚合度不够的重要抓手来推动的，目的就是解决产业转型升级滞后于市场升级和消费升级所导致的有效供给不足和消费需求外溢问题。陈宇峰和黄冠认为，浙江省创建特色小镇的本质是以城镇化方式推进“供给侧”改革，目标是实现“产业整合”和“产业升级”。可以说，特色产业的价值链提升是各类特色小镇规划的重要特征。

在国家发展的关键时间点上，特色小镇的热潮实际上启示我们一种新常态下的发展共识正在浮现——城镇化的结构与质量提升能够创造出与速度同样的增长预期，以科技和创意所驱动的产业转型升级能够带来更大规模的经济回报。因此，特色小镇并不能被简单地看作产业发展之举或城镇体系格局变化，而是关系到“中国模式”如何延续的重要探索和创新。这也是各地政府和众多资本方趋之若鹜的根源。

四、新的城镇化模式

与小城镇相比，特色小镇具有鲜明的差异性，并可以总结为一种新的城镇化模式，这一模式有四项特征。

1. 新的城镇化模式强调城乡要素之间的双向流动

李强撰文提出，特色小镇是推进新型城市化、加快城乡一体化的新平台。在新的语境下，城乡一体化的内涵发生了很大的变化。我们看到，特色小镇普遍将吸引城市中的优质生产要素、高技能人才作为发展的核心。如杭州的梦想小镇、云栖小镇等一大批特色小镇已经成为高端人才和新经济的发展高地。这与传统城镇化思路将小城镇视为人口流动的拦水坝、蓄水池，以吸引乡村人口从事简单劳动，将城镇发展的优势建立于低成本的基础之上形成截然反差。当乡村人口进入城市学习新的技能和在复杂社会中生存的技巧，城市人口进入乡村并用资金、信息、技术、组织、市场等要素重塑乡村的发展机遇，我们将迎来一个真正城乡一体化——城乡文明的一体化。

2. 新的城镇化模式强调全球城镇网络中的定位

今天，虚拟空间逐步消除地理差异，任何一个城镇都有可能通过特色优势将其影响力输出到全世界。传统的城镇化模式下，大多数城镇通常被作为所在辖区的公共服务中心来建设，很少强调小城镇的大角色。与之相异，几乎每一个特色小镇都试图在专门领域获取绝对优势以占领更加广阔的市场空间。例如杭州云栖小镇，从2013年与阿里云达成战略合作以来，突破原有的传统工业园区的建设模式、腾笼换鸟，逐步放眼全球、筑巢引凤，积极发展智能硬件、云计算、大数据等信息技术产业，截至2016年小镇已引入涉云企业321家，实现产值超200亿元，税收10亿元。

3. 新的城镇化模式强调对机会的主动掌握能力

从现有的特色小镇发展策略可以发现两种路径设计：一种是自身已经具有鲜明的产业优势或资源优势，试图通过主动引入产业链的高端部分提升自我价值；另一种则是借助策划和招商网络目标明确地将某类产业资源强力植入当地，例如玉皇山南基金小镇、美妆小镇等都属此类。上城玉皇山南基金小镇，就属于这种为了提升自我价值，主动引入"赛伯乐创投公司"，后陆续吸引创投界的小伙伴纷纷入驻，最终"很偶然"地成就了今天的基金小镇。而位于湖州市的吴兴美妆小镇则完美诠释了"机会永远属于有准备的小镇"，该小镇从规划之初就着意打造化妆品生产全产业链，围绕着该主题在产业布局、空间布局、运作模式、扶持政策等多方面全面发力。虽然两者的特色来源有差异，但是城镇化过程中的主动性特征十分突出。

4. 新的城镇化模式突出高品质的人居环境和城镇空间特色

在特色小镇的建设水平方面，相对于其他小城镇和城中村的建设，整体呈现出了基础设施水平高、造价高，服务设施能级高、质量高，设计文化价值高、利传承的特点。无论哪个特色小镇都不再以低成本为卖点，而是尽可能做好城市设计，将自然特色和人文特色融入城镇建设，创造令人愉悦的城镇空间，以之作为吸引高素质人口到小镇工作、生活和旅游的核心。目前，各省在特色小镇培育建设的过程中都不约而同地对小镇的"颜值"提出要求，在特色小镇的规划建设更是时时处处体现了绿色与智慧，例如浙江省明确提出特色小镇按3A级旅游景区的标准进行打造；尤其是一些有着历史记忆、文化脉络、地域风貌、民族特点的小镇，在城镇空间打造方面更是着力传承文化、彰显特色。

五、特色小镇的培育

精准化、精细化的定位和规划是特色小镇发展的核心，也是新城镇化模式的重要特点。赋予小镇以特色定位意味着需要对符合这一定位的高端要素展开区域竞争，意味着选定一定空间距离作为市场范围，那么既有的区位关系、资源禀赋、运营能力是否与预期定位相匹配是决定成败的关键之所在。

1. 聚

特色小镇的建设运营需要很高的操作技巧以聚合和盘活各类要素和资源。城镇物质空间建设相对容易，而高价值产业的植入、城镇氛围的营造、城镇归属感的形成都需要巨大的能力和耐心。

2. 网

特色小镇的规划和建设应当尽可能融入城市网络集群以增强竞争力。今天的城市竞争越来越体现为城市集群之间的竞争，城市区域中的每个特色小镇都可能承担着重要的全球性或区域性角色，成为某一类市场的控制中心，某一类服务的供给中心。长三角、珠三角等城市区域有了大量的特色小镇支持，将会产生更大的竞争力。

3. 群

如果说特色小镇探索的第一阶段是强调单个城镇点上的创新，那么第二阶段将可能是群体创新，彼此邻近的小镇之间可以借助各种有形或无形的关联网络塑造出特色小镇集群。例如在昆山，我们观察到沿淀山湖的水乡古镇正试图通过休闲网络和产业之间的协同构建这样的集群。

4. 育

科技、创意和情怀将是特色小镇最终形成的最重要驱动力，也是中国发展奇迹继续成功的关键要素。这些要素的吸引依赖一系列复杂的硬环境和软环境支持，我们既需要改革的魄力、服务的意识，又需要专业的团队运营。

5. 范

特色小镇必须形成高品质的生活环境与高效率的创新环境的发展正循环。特色小镇虽然强调产业提升，但根本的推动力是高素质的人才。只有汇集科技和创意人才，产业价值才有可能得以实现。而对人才的吸引，除了产业政策和产业生态的培育，美丽宜居的生活环境是最为基本的诉求之一。这也是特色小镇区别于产业园区的核心所在。因此，每一个特色小镇应当代表未来城市发展方向，代表中国城市的探索，每一个特色小镇都应当是智慧小镇、绿色小镇的典范。

特色小镇是中国新型城镇化道路的重要探索，但不是唯一的模式。对于不具备相关能力的诸多小城镇来说，要坚决避免盲目模仿抄袭，用好现代技术要素对经济地理格局的重塑，稳步提升自身发展能力，立足自身范围做好应用的公共服务，实现与中心城区的有机协调将是更加务实的选择。

参考文献

[1]陈宇峰, 黄冠. 以特色小镇布局供给侧结构性改革的浙江实践[J]. 中共浙江省委党校学报. 2016（5）.

[2]李强. 特色小镇是浙江创新发展的战略选择[J]. 今日浙江. 2015（24）.

[3]李强. 用改革创新精神推进特色小镇建设[J]. 今日浙江. 2015（13）.

[4]周鲁耀, 周功满. 从开发区到特色小镇：区域开发模式的新变化[J]. 城市发展研究, 2017, 24（1）:51-55.

[5]苏斯彬, 张旭亮. 浙江特色小镇在新型城镇化中的实践模式探析[J]. 宏观经济管理, 2016（10）:73-75+80.

[6]韦福雷. 特色小镇发展热潮中的冷思考[J]. 开放导报, 2016（06）: 20-23.

作者简介

刘朝晖，博士后，中国城市科学研究会常务理事、数字城市工程研究中心常务副主任；

仇勇懿，博士，杭州知略科技有限公司研究员。

空间的创新与创新的空间
——浙江特色小镇的背景与生成机理

Space Innovation and Innovative Space
—The Background and Formation Mechanism of the Characteristic-town in Zhejiang

汤海孺 柳上晓
Tang Hairu Liu Shangxiao

[摘 要] 特色小镇是浙江适应和引领经济新常态的新探索、新实践，是破解浙江空间资源瓶颈、有效供给不足、高端要素聚合度不够、城乡二元结构及改善人居环境的重要抓手。本文基于空间的创新与创新的空间两个层面，从文明转型、需求变化、产业转型、平台演变、科技革命、现实基础等方面探讨了浙江特色小镇提出的背景，归纳总结了特色小镇规模不求大、选址有依托、产业筑生态、功能讲协同、空间重复合等生成机理，以期更准确地理解其内涵。

[关键词] 创新空间；空间创新；特色小镇；生成机理；浙江

[Abstract] Characteristic-town is a new exploration and practice of Zhejiang adapting to and leading the new normal economy. It's an important starting point to improve the living environment and break the bottleneck of space resources in Zhejiang, effective supply shortage, lack of high-end elements of polymerization, and the urban and rural dual contradiction. This paper is based on two levels-space innovation and innovative space. From the cultural transformation, demand change, industrial transformation, platform evolution, science and technology revolution, the real foundation and so on, this paper discusses the background of the characteristic-town of Zhejiang, and discussed the formation mechanism of the feature of the town, summarizes the composition characteristics of spatial scale, space location, industrial organization, functional organization and space organization, to have more accurate understanding of the feature of the characteristic-town.

[Keywords] Innovative space; space innovation; characteristic-town, formation mechanism; Zhejiang

[文章编号] 2017-77-A-009

浙江为适应和引领经济新常态，破解浙江空间资源瓶颈、有效供给不足、高端要素聚合度不够、城乡二元结构及改善人居环境，推进产业集聚、创新和升级，于2015年提出：未来三年将重点培育100个特色小镇，重点发展信息、环保、健康、旅游、时尚、金融、高端装备制造等七大产业，兼顾茶叶、丝绸、黄酒等历史经典产业。

特色小镇不是行政区划单元和产业园区，而是具有明确产业定位、文化内涵、旅游功能和社区特征的新载体、创新创业新平台。它的提出得到了中央领导的高度肯定和各市县政府的积极响应。目前，已有79个特色小镇上了省级创建名单。本文重点就特色小镇提出的背景及生成机理进行剖析，以便能更好地理解特色小镇这一概念内涵。

一、空间的创新——特色小镇的背景

1. 创新有要求——文明转型视角

工业文明在追求利润最大化的导向下，形成了大量生产—大量耗费—大量废弃的单向式生产体制，诱发了挥霍浪费和超前消费理念，忽视了自然资源和承载能力的有限性，对生态环境造成严重污染和巨大破坏，引发越来越多的社会矛盾，这种生产消费方式不可持续。为此，要加快从工业文明迈入人与自然和谐共处、良性互动、持续发展的生态文明新时代，建立可持续发展的产业结构，倡导绿色、低碳、循环的生产方式和不求所有、但求所用、分享资源、协同消费的消费模式，努力从生态赤字转向生态盈余，建设资源集约、环境友好的两型社会。

特色小镇就是实施生态文明建设、落实“创新、协调、绿色、开放、共享”五大发展理念、使“三生空间”高度和谐、深度融合的一次空间创新，是对“两美浙江”“美丽杭州”建设的重要探索。

2. 创新有需求——需求变化视角

自改革开放以来，浙江敏锐地抓住了三项发展红利，赢得了工业化发展先机：一是抓住了计划经济向市场经济转轨的改革红利，以家庭作坊+专业市场起步，形成产业集群和新型产供销体制，取得先发效应，确立了民营经济主导的市场体制；二是抓住了土地、劳力等要素成本低廉的要素红利，以内生型经济为主导，形成扎根于本地的产业集群；三是抓住了进入WTO的开放红利，从国内市场进入国际市场，以代工、量产和低成本优势，占据国际低端市场。

经过近二十年的快速发展，市场供求发生重大变化，浙江经济出现三个难以为继：一是以价廉命短、牺牲质量为代价的低价、低质、不环保的低端路线遭遇出口疲软、反倾销和精品消费兴起而难以为继；二是以量取胜、牺牲个性需求为代价的规模生产模式遭遇产能过剩和需求个性化而难以为继；三是以污染环境、牺牲环境为代价的高耗能、耗材、耗水、耗地的粗放式生产方式遭遇资源约束、民众反对、减排国际责任而难以为继。迫使浙江进入创新驱动、转型发展的新阶段。产品要从低端、粗制、大众、廉价向高端、精制、个性、优价演化，企业要从劳动密集型向资本密集型、并向知识密集型产业演化，产业要从二产主导向三产主导演变。这将引发对研发设计、专利法务、金融服务、品牌管理、广告营销等生产性服务业的新需求；而人们生活水平的提高，也增加了对旅游休闲、精品购物、文化娱乐、健康养生等生活性服务业的需求。

3. 创新促转型——产业转型视角

美国地理学家乔尔·科特金说：“以制造与资源为基础的经济向以服务与信息为中心的经济转型，经济主要由第一流人才对地点的偏好所决定，他们可以随心所欲地选择居住地点并控制着财富的地理布局。”这就是说，这两种经济的发展模式与路径是不同的。制造与资源为基础的经济是以资本主导、区位

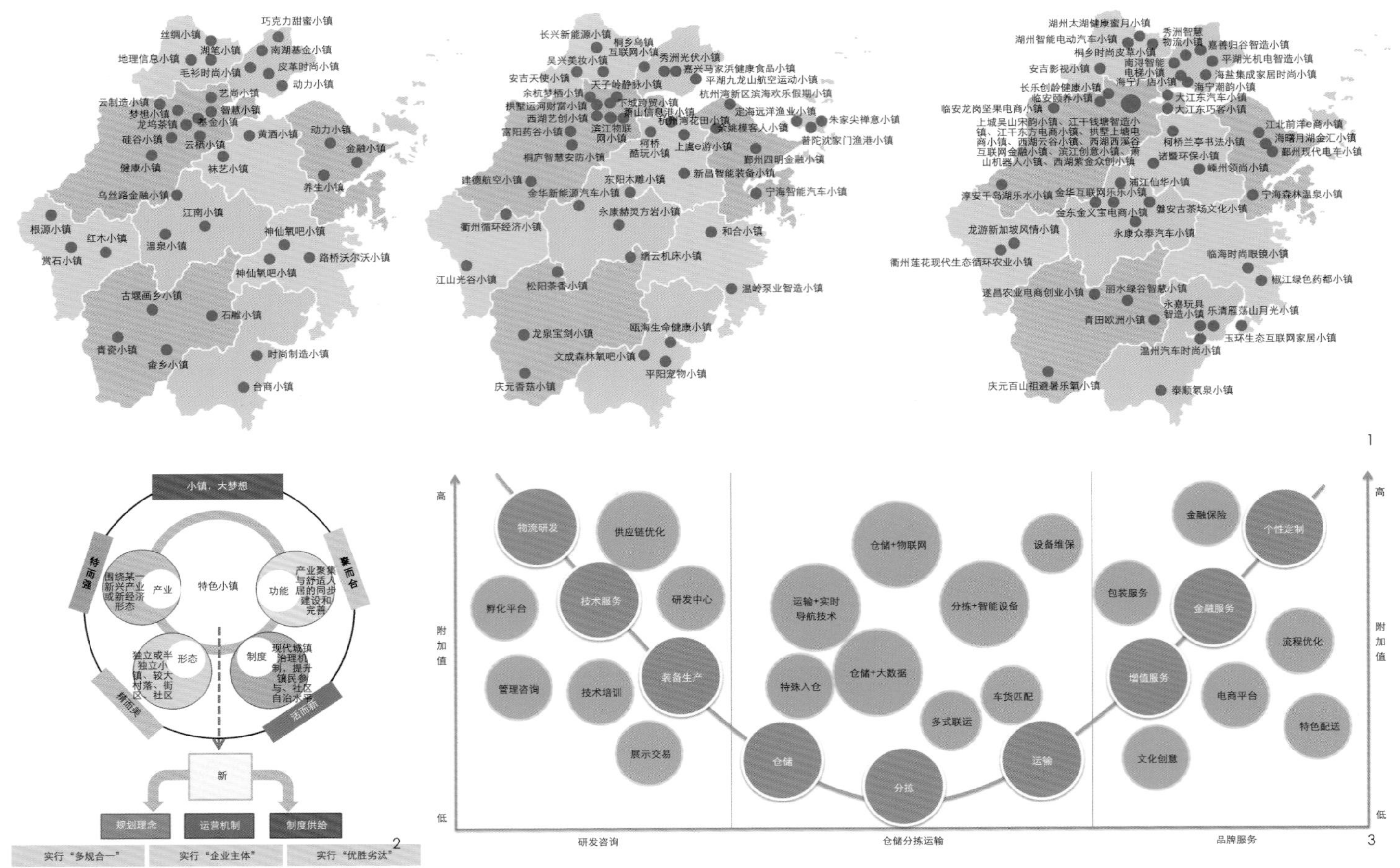

1.省级特色小镇分布情况
2.特色小镇特征
3.义乌云快递小镇价值链提升图示
4.富淘成真
5.小镇规模比较
6.丰富的创新空间类型

诱导、人随资本走。即优越的区位吸引资本，资本办厂招工生产、运输、销售。而以服务与信息为中心的经济是以人才主导、环境诱导、资本随人才走。

这是因为人在这两种经济中的地位不同。前者对劳动力文化素质要求不高、替代性强，劳动力只是资本的雇佣者，也因此他们对配套设施、生活环境要求不高，能够忍受生产生活环境差、产城分离、配套不足等问题。但是，后者更需要研发、营销人员和技术工人，替代性减弱。这使他们敢于对资本说不，选择生活环境、服务配套好的城市和企业。即使是一般操作工，也因为人口红利渐失、招工困难，而使之也有了对话资本的本钱。为此，良好的公共服务和环境开始成为城市可持续发展的最重要优势与核心资源。

4. 创新促演化——平台演变视角

从工业化与城市化互动发展的演变历程看，产业的空间平台经历了家庭作坊—工业园区—产业新城—特色小镇四个阶段。

（1）第一阶段：家庭作坊起步、乡镇企业蓬勃发展，以工业化推动城市化

但因为局限于本地化发展，造成生产、生活空间分散、要素难以集聚，而环境成本外部化、生产生活一体化，也引发矛盾冲突，导致城市化滞后于工业化。而配套服务设施不健全、生活环境低品质，也影响了工业化的升级。以义乌典型的四层半建筑为例，其首层开店或办作坊、二三层作仓库，四层自己住，功能复合多样，职住一体。这种空间模式虽然便于房东自营或出租的需求，但大量非居住功能及外来人口的引入，也造成交通拥堵、配套缺乏、环境脏乱差。房东赚了钱后纷纷搬离此地，又使“破窗效应”更为严重。同时，这种环境也阻碍了新产业、高层次产业的引入，造成“路径锁定”。

（2）第二阶段，工业进园区、居住进社区，以城市化推动工业化

强调发挥中心城市的引领带动作用，开辟开发区、工业园区，改变生产要素分散的局面，推动县域经济走向都市经济。但在推进过程中，也出现产业园区距城过远、占地过大、框架过大、布局松散等问题，或“有产无城”缺配套，无法吸引高层次人才入驻；或“有城无产”缺活力，只能作为睡城。

（3）第三阶段，产业新城、产城融合

省里提出建立14个省级产业集聚区，以“大产业、大平台、大企业、大项目”来推进产业升级。针对产城分离问题，提出完善公共服务配套。新城、综合体、产城融合成为热词。但是，环湾、沿海产业带，规划规模过大、占用滩涂过多，与基本农田保护、生态保护矛盾尖锐。产业也从大规模开发进入转型升级、精明增长的新阶段。

（4）第四阶段，特色小镇，创新发展

强调以最小空间取得最大效益。小而美，聚而合，专而强。

5. 创新有机遇——科技革命视角

继蒸汽、电力、信息三次产业革命之后，人类将进入以互联网产业化、工业智能化、工业一体化为代表，以人工智能、清洁能源、无人控制技术、量子信息技术为主的第四次产业革命——绿色工业革命。它将大幅度地提高资源生产率，并将经济增长与不可再生能源全面脱钩。特斯拉汽车就是绿色工业革命的最好体现。

马云提出，人类正从IT时代走向DT时代，形成以

互联网、移动互联网、物联网、大数据、云计算为主要构成的信息基础设施，数据成为新的财富源泉。通过连接标准化（设备、信息可以对接）、信息数据化（信息转化为数据，可记录、无损传递、可分析）、数据在线化（实时传递、更新）、服务智慧化（人物行为画像、算法模型，可预测），服务于人们的生产、生活。

杰里米·里夫金认为：人类社会将迈向零边际成本社会。借助互联网，人们成为产销者，既是消费者，也是生产者，他们会提供边际成本为零的知识、服务、虚拟货品等。

涂子沛认为：分享经济的精髓就是“羊毛可以出在牛身上”，即通过互联网，把终端用户引入产业链的产品设计、开发、原料采购等前置流程，以及仓储、批发、运输和零售等后续环节，最终借力终端的消费者，完成一些本该由产品提供方、生产方花线、花资源才能完成的事情，也就是众智、众包。同时，降维攻击、跨界打劫、造反颠覆成为互联网行业最普遍的商业模式。

从空间的视角来看，互联网使人类又创造了一个虚拟空间、虚拟社会。它突破了时空束缚和科层化的等级制，使信息交流、事务管理、商务结算、监测管理数据化、在线化、智慧化、扁平化、网络化、可溯化。通过在线预订、实时互动、供求匹配，将大大提高物理空间的使用效率。同时，无固定单位的自由职业者会大量增加，人们不强调所有，只在乎使用。公司也不再固定在一个场所办公。这些变化将深刻地影响生产生活方式的演变。

6. 创新有基础——现实视角

浙江创新基础扎实。一是创新空间类型丰富。如杭州有创业型校区，如浙大国家大学科技园，为浙大人创业服务；有创新型园区，如恒生科技园，提供八大服务平台，对接金融、创新、人才、基础服务等多重企业需求；有创客型社区，如拎包客，打造一个居住+娱乐+社区型公寓的创业者社群，解决其住宿和社交需求；有创意创投型景区，如山南基金小镇。二是创新平台发展迅速。2015年首批37个省级特色小镇新开工项目431个、投资480亿元、新入驻企业3 300家。三是创新动力增强。浙江率先开展了“三改一拆”“五水共治”“四边三化”等一系列环境整治行动，淘汰低档、低端、低值、低品产业，倒逼转型升级，加快“腾笼换鸟”和“凤凰涅槃”。

二、创新的空间——特色小镇生成机理

1. 规模不求大

之所以提出特色小镇，一是对大尺度工业区的反思。由于动辄几十、甚至几百平方公里，框架太大、战线太长，导致基础设施投入分散，企业入驻少，人气不

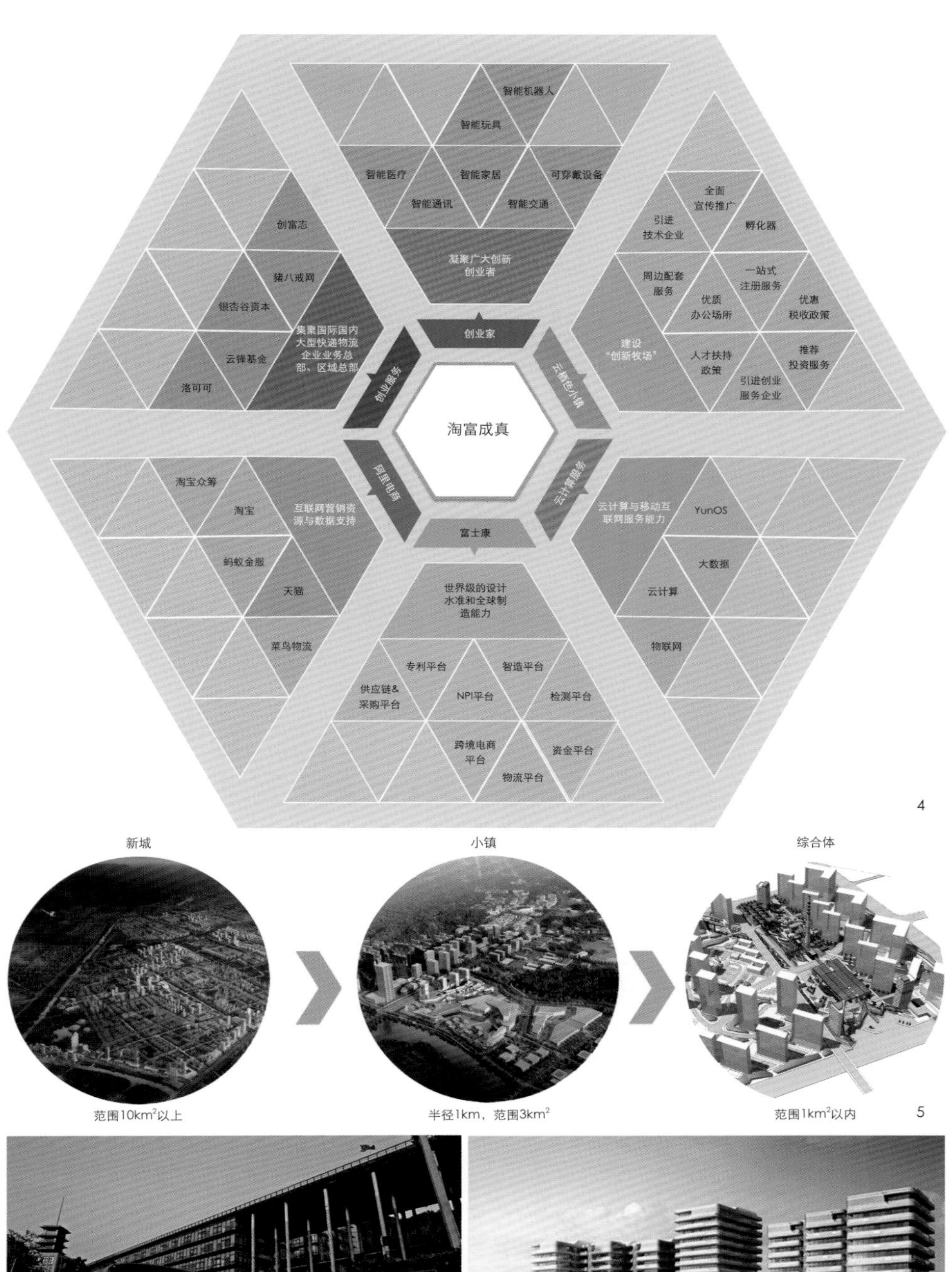

4

新城　　小镇　　综合体

范围$10km^2$以上　　半径1km，范围$3km^2$　　范围$1km^2$以内

5

创业型校区：浙大国家大学科技园

创新型园区：恒生科技园

创客型社区：拎包客

创意创投型景区：山南基金小镇

6

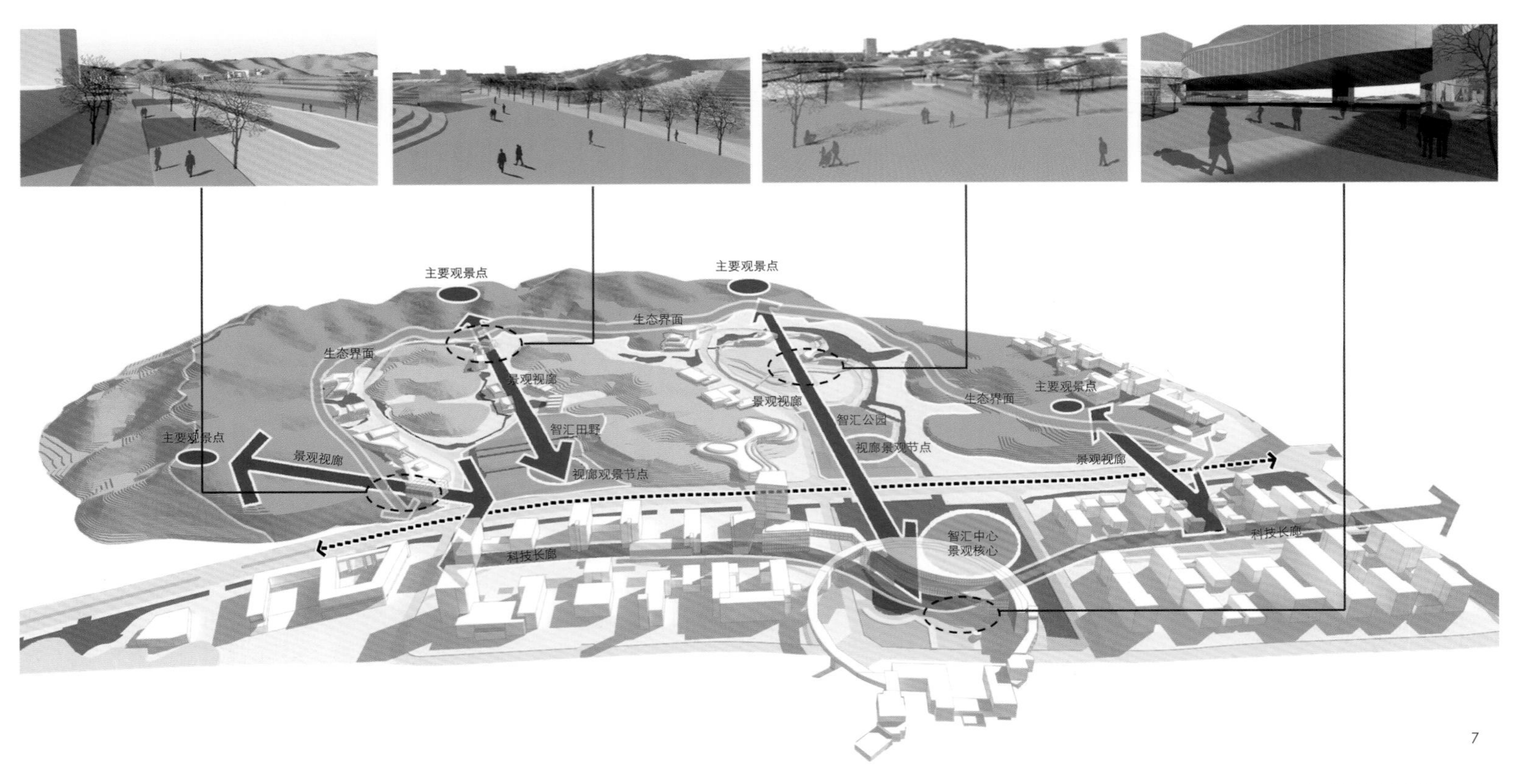

7.云制造小镇空间秩序组织图

旺，又使配套难做。而大尺度的功能分区和职住平衡，不利于产城融合。为此，需要聚焦重点、分步建设、分期平衡，以提高土地、资金使用效益。二是中尺度的优势。它介于新城与综合体之间，比新城规模更集聚，比综合体功能更综合，具有完整的社会服务功能。它大致半径1km、范围3km^2。通过控制规模、适合步行、紧凑布局，有利于分期建设、快速见效，有利于招才引智、促进交流、激发创新，有利于三生融合、营造环境。以最小空间谋取最优布局、实现最大效益。

2. 选址有依托

浙江特色小镇大体上可分为四类：一是环境资源依托型。即依托良好的生态环境资源，开展各种旅游休闲、健康养生产业。二是历史资源依托型。即依托独一无二、不可移动的自然、人文、环境资源，承载黄酒、茶叶、丝绸等历史精典产业和旅游业的发展。三是产业集群依托型。围绕七大产业方向，在现有优势产业集群的基础上发展。四是创新资源依托型。依托高校、研究院所、大企业、机构等创新资源要素，在其5km辐射范围选址发展。一般往往选址在环境好、成本低、有人文资源、可享受大都市的公共服务的城郊地区。不过，创新型特色小镇比产业型特色小镇更依赖创新型人才。这类小镇不能盲目地铺开布点，以免过于分散创新资源要素，不利于创新。

3. 产业筑生态

面对信息技术革命带来的连接、社群、跨界、共享的新范式，企业形态、产业组织形式都将发生变化。马云认为，第一次工业革命诞生了“工厂”，第二次工业革命产生了“公司”，本次技术革命则诞生了“平台”（型企业）。由于数据、互联网技术的出现和人类智慧的开发，平台型企业将成为这个世界主要的经济组织形式。而平台型企业演化的方向是生态型企业。两者的区别是：平台型企业对接供需双方，玩的是“羊毛出在猪身上”的商业逻辑，即将刚需免费，获得海量客户，让企业一起来按平台公司所制定规则玩游戏，寻找后续盈利模式，做的是“护城河”；而生态型企业不仅做连接、还做服务，玩的是产业链的 “垂直生态整合”，即利用其产业链优势，为企业提供最优服务，从而实现B企业、生态型平台和C用户的三赢，做的是“生态协同”。

顺着企业演化的方向，特色小镇的产业组织强调“五链”：即围绕主导产业（产品），一是完善供应链。即要加强产品从生产到销售各环节所涉及供应商、制造商、运输商、零售商等成员的协同运作，从而提高供应链的整体效率，将顾客所需的正确的产品，在正确的时间、按正确的数量、质量、状态，送到正确的地点，并使总成本最小。这就需要整合资源、共享信息、提高管控能力；二是接延产业链。即将产业部门连接起来形成产业链，使产业链向上延伸到基础产业环节和技术研发环节，向下拓深到市场拓展环节。例如，许多历史经典农业可以“接二连三”六次产业化，不仅种植农作物（一产），而且从事农产品加工（二产）与流通、销售、消费或体验农（加工）产品（三产）；许多块状经济可以从加工制造延伸到产品研发、品牌塑造等环节。三是锻造创新链。即打通一项科技成果从创意产生到商业化生产销售整个过程的要素整合、研发创造、商品化、社会效用化四个环节，包括孵化器、公共研发平台、风险投资以及围绕创新形成的产业链、产权交易、法律服务、物流平台等，使创新更顺利。四是提升价值链。结合转型升级要求，将生产产品转化为创作作品，或个性化定制产品，或增加产品艺术性等，增加附加值。五是形成生态链。即形成企业间相互导流、助益、增值、赋能、闭环的关系链。推动从生产商到服务商转变、工业化信息化“两化”融合。

4. 功能讲协同

在有限的空间里，特色小镇要充分融合创新功能、产业功能、文化功能、旅游功能、社区功能，打造创新创业的高地、众创成本的洼地。一般而言，特色小镇的功能组织要构筑三个共同体：

（1）构筑“社区+”共同体，互动发展

进入人才为本、创新驱动时代，已无法再“先生产后生活”，而是要在生活中创业、在休闲中创新；良好的环境、独特的人文及生态景观、完善的服务配套是吸引人才、促进生产和创新发展的必备条件。为此，必须围绕人才集聚这一核心，实施以人才为本、美丽诱导的“社区+文化+旅游+N”多功能一体化发展，以镇助创、以镇促产、以文名镇。要事先对营造“社区+”共同体所溢出的旅游价值进行规划，让良好的氛围体验使游客自愿成为小镇品牌的推广员，让小镇成为宜创、宜业、宜居、宜游、宜学的“五宜”之地。

（2）构筑“产业+”共同体，联动发展

围绕物的生产（产品），让产品生产成本最低、质量最好、销售畅销。围绕生态链的完善、增值、赋能，实施“产业+文化+旅游+N”的提质扩容发展，构建相互导流、依托、闭环的产业组织生态系统，促进供应链完善、价值链提升、产业链延伸。

（3）构筑“创新+”共同体，驱动发展

围绕人的创造（想法），让灵感迸发、将创新转化为产品，强调跨界合作、协同创新、服务支撑。借鉴美国硅谷的经验，构建创新团队+创业导师+风投+创业大赛+路演+会展+众创空间+孵化器+公共服务、技术服务平台+政策支持的创新共同体，政企分工合作，实现“我负责阳光雨露，你负责茁壮成长”。例如，云栖小镇构筑了创新牧场（草根创业者的创新创业平台，阿里云+富士康工业4.0制造+英特尔、洛可可等研发）——产业黑土（传统产业转型升级的技术平台，互联网+产业+阿里云）——科技蓝天（人才储备平台，西湖大学）的创新生态圈。

（4）“三体”联动，互为促进

以“社区+”共同体为基础，塑造环境宜人、服务优质的小镇形象，为“产业+”和“创新+”共同体提供服务和支撑；以“产业+”共同体为主体，构筑特色鲜明、分工协作的产业集群，激发创新功能、带动服务功能发展；以“创新+”共同体为核心，引领“产业+”共同体发展。“三体”联动，还离不开创新服务、生产服务、生活服务公共平台的支持。这既是小镇内部资源整合、协同创新、提升整体竞争力的服务平台，也是整合外部资源、拓展小镇对外联系的服务平台。当然，这“三体”的分量、作用也因镇而异、各不相同。如梦想小镇等更强调“创新+”和“社区+”共同体，而“产业+”共同体的制造部分实行外包；而龙坞茶镇等更强调“产业+”和“社区+”共同体的打造。

5. 空间重复合

基于以人为本、美丽诱导、开放互动、“四化驱动”（城镇化、工业化、信息化、生态化）、“四态联动”（业态、形态、文态、生态）、“三生融合”（生态、生活、生产）、“三位一体”（产业、文化、旅游）、“三方落实”（项目、资金、人才）的规划建设理念，空间组织上要做好以下文章。

（1）梳理空间要素

分析小镇与区域的关系、交通条件、山水环境、地形地貌、人文资源、场地特征等，以便因地制宜、因势利导地组织空间。梦想小镇巧妙地利用了粮仓、河道、仓前老街、城市干路等空间要素，分别安排了互联网创业村、天使（金融）村和商业区，使空间要素为功能生辉。

（2）优化空间秩序

结合人流、物流流向，从理顺客货流线、快慢路线、主客流线出发，根据小镇的产业定位、功能要求，合理布局各项用地及客货流通道，减少交通对小镇生活的干扰，建立流畅高效的交通秩序；处理好中心与边缘、疏与密、地标与配角、前景与背景、群体与个体的关系，形成优美的建筑天际线，优化建筑秩序；通过中心节点、视线通廊，把山水、文化景观透出来、显出来、亮出来，组织公共开放空间系统，使小镇“望得见山、看得见水、记得住乡愁”，构筑自然与人文相融合的空间秩序。

（3）提升空间价值

空间价值在于激发小镇活力。简·雅各布斯指出：“多样性是城市的天性。”她强调生发多样性的四个条件：区域内主要用途混合，且能共同使用；街段要短，容易拐弯；一个地区的建筑物，要有各种年代、状况、用途，且混合均匀；人流的密度要足够高，包括本地人。为此，小镇中心应当采用高密度、小尺度街区与开放空间的混合布置，为激发小镇活力创造条件。同时，注重空间的分时管控、复合利用。如利用广场、道路、公园，设置定时定点的夜市、跳蚤市场、会展场馆，开展文化、商业活动，丰富小镇的生活。空间价值在于增添小镇魅力。而营造魅力就需要突出特色，包括山水环境特色、地域文化特色、产业特色、建筑特色、生态特色，营造独具特色的空间场所。例如，小镇需要精心打造其核心，构筑由广场、公园等公共开放空间所组成、有文化韵味、独特魅力、兼顾旅游功能的小镇客厅，作为小镇人交流、休闲、文化活动的场所。要引入公共艺术设计，使空间艺术化、艺术空间化。结合海绵城市建设，建设雨水花园、可透水路面、绿色屋顶等，使空间更生态、更宜人。空间价值在于增强小镇实力。借鉴六次产业化的经验，使一产与三产、二产与三产、一产与二、三产在空间上叠加复合、有机组织，使之增值增效、添美增色，形成紧凑、集约、复合的空间形态。空间价值在于塑造小镇品牌。小镇既是一个产业平台，也是一个品牌。如同恒生科技园一样，鲜明的辨识度、成功的规划设计策划运营管理，会给小镇树立品牌价值，带来品牌运营、输出的机会，值得去好好经营。

三、结语

特色小镇作为一种新的城市空间形态，其理论、机理、方法、手段都有待在实践中进一步探索、总结。本文尝试将浙江的转型发展要求及路径与科技革命的发展趋势关联起来，从更高的视角来审视和揭示特色小镇的生成规律，为各地学习借鉴提供参考。

由于篇幅有限，本文未论及浙江独特的政府引导、企业主体、市场化运作的运营方式和宽进严定的创建制、追惩制、年审制、升降制等建设机制。这些都是实施的关键所在，需要加以重视。

参考文献

[1]李强. 特色小镇是浙江创新发展的战略选择[J]. 今日浙江, 2015(24): 16-19.

[2]乔尔·科特金. 新地理：数字经济如何重塑美国地貌[M]. 王玉平等译. 北京：社会科学文献出版社, 2010.

[3]杰里米·里夫金. 零边际成本社会：一个物联网、合作共赢的新经济时代[M]. 赛迪研究院专家组译. 北京：中信出版社, 2014.

[4]马云.人类正从IT时代走向DT时代[N].北京日报,2014.3.3.

[5]涂子沛. 共享经济时代来临, 羊毛出在牛身上. 微信订阅号涂子沛频道, 2016. 4. 12.

[6]汤海孺. 创新生态系统与创新空间研究[J]. 城市规划, 2015增刊1: 19－24.

[7]汤海孺等. 美丽杭州行动规划. 杭州市城市规划设计研究院. 2013.

作者简介

汤海孺，杭州市城市规划设计研究院原总工程师，中国城市规划学会会员，教授级高级城市规划师。

高端制造业与旅游相融合的特色小镇规划方法探索
——以义乌绿色动力小镇为例

Preliminary Studies on Characteristic Town and Regional Planning —Illustrated by the Case of Green Power Town in Yiwu

张立文 钟 宇
Zhang Liwen Zhong Yu

[摘　要]　特色小镇的规划与实施是一项新课题，通过对浙江省第一批特色小镇的调查与学习，笔者发现各地对特色小镇的规划编制由于产业特征、地域空间限定、资源特色等的限定，并无统一范式，各地对于特色小镇的规划编制都处于探索之中。笔者通过以高端制造业为主导的绿色动力小镇的概念规划、城市设计和创建申报，对特色小镇规划的编制思路做了初步探索。该小镇的建设也成为义乌特色小镇建设的成功样板，促进了区域的整体发展。

[关键词]　特色小镇规划；动力小镇；高端制造业

[Abstract]　Through the investigation and study about characteristic town in Zhejiang Province, it is in a various ways about the urban plan and design because of being a new attention in Chinese urbanization. Therefore, the attempt in urban plan would be created the new way for the similar ones as the example of high-end manufacturing and improve the development around district.

[Keywords]　Characteristic Town; Power Town; High-end Manufacturing

[文章编号]　2017-77-P-014

一、特色小镇的选题、选址天生要具有诸多可造优势

1. 特色鲜明，示范带动意义重大

绿色动力小镇已建和即将入住吉利集团的新能源发动机、动力总成和整车项目，产业特色鲜明。

小镇的建设，开启了义乌汽车产业发展的新纪元，填补义乌高端装备制造业的空白，推进义乌产业转型升级步伐；同时将壮大金华汽车产业，助推浙江新能源汽车产业跨越发展。小镇的建设也将夯实所在义南区产业基础，促进要素资源集聚，带动义南副城基础设施、公共服务和旅游发展，推动义南副城走上生产、生活、生态融合发展的新型城镇化发展之路。

绿色动力小镇以其鲜明的产业特色和综合优势作为义乌第二批向省政府申报的特色小镇。

2. 选址区位适宜，区域产业环境好，产业集群效应优

义乌与上海、杭州、南京等长三角大都市区比邻，随着高铁、城际铁路的便利化，义乌与长三角等地同城效应日益突出。选址义乌符合汽车产业在大都市周边的一般选址规律，具有便利和高速的交通，利于高端要素、人才和产业集聚。

义乌赤岸位于浙中金华—永武缙汽车产业带中部，产业区位优势明显。

义乌的小商品创研设计、制造生产和营销的产业环境成熟完善。国家国际贸易改革试点的政策环境，浙中旅游区位环境等带来的要素集聚效应，将为绿色动力小镇的汽车后产业、汽车消费品和大众汽车运动、生态休闲为主的旅游产业提供优质的发展土壤。

3. 三位一体，三生融合的基础较好

动力小镇本底在产业、文化、旅游三位一体，生产、生活、生态融合发展上基础好，有很大文章可做。

区位和区域生态环境优越。

绿色动力小镇位于义乌市域南部，佛堂镇和赤岸镇之间，比邻丹溪文化园，规划总面积3.14km^2。小镇交通和区位条件较好，西侧和区内有佛赤路和即将建成的义—武省级公路，可便捷联系两镇和迅速到达义乌城区，连接义亭高速互通口，并可方便共享两镇成熟的配套设施。

小镇区内是大片生态良好的低丘缓坡区，有大片农田、山林地和水体，生态环境优美，在规划设计中将可充分并利用现有生态和水体，形成良好的滨水生态公共休闲空间。

区域历史文化遗迹众多，人文氛围浓厚，旅游资源丰富。

佛堂国家级历史文化名镇是浙江四大古镇之一，有着“千年古镇、清风商埠、佛教圣地”的美誉，既是义乌商业文化的源头之一，又是南朝印度天竺僧达摩传教之处。赤岸镇历史文化遗存丰富，是唐稠州分置的乌孝县、华川县之一，可谓义乌“二源之一”。丹溪文化园是中国医学史上“金元四大家”——朱丹溪故里和丹溪墓园。赤岸镇既浙中绿核，也是义乌总规确立的三大生态片区之一，生态旅游资源丰富。

二、主题定位是特色小镇的核心

选择适合的定位和功能是特色小镇塑造特色、促进融合、要素集聚和顺利实施的核心问题。

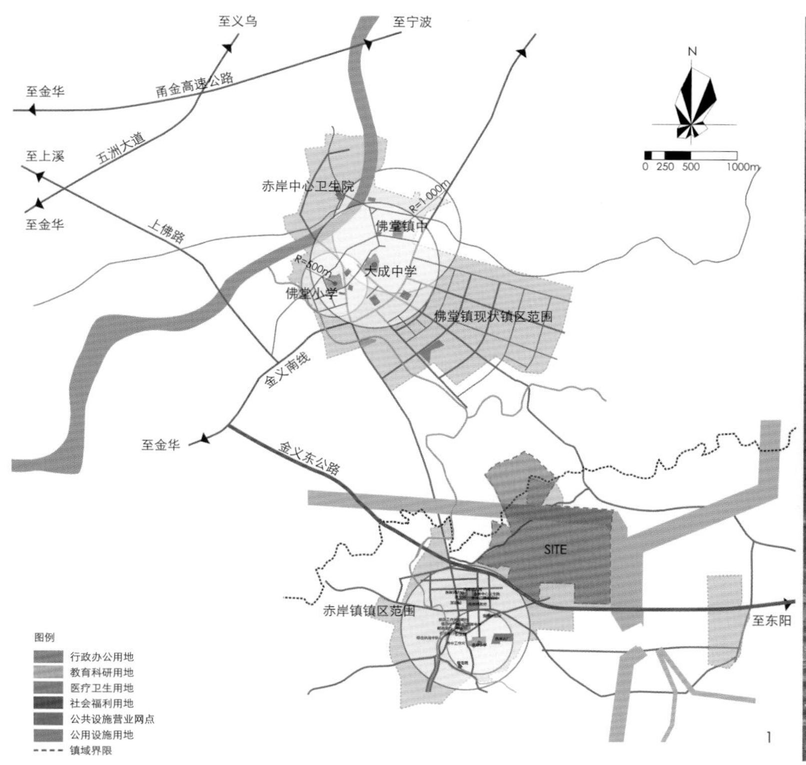

1.区位分析图

2.项目红线范围图

浙江省政府对小镇的投资、特色、功能融合、高端要素集聚都提出了较高的要求。一是要求第二批省级特色小镇创建对象不少于10亿元；二是要产业特色突出，且特色产业投资达到60%以上，特色形态明显、特色文化充分挖掘；三是功能融合，符合“三生融合”（生产、生态、生活）和“四位一体”（生产、文化、旅游和一定的社区功能）；四是高端要素集聚，具有高端人才、高新技术、高科技企业和新型业态。（摘自经省特色小镇规划建设工作联席会议办公室讨论通过，省政府审定的2016年度省级特色小镇创建对象合格标准。）

这些要求都需要充分结合在规划中，尤其是在对小镇的定位和功能当中。

1. 从产业特点出发研究分析规划定位

绿色发展，融合发展，创新发展，集聚发展作为绿色动力小镇发展的总基调。

规划研究认为中国汽车产业具有“智造”化、本土化、节能环保、新能源化和产业布局越发集群化的发展趋势。动力小镇的汽车产业也应顺势而为，紧紧抓住吉利新能源汽车产业，坚持“绿色、融合、创新、集聚”发展理念，创新体制机制，推进产业高端要素和创新资源集聚，着力发展以新能源汽车动力总成研发制造为核心，以新能源汽车零配件、新能源汽车周边产品创意设计、新能源汽车主题旅游为延伸的产业体系。

2. 从特色小镇基本要求出发研究分析总体定位

按照省政府《浙江省特色小镇创建导则》要求，特色小镇应突出特色，实现产业、文化、旅游和一定的社区功能有机融合。建有综合功镇能的小镇客厅，打造成为3A级以上景区，建设产城人融合发展的现代化开放型特色小镇，构建创新创业发展新平台。

按照以上要求，规划从产和城两方面对定位的重点考虑：

产业发展：依附大产业，嫁接本地资源，实现创新升级；生产嫁接旅游，产业融合生态，商业与研发结合，实现跨界融合和产业链延伸。

城镇发展：注重人的城镇化，以人为核心推动产城融合；关注和处理好三类主体人群的需求和特点：新型产业工人、精英创新人士、本地服务人员；实现三大需求的融合：工作成就、惬意居住、社交文化 。

3. 明确发展目标，做出准确定位

（1）发展目标

通过绿色动力小镇建设，推动新能源汽车产业集群发展，促使汽车后产品创意设计、文化旅游、健康运动和小镇生活融合联动，建成新能源动力和整车产业为主导，运动健康与生态休闲特色鲜明的绿色动力小镇。

（2）近期目标

规划近期（2015—2017年）三年内，启动实施小镇重点支撑项目12项，完成建设投资72亿元， 实现产值70亿元，税收4.5亿元，争创3A景区，绿色动力小镇品牌知名度初步确立。

4. 功能构成突出绿色动力主题

围绕：绿色产业（新能源汽车）+绿色生活（健康快乐）构建小镇的双核驱动力，构建三生融合、三位一体的基本主题框架。

以吉利新能源发动机、动力总成和整车产业为主导，拓展产业集群，实现装备制造业和高端要素的集聚。形成主导产业与生产型服务良性融合互动。

构建以“汽车主题”为核心的消费体验中心。引进大众休闲和汽车运动的健康生活方式，融合本地文化，将朱丹溪的中医滋补养生、运动养生和健康预防理念与汽车运动、乡野休闲健康理念融合在绿色动力小镇的各休闲产业中，成为大众健康生活的绿色新动力。

5. 塑造主题形象，突出小镇特色

新市镇，新生活，新天地。

新产业——产业构成：新能源汽车生产；汽车配件和汽车消费产品的研发、创意设计和生产；汽车

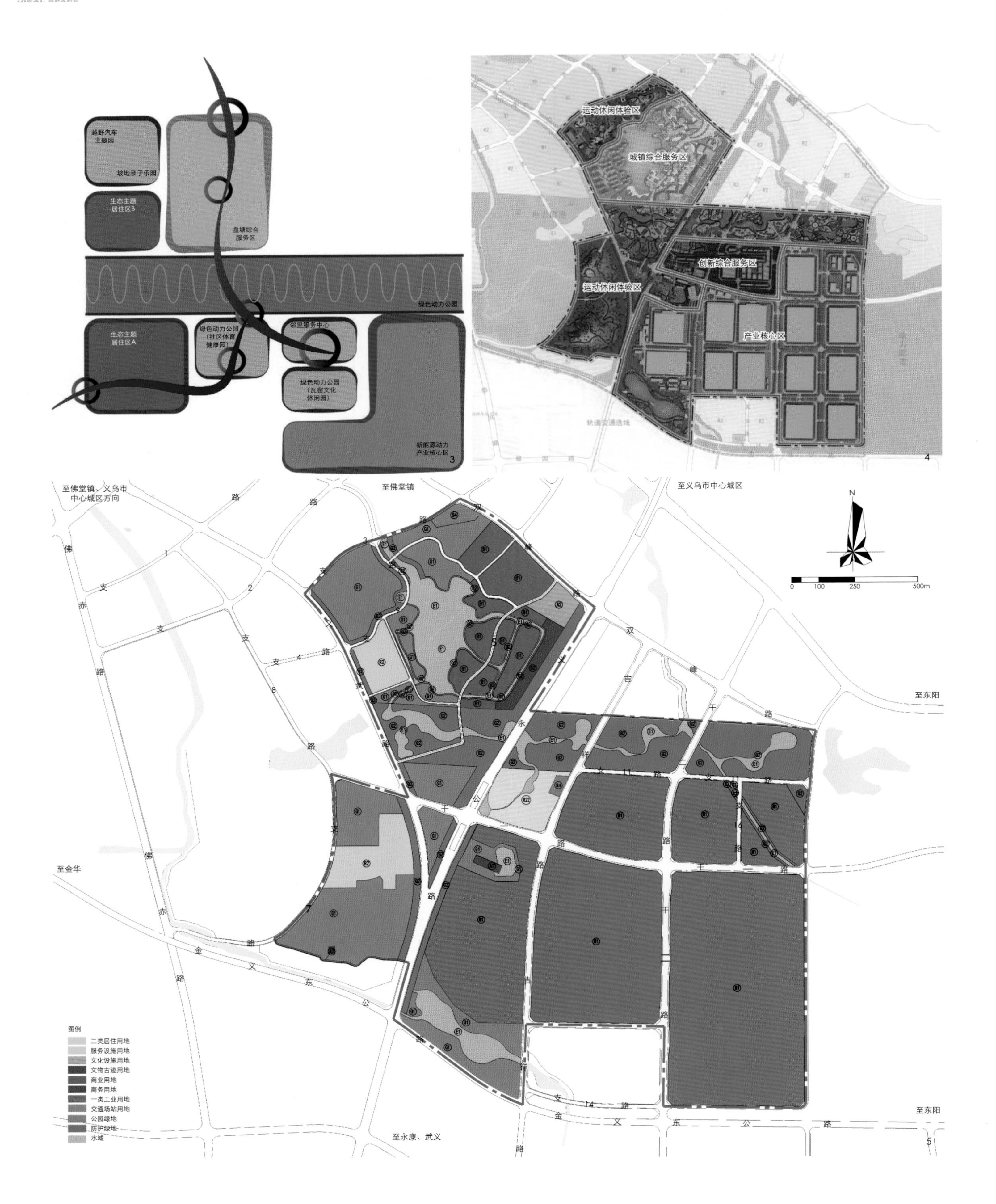
越野汽车
主题园
坡地亲子乐园
生态主题
居住区B
盘塘综合
服务区
绿色动力公园
生态主题
居住区A
绿色动力公园
（社区体育
健康园）
邻里服务中心
绿色动力公园
（瓦窑文化
休闲园）
新能源动力
产业核心区
3
运动休闲体验区
城镇综合服务区
创新综合服务区
运动休闲体验区
产业核心区
4
至佛堂镇、义乌市
中心城区方向
至佛堂镇
至义乌市中心城区
至东阳
至金华
至永康、武义
至东阳
金 义 东 公 路
图例
二类居住用地
服务设施用地
文化设施用地
文物古迹用地
商业用地
商务用地
一类工业用地
交通场站用地
公园绿地
防护绿地
水域
5

3.空间发展结构模型
4.功能结构图
5.用地规划图
6.核心区鸟瞰效果图

智能信息创新，汽车创意体验与消费。

新空间——小镇空间构成：绿色动力和整车制造、创智研发、管理办公、展示交流、主题体验和休闲消费。

新机制——教育培训、智能管理、创智金融。

新人文——社区互动、休闲运动、主题活动和大众赛事。

三、义乌绿色动力小镇的规划布局和建设导引

空间落实产城融合，突出生态开放空间，形成小镇与生态的互融。

1. 围绕生态构筑空间结构

规划空间围绕以横向的电力廊道、山体森林和滨水生态空间，以生态保护和原生景观塑造方式，构建山水景观空间、休闲运动板块和生态慢行系统，塑造宜人的生态特色小镇。

规划形成：一轴、双带、多片、多点的空间结构。

一轴：电力廊道绿色开放空间轴线；

双带：小镇慢行带；

多片：各功能区片分设，考虑地块开发的灵活性，突出空间和功能的多样性；

多点：景观节点与门户节点。

2. 尊重生态格局，功能与生态互动

规划形成四大功能区。

产业核心区：是新能源汽车产业的聚集区，自西向东包括新能源发动机、动力总成和整车。

创新综合服务区：包括邻里服务中心和创意研发中心。

邻里服务中心 提供绿色动力小镇近期启动阶段所需要的基础服务。其中包含有区域商业生活服务、对外形象展示、区域游客服务。

小镇综合服务区：围绕生态优美的盘塘湖布局盘塘综合服务区和德风生态主题社区。

盘塘综合服务区以创新型商业为主体，整合零售、餐饮、娱乐、办公、公寓、酒店、湿地公园等多元业态。

德国生态主题社区为吉利的德国专家、高级技工和小镇居民们构建高品质的德风生态主题社区。

运动休闲体验区：利用山体和电力廊道的生态空间布局，包括北部依山就势的越野汽车主题园、坡地亲子乐园和南部的绿色动力公园、森林公园。

其中设置新能源动力体验、青少年探索极限运动、生态农耕体验、瓦窑文化展示、大众体育活动等。规划建成多功能、生态化、开放性的小镇公共休闲空间，成为义乌市与周边区域的特色休闲旅游目的地。

四、政企合作、联动建设、产业主体、多元引资促进建设实施

1. 政企合作、联动建设

投资建设主体为义乌经济技术开发区开发有限公司，由其按照市场化运作模式统一负责小镇的规划、基础设施建设、招商引资和后期的运营管理服务。

基础设施及部分配套服务设施建设资金主要通过自筹和PPP模式。各产业类和旅游类项目主要由投资主体自筹或贷款等方式解决。

2. 产业为主体、多元引资促进支撑项目启动建设

绿色动力小镇以新能源汽车产业为主体，按照投资协议和计划共安排各类支撑项目12个，主要包括：发动机、动力总成研发中心及生产基地项目（年产20万套新能源汽车电驱动系统总成项目、年产40万台发动机项目），汽车越野体验公园、瓦窑公园、绿色动力公园、新能源汽车创新孵化中心、绿色动力小区、邻里服务中心、盘塘商业中心及配套基础设施

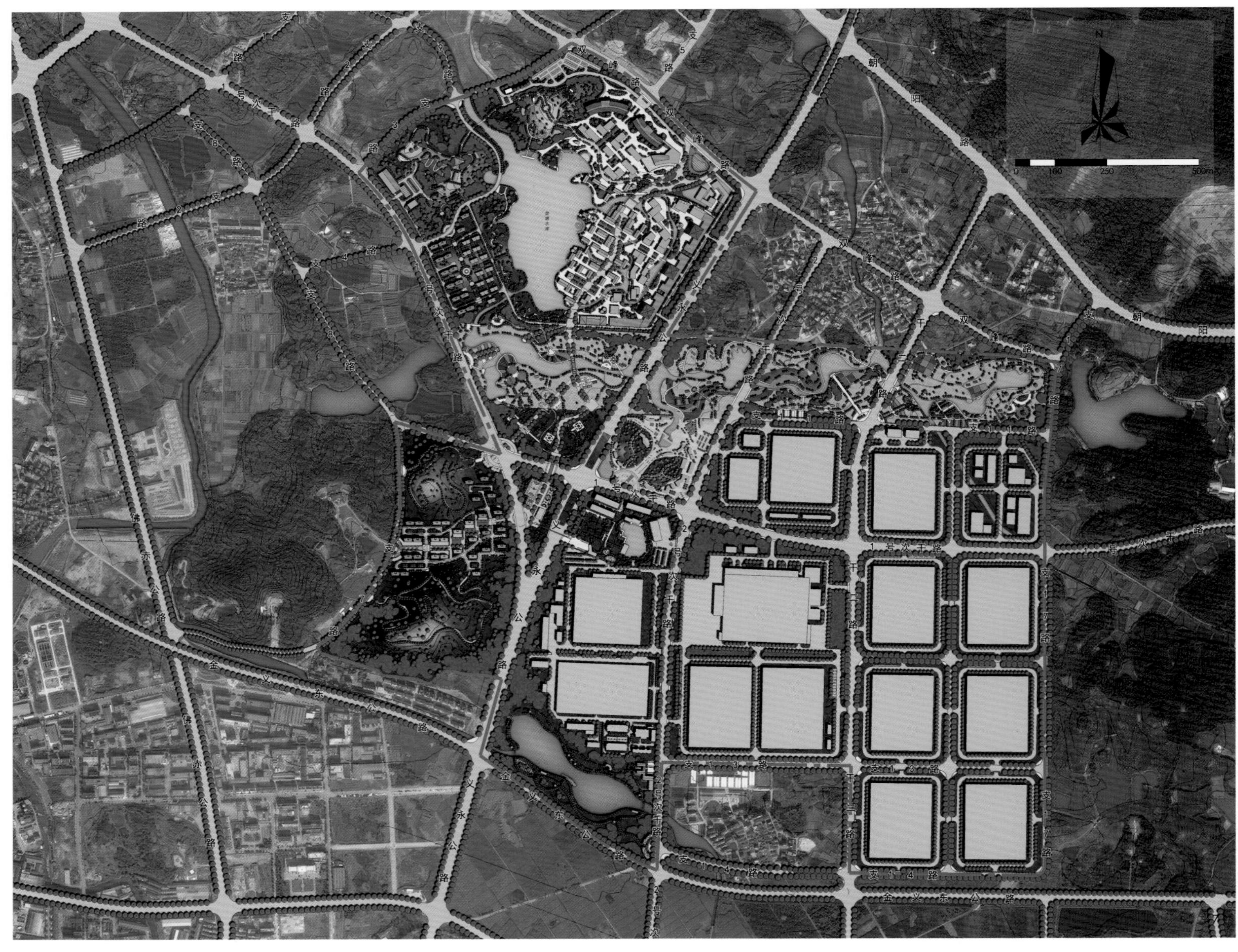

7.城市设计总平面图

项目等。

其中，产业类投资项目4个，旅游项目3个，配套服务设施项目5个。此外，小镇还加强招商，积极引进各类汽车零配件及周边产品研发、制造项目和相关旅游开发、商业配套服务企业。

经初步估算，12个支撑项目总投资为238.25亿元。其中产业类项目总投资197.65亿元，占总投资的83%。

五、小结

特色小镇规划应包含创建思路指导下的概念性规划和针对实施的规划设计，既要有战略性研究，又要有实施性的空间设计，还应做好建设项目的投融资方案和实施计划。

规划应充分认识小镇创建的现实意义，论证选址适宜性，围绕建设优势、主题定位、功能构成、空间布局、投融资和实施计划等主要内容开展。规划要突出小镇和产业特色，应从产业规划、旅游规划、社区和人文规划入手多领域融合，做好“三位一体”和“三生融合”，使产业、文化、旅游和社区功能融合，促进高端要素集聚，实现二、三产业融合发展，产业转型升级和历史文化传承，以小镇建设推动经济转型和新型城镇化发展。

参考文献

[1]浙江省人民政府关于加快特色小镇规划建设的指导意见（浙政发）[Z]. 2015.8.
[2]浙江省特色小镇创建导则（浙特镇办〔2015〕9号）[Z].
[3]李强. 特色小镇是浙江创新发展的战略选择[J]. 今日浙江, 2016.1.6.
[6]义乌市绿色动力小镇创建规划[Z].

作者简介

张立文，义乌市城市规划设计研究院规划所所长；

钟　宇，上海弈尚建筑规划设计有限公司合伙人，规划总监。

中国特色小镇建设的广州北部山区样本
——“从化区南平静修小镇建设规划”介绍

The Sample of the Northern Mountainous Areas of Guangzhou Province of Characteristic Town Construction In China
—The Introduction of the Construction Planning of the Meditational Town of Nanping at Conghua District

黄慧明 吴 丹 陆 萌
Huang Huiming Wu Dan Lu Meng

[摘　要]　“特色小镇”是在新常态下，广州市委市政府提出的一项重要发展战略，而从化南平静修小镇便是广州北部山区重点打造的特色小镇样本。因此，本文从南平静修小镇的发展条件入手，通过对主题内涵、产业发展、空间格局、功能分区、项目库和运营管理机制等6个方面深入探讨分析，旨在为中国特色小镇的建设提供思路，并为下一步的修建性详细规划提供导引。

[关键词]　特色小镇；样本；从化南平；建设规划

[Abstract]　Under the new normal situation, Guangzhou municipal government carries out characteristic town development which is considered to be an important strategy. And the meditational town of Nanping is the focus of the northern mountainous areas of Guangzhou to be created a characteristic town sample. This study starts with the development conditions of the characteristic town of Nanping and then has an in-depth analysis through the theme of the content, industrial development, spatial pattern, functional zoning, project library and operational management mechanism and other six aspects, in order to provide the ideas of characteristic town construction of China and provide the guidance of the further study of construction of detailed planning.

[Keywords]　characteristic town; sample; Nanping village of Conghua; construction planning

[文章编号]　2017-77-P-019

纵观近年来城市规划热潮，“特色小镇”建设之风席卷全国，成为一场产城融合的新实验。“特色小镇”遵循创新、协调、绿色、开放、共享的发展理念，结合自身特质，通过科学的规划，挖掘地区的产业特色、历史人文内涵和生态资源禀赋，强调“产业、文化、旅游、社区”功能的叠加，促进生产、生活和生态的三生相融，成为经济转型发展的战略选择。

作为在新常态下，广州“十三五”规划期间，甚至更长时期的经济、社会、文化和生态建设的一大抓手，“特色小镇”成为广州市委市政府提出的一项重要发展战略，意图通过特色小镇的建设，打造成珠三角地区具有岭南特色的文化创意、休闲度假、健康养生的景观产业带。

在此背景之下，根据《中共广州市委、市政府关于加快规划建设北部三区特色小镇的实施方案》，增城、花都、从化北部三区重点打造30个特色小镇。其中，从化区共打造风情小镇、童话小镇、运动小镇、露营小镇和桃花小镇等十大美丽小镇，而从化南平静修小镇则根据市委市政府的工作安排，将采取高标准建设，打造成为广州特色小镇的建设样板。

一、南平静修小镇的发展条件

1. 区位条件

南平村域范围约5km^2，位于广州中心城区的1h交通圈，毗邻大广高速出入口。更为重要的是南平位于周边四个重要景区的地理中心位置，区位优越，非常有条件吸引周边游客，整合客源。

2. 资源特色

南平坐拥“山、泉、林、溪、石”五大重要景观资源及自然本底，生态条件得天独厚，2013年曾被广州市水质监控中心评为“最优质水源”。南平现状也拥有3片风水林、24株古树以及82株大树，其中，8株枫香珍贵稀有，整个广州市也仅有30株。

3. 人居环境

南平的人居环境可概况为“山水田园、疏密适当、民风淳朴”。这里有8个自然村、280户农家，共1 100人，村民的主要收入来源为果树种植。

整个村庄的建筑面积约为5.3万km^2，共815栋建筑，建筑容量适当。其中，村落内散布有10栋祠堂。这里是以客家建筑风格为主，特别是以宗祠为主的古民居或古建筑具备改造和活化利用的价值。

二、多层递进，由实而虚，完美诠释“静修”主题内涵

在对现状情况详细摸查之后，本次规划进行了多角度的定位分析，研究了国内外以静修静养为主题的民宿案例。大致可归纳为三类：第一类是以户外的活动静修为主，像香山、丽江等，此类项目大多依托比较优越的自然本底资源，从而进行养生疗养之类的户外活动；第二类更多的是结合禅意、宗教、佛教的意境，以寺院为核心进行静修，包括

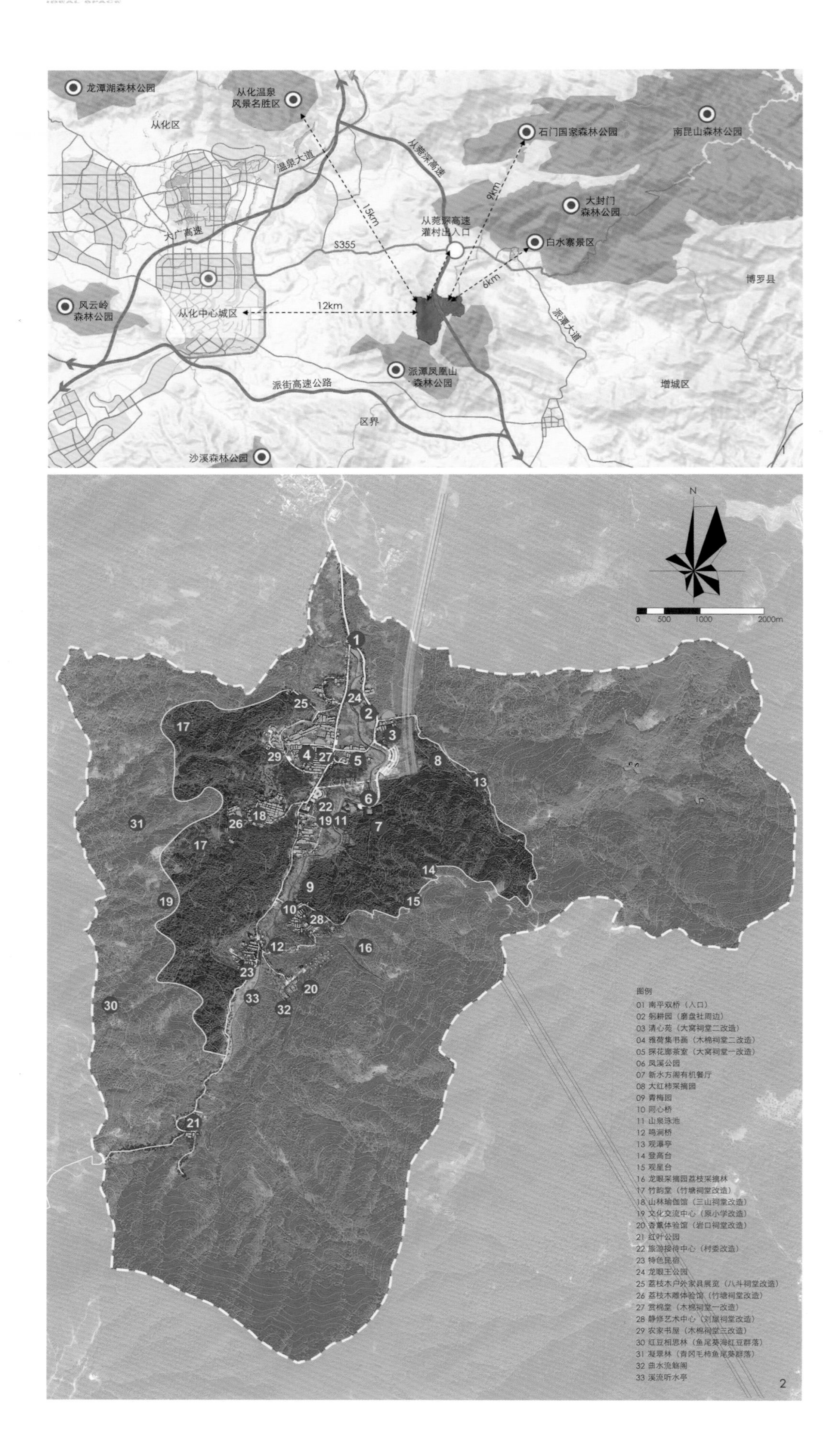

缅甸、台湾中台禅寺、浙江天台山一类的地方；第三类是目前比较兴盛的一种，以美丽乡村和特色民宿为主的小镇，包括南京浦口不老村、莫干山民宿等，此类主要依托良好的自然资源、美丽乡村进而发展休闲旅游。从以上静修类型的案例中不难发现，这些项目大多是抓住了某一个特色项目或者是某一个特色景点而发展起来的。

据此，本次规划认为静修从概念上来说是一种内在的安宁，为内心超越所做的一种操练和修行。从意境上来说具有三个层次，一个是山水修身，这是从物理的身体感知层面来诠释静修。第二个是文化修心，是修身基础上的一种升华，通过一种文化的植入达到养心的目的。第三个称之为哲思修意，这是在修身和修心的基础之上更加深入到人本、人文和哲理的层面。各个层次结合南平特色，通过一系列的功能活动策划，把项目落实进去，诠释多层次的静修主题内涵。

最终，形成以南平 “山、泉、林、溪、石” 五大特色生态要素为依托，以修身、修心和修意三个层次休闲活动的组织为脉络，以建设自然与现代有机结合，“有品位、有记忆、有意境” 的特色小镇为目标，打造一处从化最富有魅力的山水艺术社区、生态修养静地。

三、第一、二、三产业联动式发展，构建新型产业发展平台

南平目前以果树种植及生态旅游为主，产业类型单一。经过与村民的充分沟通和相关市场研究，计划通过两个层面进行产业升级：一方面强化现有三大果树品牌（双壳荔枝、大红柿、山地龙眼），向果品深加工（青梅酒、荔枝、柿饼、龙眼食疗药用）、荔枝木雕及工艺家具，乃至枫叶、溪石、竹雕手工艺品等二产延伸。同时，应尝试乡村生态绿色艺术，以果品农科育种、创意包装、文化创意元素等方式，使产品向高端化艺术化发展。 并且，构建电商果品营销平台、协调企业和生产基地。建立乡村生态绿色艺术交流平台和旅游文化营销平台，与电商平台互动，推动一、二、三产联动式发展。

另一方面，促进旅游休闲主导产业的转型升级。除传统的生态休闲旅游外，应以静

1.区位交通分析图
2.南平城市设计总平面图
3.南平总体鸟瞰图

修为主题，与高校国学研修、省市文化部门的艺术培训等文化活动互动，推动文化特色休闲游。另外，主推商务高端静修旅游和高端订制旅游。构建驴友旅游推介平台、文艺创意活动组织平台和静修国学文化交流平台三大交流平台，重点建设旅游服务中心、文化交流中心和静修艺术中心三个核心空间载体。

四、明确的四大规划策略，建构山水空间格局，夯实静修文化底蕴

1. 策略一：“一体两翼”

根据基地地形特征，可以看出基地中部是一个溪流谷地，名曰“凤凰溪”，两侧是逐步抬升的丘陵山地，形似一只展翅的凤凰。以此为意向形成“一体两翼”的空间结构方案。

所谓“一体”，就是以凤凰溪为核心的景观核心体。凤凰溪一二三期从南至北总共有3.4km长，以其为核心，整合周边一些有价值的村落、树林以及苗木，形成一个面积约53hm²的景观核心体，这也是本次规划需要重点打造的一个旅游核心。另外“两翼”，是指东西的两个山地公园：东边主要包括了凤凰山的郊野公园，分布有以大红柿和青梅为主的若干景区；西边则主要分布的是荔枝、龙眼林景区和两片极具游览游憩功能的风水林区。

2. 策略二：“主题聚落”

根据策划的功能设置不同的主题和定位，达到差异化和趣味性的功能活动。以凤凰溪景区，由北向南串联起8个聚落功能和气质各异的聚落，分别策划丰富的艺术文化主题，形成广州最具文艺品味的静修艺术社区群。

北部结合八斗、木棉和大窝社，设置茶艺、耕读、田园以及木艺创作等功能活动；中部结合现状村委、小学，重点打造“南平客厅”，成为南平的旅游接待中心；而南部主要是结合岩口、三山和刘屋社，设置幽静避世的山村民宿群。八个以社为单位的聚落将形成不同的风格和趣味，强化“文化修心”层次的功能使用。

3. 策略三：“新旧结合、祠堂活化、茂林添彩”

根据区位和建筑现状，有机地将一些老房和坡屋顶砖房抽取出来进行一定的融合，并对10栋祠堂进行保护和活化利用。然而并不是所有的祠堂都要进行商业化的开发，许多祠堂还是要保留原有的婚丧嫁娶功能。

而茂林添彩主要是结合三片风水林的林相改造以及环山绿道的打造，从而营造整个周边的意境。在留住山村记忆的同时，以古村的历史文化为载体，强化“哲思修意”的氛围。

4. 策略四：“内外分流、步行贯通、天然栈道”

依托基地的山水空间格局，建立以“村道+社道”为基础的交通网络，将村内部的交通和旅游的交通进行适当地分离。并在局部采取交通管制，从高速公路出入口沿凤溪路直接把旅游车辆引入东侧的生态停车场，避免旅游的车辆穿越村庄的内部。同时，规划沿着南平大道、水方路设置一条电瓶车（智能电动车）交通线，长约2.3km，根据景点设施布置多个搭乘点与公共租赁点。

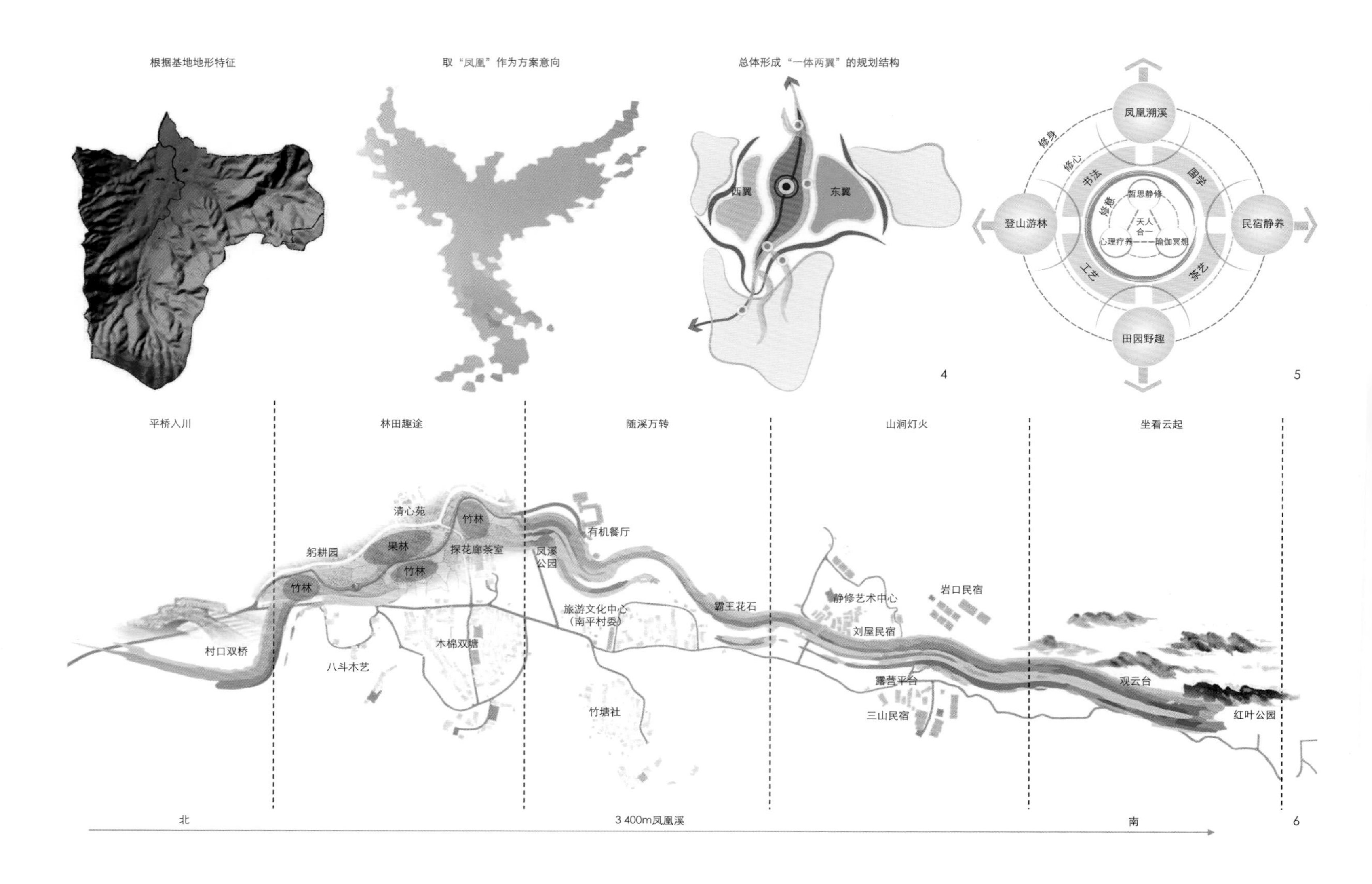

另外，建立完整的以“水系+环山路”为依托的绿道系统，用低成本的材料打造贴近自然的环山绿道以及凤凰溪步行栈道。

五、紧扣主题的分区策划，塑造富有特色的6个功能主题区

在多样化的山水空间格局下，可形成包括沿凤凰溪的核心景区、以木棉社为核心的乡村田园区、两侧的郊野公园区以及外围的林业生态区4个功能片区，并形成本次规划的具体方案。根据方案和资源本底的分析，抽取出6个富有意境及特色的主题区，同时赋予相应的功能定位，包括“水寄情”“心释闲”“莲传馨”“栖山居”“山体境”和“枫林意”。

1. 水寄情

水寄情是以唐代诗人王维的《青溪》这首诗作为溪流景观艺术意向，以禅学中静修悟道的行为设计，以及多层递进的心性变化，作为凤凰溪的景观风貌分段。可以总结为“平桥入川、随溪万转、林田趣途、山洞灯火、坐看云起”，也就是“觅溪、逐水、游林、入境、禅静”五大分段主题。每一段都有各自的特色和自然本底，最终形成沿着凤凰溪走向的3.4km的溯溪步径、15个重要景观节点和6个小时的静修之旅。

2. 心释闲

心释闲主要包括现状的大窝社和村委、小学这两个重要的组团。一方面对现状大窝社保存较好的坡屋顶民宅进行整修，并活化利用2座祠堂，作为溪边的茶艺体验室。同时，保留目前溪流沿线的一些农田，增设生态躬耕和农业体验教育功能。

另一方面，整合现状村委、被改造为民宿的小学、广场以及生态泳池等资源，

对现状院落和建筑进行重点改造，重新布置景观环境。加强其功能的混合性，融入游客服务中心、酒店、院落、新文化交流中心等功能。同时以简洁有力的线条轮廓和材质的虚实对比，强调建筑空间的品质性、文化性，让其作为静修小镇的窗口，成为一个集文化交流、旅游服务、村委办公于一体的综合接待中心。

3. 莲传馨

莲传馨主要是涵盖了木棉社祠堂和两个风水塘的使用。依托古朴祠堂、雅致莲塘，重点打造木棉社和风水塘作为中心开敞空间，并对祠堂进行活化利用，设置书画展示和创作等功能，使之既能够服务村民原有的活动，又能够为外来的游客提供展示和游读的功能。

4. 栖山居

栖山居以“空山、空翠、静水”提供修身养性的高雅景致，包含两个要点：第一是将刘屋祠堂活化利用，设置静思与禅意文化体验功能，改造成为静修艺术中心；第二是对岩口、三山、刘屋三社的民宿群进行改造。

三个社依山傍水，环境优美，且空心化程度较

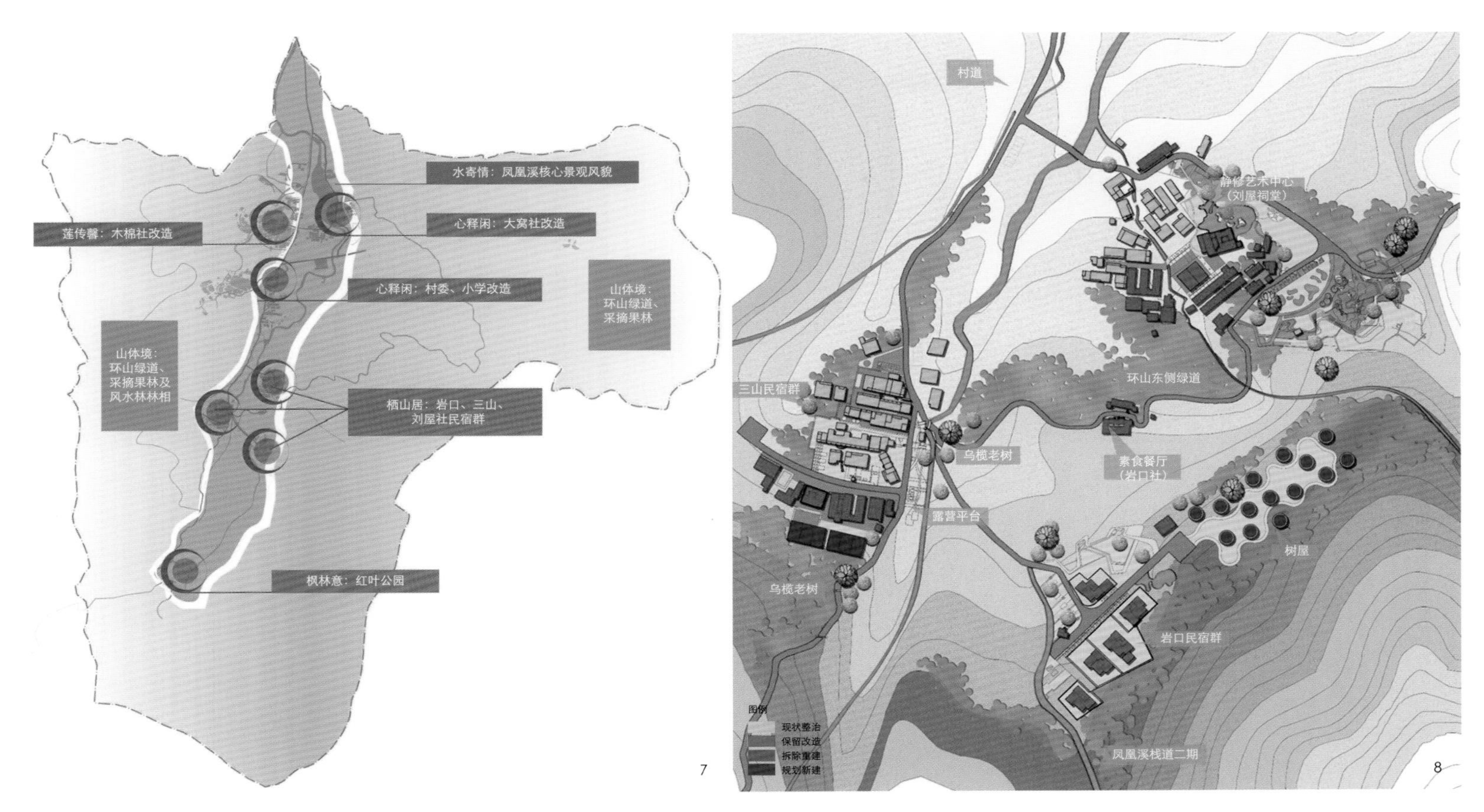

4.规划结构分析图
5.主题定位结构示意图
6.空间分布示意图
7.主题分区示意图
8.三个静修社平面图

高，民意调查中也仅有1户不同意做民宿改造。在此情况下，本次规划将三个社用于民宿经营的建筑分为保留改造、拆除重建和规划新建三种类型，建筑面积共计6 000多平方米。

根据三个社的建筑设计风格，进一步打造不同主题的特色民宿，集合岭南的、生态的、现代的多元化建筑风貌于一体。并且在不占用国土指标的情况下，沿半山地区新建一些简易的、临时吊脚楼式的木屋，营造静谧的户外静修空间。

5. 山体境

山体境主要是对两侧的公园进行比较详细的设计。东侧山体目前已修建2.6km绿道，通过建设西侧2.8km的环山绿道，串联起两片风水林以及荔枝龙眼采摘林。

除此之外，规划防火道及游步道，把现状的82株大树、24株古树和东侧的树林全部串通起来，形成一个较大规模的登山游憩系统。同时，在整个旅游体系中规划足够的配套设施，包括观瀑亭、登高台、观星台、公厕和4处驿站等。

6. 枫林意

枫林意主要是指南侧的红叶公园，占地面积约4hm²。这里既要进行林相改造，以“红”为特色、突出“凤凰来栖”的主题；又要对山脚下的闲置旧房进行民宿包装，包括改造提升正在建造的亭阁，提升文化品位，营造文化交流与游憩游览的氛围。

六、面向实施、落实主体的项目梳理，明确两类近远期项目库

通过对南平产业、功能、空间形态等要素的挖掘及分析，本次规划共整理出四大类项目库、34个子项目，包括市政交通类、旅游产业类、景观提升类和建筑整治类。每一类子项目都明确了项目位置、建设内容、建设规模、投资金额、资金来源、建设单位和建设现状。

在这个基础之上，将项目库内的项目划分为启动期和中远期，重点整理出了启动期项目（2016年底至2018年初），囊括了11项市政及道路基础设施、7项的旅游产业、5项的景观提升、4项的建筑整治与建设类项目。

七、灵活务实的运营管理机制设计，构建政府+企业+村民的多方共营、共赢格局

当然，特色小镇的建设离不开健全完善的运营及管理机制。本次规划建议采用村企联系，品牌化的建设方式，特别是对于民宿建设，不建议采用单家单户个体经营的方式，而要引入有实力的公司来整体地开发、包装，并引入管理。

同时，建议成立“小镇发展管理委员会”，协调小镇的产业发展选择与项目运作各方的关系，建立小镇联审制度，形成政府、企业联合工作会议机制，以“自治”的方式共享共建小镇新生活。

南平静修小镇作为广州特色小镇重点建设项目，其高品质的规划成果受到市、区两级政府的高度

9
10
11
12
13
14
15
16

评价。项目后续推动工作中，在相关政府的引导下，村委已成功引入了企业共同注资参与，并已紧锣密鼓的开展下一步的修建性详细规划及启动区建筑改造设计、景区景观改造设计工作。预计2年后，美丽的南平静修小镇将以崭新出尘的风貌，展现在世人面前，成为广州北部山区的特色小镇建设样板。

参考文献

[1]吴一洲, 陈前虎, 郑晓虹. 特色小镇发展水平指标体系与评估方法[J]. 规划师，2016年第7期第32卷.

[2]赵佩佩, 丁元. 浙江省特色小镇创建及其规划设计特点剖析[J]. 规划师，2016年第12期第32卷.

作者简介

黄慧明，博士，广州市城市规划勘测设计研究院区域规划设计所，所长，高级工程师，注册规划师；

吴　丹，硕士，高级工程师，广州市城市规划勘测设计研究院，区域规划设计所，副总工程师；

陆　萌，硕士，广州市城市规划勘测设计研究院，区域规划设计所，助理规划师。

项目负责人：黄慧明　吴丹

主要参编人员：黄慧明　吴丹　郭盛裕　陆萌　刘慧超　沈而亦　刘昌盛　陆雪娇　黎明　陈武献　严卓夫　邹楠　范粟　陈智斌

9.村道现状实景图
10.村道优化示意图
11.刘屋社民宿现状实景图
12.刘屋社民宿优化示意图
13.三山社民宿现状实景图
14.三山社民宿优化示意图
15.刘屋祠堂现状实景图
16.刘屋祠堂优化示意图
17.三个静修社鸟瞰图

“梦想之云、汽车之城”，基于汽车销售产业转型升级的特色小镇规划设计

——以泰州梦car小镇概念规划为例

"The Cloud of Dreams, the City of Cars", Planning and Design of A Characteristic Town Developing Based on Automobile Marketing Industry Transformation and Upgrading —Case Study of the Dream Car Town in Taizhou

李 利 倪丽莉 黄迪奇 黄 杉 方 华
Li Li Ni Lili Huang Diqi Huang Shan Fang Hua

[摘　要] 特色小镇作为一种新的产业平台，在构筑产业生态圈的同时，要求在有限的空间里充分融合特色小镇的产业功能、旅游功能、文化功能和社区功能，形成令人向往的优美风景、宜居环境和创业氛围。本文以泰州梦car小镇为例，探讨基于传统汽车销售业的特色小镇如何开发与建设：规划通过产业链拓展、项目策划、空间整合等手段，以打造可以实现“人生三梦”的汽车城为目标，构建融合汽车销售、汽车后市场、驾驶体验、娱乐休闲、旅游度假、文创研发、汽车主题创业等功能为一体的汽车“云”平台，引导小镇成为可持续输出创新能力的汽车后市场集聚区。

[关键词] 特色小镇；汽车销售业；规划设计；汽车“云”平台；泰州

[Abstract] Characteristics town is a new industrial platform. While constructing industrial ecology, it should fully integrated industrial functions, tourism functions, cultural functions and community functions in the limited space. So it can form a desirable landscape, Livable environment and entrepreneurial atmosphere. This paper takes Taizhou dream car town as an example, and explore that how the characteristics town based on car sales industry will develop and build: through the method of industrial chain expansion, project planning, space integration, the planning should aim at the construction of car town that can achieve "life three dream", and build the car "cloud" platform that have the integrated function of car sales, automotive aftermarket, driving experience, entertainment, leisure, cultural innovation and car business. So it will guide the town to become automotive aftermarket gathering area that have the capacity of sustainable output innovation.

[Keywords] Characteristics Town; Automobile Sales Industry; Urban Planning and Design; Car Cloud Platform; Taizhou

[文章编号] 2017-77-P-026

一、项目背景

1. 特色小镇概述

特色小镇最早由浙江省提出，是指相对独立于市区，具有明确产业定位、文化内涵、旅游和一定社区功能的创新创业发展平台，区别于行政区划单元和产业园区。浙江省的特色小镇实践开展后，迅速引发了社会各界的关注。随后，住房和城乡建设部、国家发展和改革委员会、财政部联合下发《关于开展特色小镇培育工作的通知》，要求到2020年，培育1 000个左右各具特色，富有活力的休闲旅游、商贸物流、现代制造、教育科技、传统文化、美丽宜居等特色小镇。并于2016年10月公布了首批127个中国特色小镇名单。至此，全国特色小镇的全面创建工作拉开序幕。

2. 江苏省和泰州市特色小镇创建情况

2015年，江苏省政府也提出了建设特色小镇的设想，并于2017年初印发了《关于培育创建江苏特色小镇的指导意见》。而泰州市早在2016年底就公布了首批10个创建小镇。并提出，特色小镇建设从2017年正式启动，到2019年底首批10个特色小镇要初步建成，今后5年要确保高标准建成20个特色产业小镇、旅游风情小镇，在产业发展、文化传承、规划建设、生态环境等方面形成富有泰州特色的江苏样板。

3. 泰州梦car小镇概况

泰州梦car小镇是泰州市公布的首批10个创建小镇中的一个，以原泰州国际汽车城为发展基础，位于泰州主城区与医药高新区结合部，隶属泰州经济开发区。梦car小镇2015年汽车城销售总额突破75亿元，汽车销量占泰州全市总量的65%，在江苏中部地区具有一定影响力。

小镇的建设理念是“以汽车为主题、以文化为核心、以生活为内容、以时尚为方向”，力图通过3至5年的建设，打造集“汽贸、文化、旅游、社区”四位功能为一体的高标准特色小镇。

作为泰州市首批创建小镇，为申报江苏省级特色小镇，开发区正式编制了小镇概念规划，对梦car小镇的发展做了全面设想。

二、发展概述

1. 现状概况

（1）规划选址

梦car小镇选址于泰州经济开发区内，总规划面积1.59km^2，原为隶属于泰州经济开发区的国际汽车城，目前汽车城已完成一、二、三期建设，处于正常运营状态，而四、五期用地已经收储，是待建设的熟地。

（2）区位与交通条件

规划用地位于老城向南延伸的中轴线上，南临泰州医药高新区，是联系南北的纽带；东接泰州未来中心——周山河新城；与泰州老城区、火车站、机场联系便捷，与扬州、镇江、南通、南京等城市均在两小时交通圈内。生态条件优良，位于泰州市“双水绕

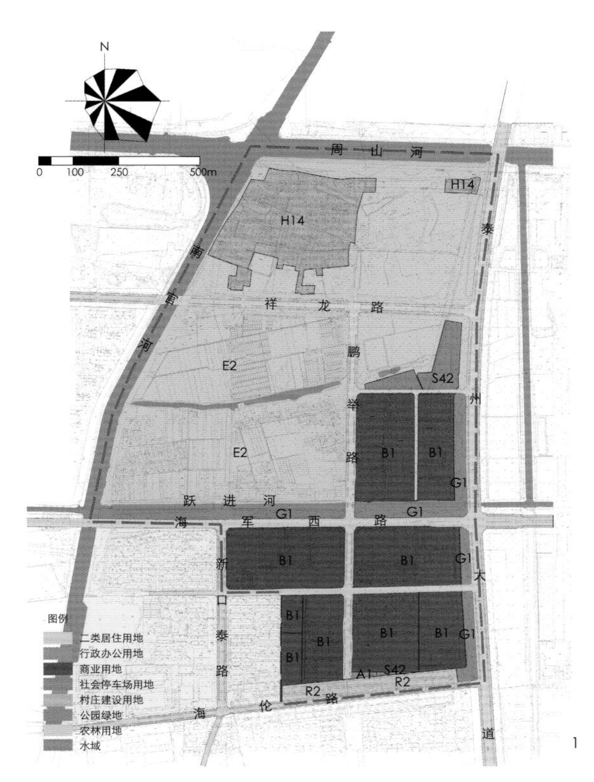

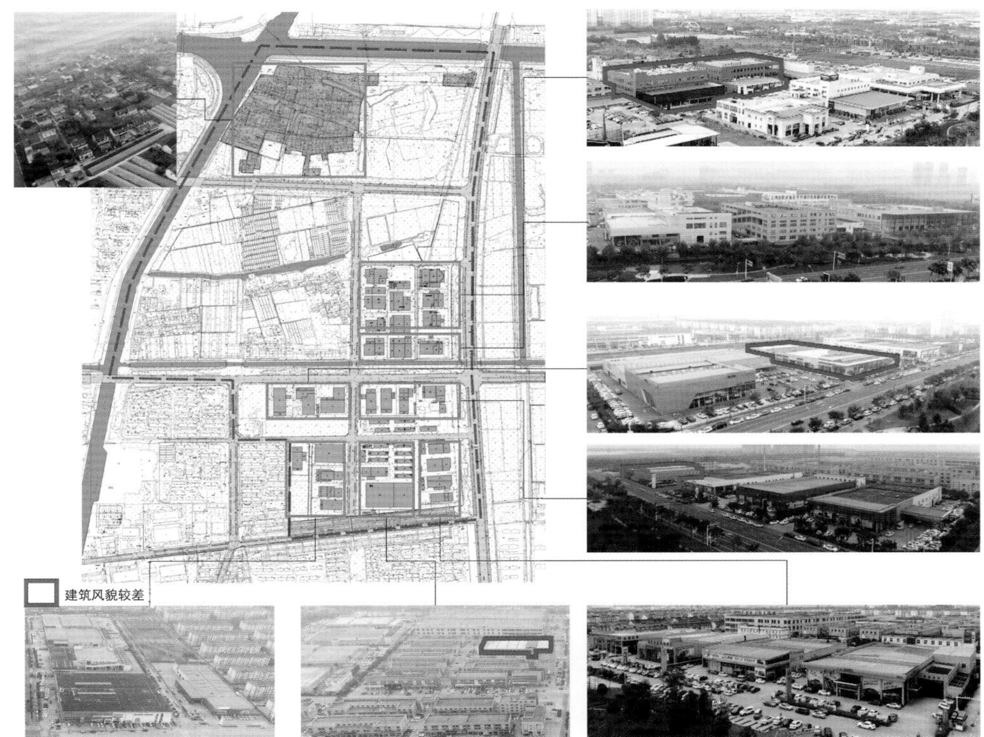

1.现状图
2.现状风貌图

城”景观带南侧，具备打造旅游景区的基本条件。

（3）用地现状

规划基地建设框架基本成型，目前现状用地40%以上为商业用地，已经集聚了多个汽车品牌的30余家4S店和二手车交易市场，但其他商业设施与服务设施等配套仍相对不足。特色小镇可用的新开发空间主要位于海军西路北侧。

（4）风貌现状

规划基地位于两河交叉处，自然景观风貌条件优越。地块内现状建筑主要为汽车4S店和农居。其中4S店建筑质量整体较好，现代厂房风格特征显著。北侧村庄建筑风貌与建筑质量均不佳，已确定将于近期拆除。

2. 面临问题

（1）问题一：产——两大转变

传统的以汽车4S店、汽车相关产品零售为主的销售业，现状面临消费观念转变、销售终端转变这两大问题，使得泰州国际汽车城的汽车销售市场遭遇瓶颈，以单一的汽车销售业难以支撑汽车城未来的发展。

（2）问题二：城——功能缺失

作为汽车销售产业富集区域，基地忽视了对零售、百货、旅游、娱乐、休闲等商业服务设施的配套，导致外来购车的销售群体和汽车保养群体在较长的等待时间内的消费与休闲需求难以得到满足，甚至需要依靠车程在15分钟左右的泰州老城区解决。

（3）问题三：人——缺少人气

基地及周边区域现状以政府办公、汽车销售等工作人口为主，周边多为村镇居民，成熟的居住小区较少。由于功能的缺失，导致消费人群缺乏，人气不足。

3. 发展要点

梦car小镇的创建，是以原汽车城的汽车销售业为基础的产业转型探索，其建设内容应符合产业的发展阶段，能充分利用现有基础，并贴近市场需求。根据对建设环境的分析，规划认为应重点突出以下三点。

（1）突出创新概念，响应“大众创业、万众创新”

创新已经成为世界经济发展的引擎，当前创新2.0是与信息时代、知识社会相适应的面向服务、以用户为中心、以人为本的开放的创新形态。新常态背景下，我国已经进入创新驱动发展的历史新阶段，“大众创业、万众创新”是中国经济新的发动机，推进经济转型的核心战略。

（2）突出产业的复合性，采用与之匹配的空间布局模式

探索工业化与信息化相互融合，制造业与服务业相互渗透的发展模式与发展路径，并提出与之匹配的空间布局模式。

（3）突出市场导向，关注汽车后市场

预测表明，到2018年，中国平均车龄有望超过5年。根据发达国家经验，车龄5年后，汽车后市场必将迎来繁荣，每台车售后服务金额约为车价的2倍，汽车后服务市场规模巨大。然而，现状汽车后市场缺乏专业化、流程化、科技化的市场模式。因此，迅速抢占这一市场，率先形成具有吸引力的汽车后市场的消费平台，是梦car小镇成功的关键。

三、定位与思路

1. 主题定位

基于对小镇建设环境的认知，规划提出以“汽车”为主题，“创新”为特质，以“文化”为内涵，以“生态低碳”为目标的原则，提出将梦car小镇创建为融商贸服务、创业创新、产品研发、文化展示、旅游休闲、生活居住、社区服务等功能为一体的特色小镇。

规划设想，采用互联网中“云”的概念，提出建立一个充分的交流和共享平台：将大范围内分散

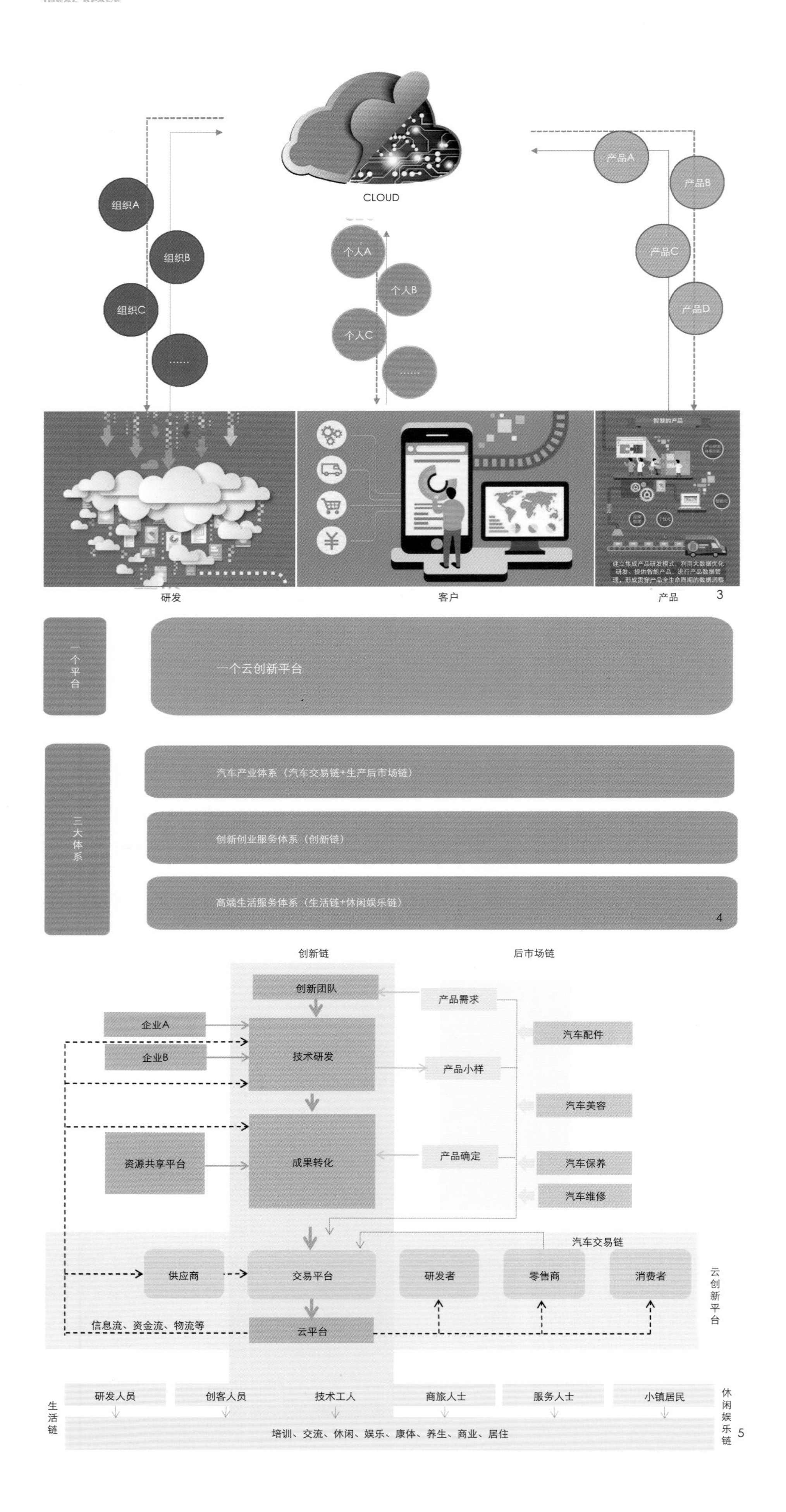

的、海量的人才、知识、技术、资金等创新资源聚合起来，用以回应客户的个性化需求，构建一个充分体现群体智慧的创新服务模式。成为梦car小镇研发群体、客户群体、使用群体的公共沟通平台，实现内部产品的个性化、精品化，提供小镇创新发展的不竭动力。使梦car小镇成为“促进产业转型的梦想之云、感受多元互动的汽车之城”，力争成为“全国汽车生产后市场云服务平台、长三角最具吸引力的汽车主题公园、江苏省汽车产业的创新创业基地”。

2. 规划思路

（1）思路一：发展服务终端，建立“云”创新服务平台，提供创新动力

为适应销售终端转变的现状，发展“云”创新服务平台。平台旨在建立一个充分的交流平台，通过公共或私人平台，将大范围内分散的、海量的人才、知识、技术、资金等创新资源聚合起来，构建一个充分体现群体智慧的创新服务模式。

（2）思路二：强调转型升级，构建产业链完善的销售、服务体系

对于汽车销售这一主导产业，应延长和拓展其产业链：不断完善其销售体系，完成从新车销售、二手车交易、后市场、平行进口车贸易等多种市场体系；同时，通过从汽车销售业出发，完成从研发、文化、配套等多重功能的产业植入，形成一个买车、用车、养车、赏车、玩车的一站式汽车文化及消费体验平台。

（3）思路三：构建汽车主题娱乐平台，实现销售、文化、旅游、亲子等多功能的高度统一

基于中国汽车占有率的提高，与汽车相关的服务业相应地扩容提质。小镇将会吸纳大量周边汽车相关产业的消费人群，通过打造汽车主题公园，将汽车相关产业的消费人群转换成为小镇游客。故，公园在满足经营者的汽车及其相关产业的销售、展示、宣传等功能之外，还要能满足小镇游客的休闲度假、娱乐体验、亲子活动等多重需求。以此来达到梦car小镇吸引人群的目的。

（4）思路四：打造小镇品牌，深度挖掘品牌价值

以“梦想之云、汽车之城”为主题创造具有竞争力的文化品牌，逐步形成梦car小镇关于梦想、关于汽车的品牌特质，深度挖掘品牌价值，形成多样化的文化产品，并由此打造文化品牌经济，提高品牌的变现能力。

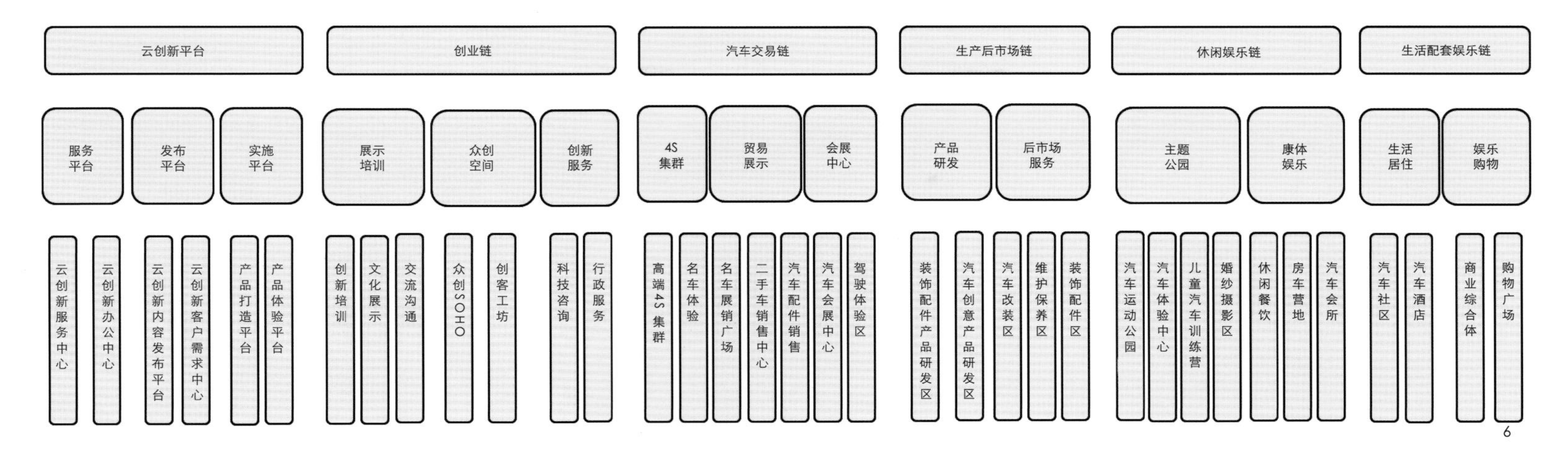

3.“云”平台的组织形式
4.产业发展框架
5.梦car小镇产业体系构成模式
6.梦car小镇主要业态构成

四、产业策划

小镇以“梦”为题，以“car”为主攻方向，围绕“梦想之云、汽车之城”的目标，产业策划求特求新，锁定汽车相关的销售、后市场、体验等产业为主导，休闲娱乐、旅游度假、商业等为辅，构筑产业创新与创业的新高地，让梦car小镇成为“实现人生事业梦、家庭梦、汽车梦”的梦想之城。

规划提出“一个平台、三大体系、五产业链”的产业发展框架，以一个云创新服务平台为小镇的交流终端，形成汽车交易链、汽车后市场链、创新创业链、休闲娱乐链、品质生活链的五大产业链条，形成五链融合。以创新创业为触媒，激活全领域产业活力，形成小镇发展的强大驱动力。

五、总体布局

1. 植入多元功能，合理布局结构

规划以原汽车城路网框架为基础，植入多元功能，形成“一平台两轴七区三廊多点”的规划结构。

一心：云创新平台。是整个汽车小镇的信息交流平台、产业交流平台、互动交流平台，达到产业—需求—产品的全链式互动。

两轴：指泰州大道和祥龙路形成的城市发展轴，泰州大道轴线联系老城与医药高新区，祥龙路轴线联系周山河新城。

七区：分别以汽车主题公园、配套服务、汽车销售、后市场、研发、休闲娱乐、居住等为主导的主题公园区、综合服务区、汽车交易区、汽车后市场区、创新研发区、房车营地和新能源汽车社区。

三廊：分别指以周山河、南官河、跃进河三条水系构成的三条生态通廊，将生态渗透入小镇内部。

多点：形成如门户节点、创新节点、社区节点等多功能构成的服务节点。

2. 突出功能内涵，优化用地布局

以主题公园为界，进一步引导休闲、居住功能向水系沿线集聚，在公园西侧主要布局居住、文化、娱乐休闲等用地；公园东侧在现状基础上增加商业、商务、娱乐、文化、设计等用地，保障小镇功能提升和发展空间。中部为主题公园，以公园绿地为主，内部植入少量零售商业，强调用地混合，让功能最大限度地发挥效益。

3. 延续控规路网，增设体验道强化娱乐渗透，并服务旅游功能

本次规划路网基本延续控规的路网框架，配合主题公园及汽车体验的功能，在内部增设一条汽车体验道，让试驾、名车体验、游览观光等功能与路网系统相结合。并通过道路将周边的商业、创新创业、文化、展示等等功能充分衔接，让游客充分体验汽车主题带来的所有服务。

六、城市设计

1. 策略一：提供产业更新空间——汽车超市

产业选择决定特色小镇的未来，紧扣产业升级趋势是破题关键。

基于现状条件，城市设计方案考虑拆除过于老旧的低矮建筑，进而打造院落式的高档汽车4S门店体验，并根据需求分布嵌入零售商业以满足消费者和经营者的使用需求。同时，引入“汽车超市”的概念，通过在核心地块建设体量较大的建筑空间，综合多种品牌的汽车展示和汽车销售，为其发展成高度发达和成熟的汽车消费“一站式”服务空间提供可能。

2. 策略二：承托产业成长空间——云平台

针对销售终端和消费模式转变的问题，梦car小镇应不仅具备产业更新空间，更提供产业成长空间。基于概念规划中“梦想云平台”的理念，城市设计考虑构建贯穿整个核心区的平台空间，延伸和融合产业功能、文化功能、旅游功能和社区功能，互为补充，相辅相成，成就特色小镇功能格局的“聚而合”。

同时，平台空间兼具活动空间、步行交通和机动交通三大功能：近内院的内侧平台上，设计考虑为带状环绕的功能建筑提供户外活动空间，并且构建步行系统将其串联，以主动满足销售相关产业未来高效协作的需求与挑战；近城市道路的外侧平台，主要为后勤服务和停车空间，连接城市，为对外服务提供机动便利性与高效可达性。

3. 策略三：串联城镇功能空间——产业链

“特色”，体现在泰州梦car小镇城市设计方案中，便是贯穿于场地内部集休闲、娱乐、试乘、试驾于一体的车道，车道设计包括试乘试驾车道、运动比赛车道、园区内部观光车道和环形步道，并设置单向坡道和旋转坡道，力求小镇交通上下流动、

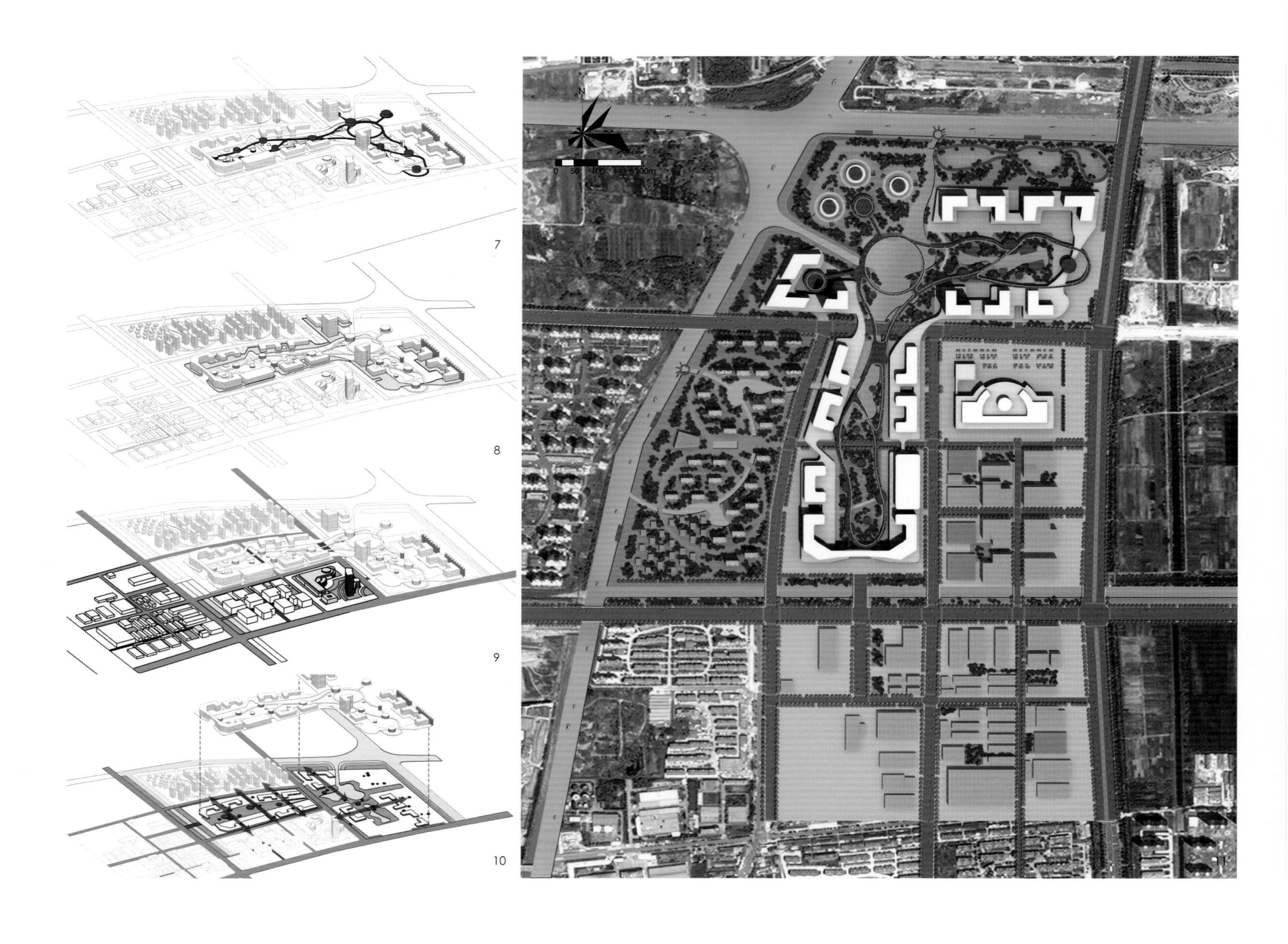

环绕贯通。

“小镇”，强调社区与产业的多维度混合，而在梦car小镇城市设计中，内环车道从水平方向和竖直方向两个维度贯穿整个场地，串联起城镇内各个功能空间，以保证云创新服务平台、创业链、汽车交易链、生产后市场链、休闲娱乐链和生活配套链的贯通与交融。同时，车道与平台之间的节点空间中，设计有生活配套服务和零售商业功能，力求特色小镇空间格局的“小而精”。

4. 策略四：完善居民休闲空间——景观渗透

“产、城、人”结合中，人群活力是梦car小镇生命力的重要保障。因而，城市设计不仅需要提供产业转型升级和主题特色鲜明的功能空间，也有必要完善居民休闲空间。方案考虑对带状功能建筑采用底层架空的空间处理手法，旨在打破内向型空间格局容易形成的孤立感，以达到区域与城市的相互连通和无缝对接。

结合泰州市“双水绕城”的城市沿河景观带建设计划，梦car小镇通过建筑底层架空，营造景观渗透效果，最大化地利用现存周山河等现存自然资源，吸纳城市环境成为场地景观的一部分，亦使场地景观成为城市环境的一部分，有机结合打造大量城市生活公共空间。例如打造游艇码头、亲水平台、中央水景等，因地制宜，因“点”制宜，力求居民休闲空间的“活而新”。

七、结语

特色小镇是一种全新的产业平台，其规划设计也必然从产业、业态及其空间落地方面着手。我们认为，成功的产业策划、特色的空间形态塑造以及这二者的有机呼应是特色小镇规划的三大要点。对产业和业态策划内容的强调，既是特色小镇规划与常规的规划设计最为不同的一点，也是未来概念规划和城市设计的发展趋势，需要我们进一步探索。

参考文献

[1]盛永利. 解码特色小镇[M]. 北京：读道文旅, 2016:51-53.

[2]李强. 特色小镇是浙江创新发展的战略选择[J]. 中国经贸导刊, 2016

7.汽车产业链空间示意图
8.云平台空间示意图
9.汽车交易空间示意图
10.景观渗透空间示意图
11.城市设计总平面图
12.城市设计鸟瞰效果图

(2)：10-13.

[3]李强. 用改革创新精神推进特色小镇建设[J]. 今日浙江, 2015 (13)：8-10.

[4]关于开展第一批省级特色小镇创建名单申报工作的通知. 江苏省机关单位发电[Z]. [2017]42号.

[5]吴一洲, 陈前虎, 郑晓虹. 特色小镇发展水平指标体系与评估方法[J]. 规划师, 2016 (7)：123-127.

作者简介

李　利，女，浙江大学建筑设计研究院有限公司，规划师，国家注册城市规划师；

倪丽莉，女，浙江大学建筑设计研究院有限公司，规划师；

黄迪奇，男，浙江大学建筑设计研究院有限公司，建筑师；

黄　杉，男，浙江大学建筑设计研究院有限公司，规划三所所长，国家注册城市规划师；

方　华，男，浙江大学建筑设计研究院有限公司，主任建筑师，国家一级注册建筑师。

大都市郊区的特色小镇规划探索
——以上海浦东地区为例

Planning Exploration of Characteristic Town in Suburbs of Metropolis
—A Case Study on Pudong New Area, Shanghai

罗 翔 赖志勇
Luo Xiang Lai Zhiyong

[摘　要]　作为国家综合配套改革试验区，上海浦东地区拥有完整的城乡体系，开展特色小镇建设具有重要意义。应遵循承接中心城区溢出功能、结合城市发展布局、连接历史与未来等原则确定小镇塑造方向，同时注重打造特色产业、营造美丽环境、弘扬传统文化和完善基础设施。此外，还需做好政策保障，并创新发展理念和治理模式。

[关键词]　特色小镇；大都市郊区；规划探索；上海浦东

[Abstract]　As the national synthetically reform testing district, it's of great significance for Shanghai Pudong area to carry out characteristic town construction. Following the principles of undertaking overflow function from central area, combining urban development and layout, connecting reality and the future to determine the development direction of characteristic town. Meanwhile, it's import to build characteristic industry, create beautiful environment, carry forward traditional culture, and consummate infrastructure. Besides, the government needs to provide policy guarantee and innovate the development concept and governance mode.

[Keywords]　characteristic town; suburbs of metropolis; planning exploring; Shanghai Pudong

[文章编号]　2017-77-P-032

基金项目：国家自然科学基金（41401140）、浦江人才计划（13PJC016）共同资助。

《国家新型城镇化规划（2014—2020年）》指出：“具有特色资源、区位优势的小城镇，要通过规划引导、市场运作、培育成为文化旅游、商贸物流、资源加工、交通枢纽等专业特色镇。”可见，特色小镇建设是当前我国探索新型城镇化的重要路径，也是推进城乡统筹、一体发展的主要支撑。浙江、四川等地的实践经验表明，特色小镇不等同于新城新市镇、产业园区或全（镇）域城市化，也不能简单地理解为以业兴城或以城兴业，而是城郊特定区域和集中规模的产业、文化、社区等城市功能发展平台。

本文选取上海浦东为例，阐述大都市郊区规划建设特色小镇的实践探索。首先，浦东在上海占有重要地位，行政区划面积1 210km^2（规划面积约1 430km^2），约占全市1/5；2015年常住人口547万，约占全市1/4，地区生产总值7 898亿元，约占全市1/3；核心功能（金融业务、外贸进出口、外商直接投资、跨国公司总部、机场港口吞吐量等），超过全市的1/2。其次，浦东包含中心城、郊区、新城、新市镇、农村地区等诸多地域类型，形成了较为完整的城乡空间体系，各区域之间良性互动。再有，浦东整体作为国家综合改革试验区，在城乡一体化发展领域先行先试，特色小镇的规划建设，同样具有典型意义。

一、特色塑造

笔者查阅浦东新区各镇“十三五”规划、总体规划、政府工作报告、镇史镇志等文件文献，梳理出“十三五”期间各镇提出的特色塑造方向，并做作简要阐述和分析如下。

1. 承接中心城区溢出功能

以北蔡为例，位于上海内环与中环之间，毗邻陆家嘴金融贸易区，后者所承担的国际金融中心核心区功能近年来逐渐向世博园区、前滩地区扩散。北蔡定位为新兴金融集群的“金融小镇”，旨在集聚公募基金、私募基金、融资租赁、商业保理、资管平台、小贷公司等金融服务和投资型企业，打造聚焦财富管理、创新金融、文化金融等业态的“慢金融”集聚区。又如宣桥，依托靠近浦东国际机场的区位优势，打造以上海钻石交易功能扩容为核心，以平台经济、总部经济、服务经济为特色的含钻石珠宝制造、展示、交易、培训等内容的产业链相对齐全的产业功能集聚区。

2. 结合城市发展布局安排

“十三五”期间，浦东空间结构为“一轴四带”，其中，从陆家嘴至浦东机场的东西向发展轴线上，串联了陆家嘴金融城、花木文化城、张江科学城、川沙旅游城、祝桥航空城等发展板块，周边镇紧密结合因地制宜打造自身特色，比如唐镇以电子商务和银行卡园对接张江科学城，并积极发展中高端居住与配套服务，又如惠南积极发展科教产业，吸引航空培训学校等职业教育入驻，为浦东航空城提供支撑。浦东中部城镇发展带，是沟通北片中心城区和南片南汇新城的重要纽带，是浦东推进新型城镇化的主要载体，发展带沿线各镇包括周浦（医疗产业）、康桥（先进制造）、航头（商贸物流特色）、大团（观光农业）等。

3. 连接历史与未来

以高桥为例，既是中国历史文化名镇，也是十五期间上海重点发展的“一城九镇”之一（唯一一个位于中心城区内的重点镇），近二十年来兴建了一批标志性、开放型、现代化的产城融合社区，兼具区位优势和环境品质，“老镇换新颜”，定位为“互联网+创客”小镇，充分发挥“文脉”“地脉”和“科创”的互动效应，较好地呼应和深化上海的新型城镇

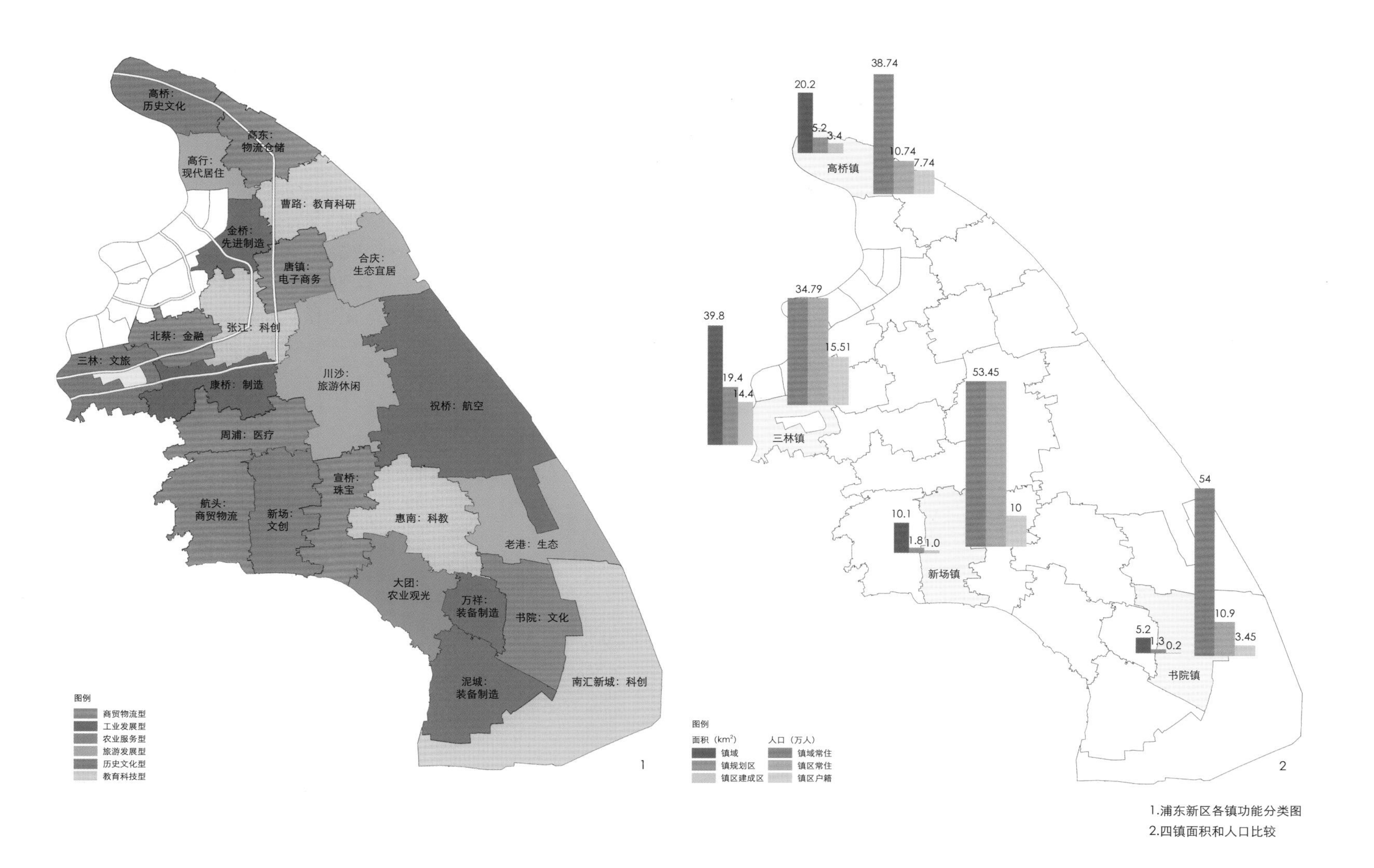

1.浦东新区各镇功能分类图

2.四镇面积和人口比较

化道路，有利于城镇发展融入自贸试验区、科创中心建设等国家战略的实施。又如沿长江岸线的合庆和老港，现状布局大型市政设施，空间品质不佳，未来结合环境整治改造和城市郊野公园布局，规划成为生态环境优美，人口密度适中、适宜居住或发展旅游的特色小镇。

二、规划探索

以上海浦东地区的高桥、三林、新场、书院四镇为例，阐述大都市郊区建设特色小镇的规划探索。其中，高桥、新场和三林位于近郊，高桥和新场依托历史风貌发展互联网经济和特色旅游，三林发展商贸流通。书院位于远郊，发展特色农业和旅游。建成区面积三林最大（15.51km^2），占镇域面积45%；书院镇最小（3.45 km^2），仅为镇域面积3.45%。常住人口规模也是三林最大（接近40万人），且呈现出圈层式递减态势：高桥（约20万）、新场（约10万）、书院（约5万）。

1. 特色产业是发展基础

产业定位精准、特色鲜明并向做特做精作强发展，充分利用“互联网+”等新兴手段推动产业链升级延展。以高桥为例，其产业定位为“从石化重镇转型到服务强镇、国际航运中心建设与自贸区辐射的高端服务业配套区、世界级新材料科创中心示范区、国家战略与四新经济高度融合发展的代表镇”。

（1）发挥自贸区溢出效应。发展“产地直达”“前店后库”“保税出口”“进口直销”等实体业务模式，为跨境电商主体入驻运作提供便捷服务。引进从事金融服务业、保税区商品交易融资租赁业、职业培训服务等企业及机构。主动承接自贸区企业入驻、增加商务空间载体和办公楼宇供应，引进外商独资医疗健康服务业机构与国际教育机构入住本区域。

（2）航运中心升级产业。探索发展航运类金融、保险、法律、咨询、信息、交易等配套服务业，构建较为完善的航运产业和服务体系。借助全国首个国际航运人才“双认证”试点项目年初落户上海自贸区的有利时机，主动承办诸如航运人才培养、航运职业研究教育等方面的项目，积极探索引进航运人才国际交流合作项目落地。

（3）集聚研发功能。聚焦发展运营性（如研发总部、营销总部、结算中心、集成解决方案供应商等）、平台型（如大数据开发、产业电商、新兴金融、车联网、孵化器、技术转移平台、知识产权交易中心等）、研发型（如智能制造应用平台、工业设计中心、四新经济企业等）新产业业态，推进高端企业总部落户高桥，打造具有区域影响力的“开放创业大学”“活跃创客空间”“互联网+运营中心”的样本示范区。

2. 美丽环境是宜居保障

城镇整体格局和风貌具有标示性，空间布局与周边自然环境协调融合，建筑密度与高度适宜人居。以新场为例，古镇区域为核心向外发散，形成“一核两带三圈层”空间格局。

（1）一核：古镇区域。上海浦东地区现存规模最大、历史遗产最丰富的历史文化风貌区，已列入全

表1　四镇（高桥、三林、新场、书院）部分指标比较

指标	书院镇	新场镇	高桥镇	三林镇
镇GDP（万元）	168 000	1 659 418	——	——
公共财政收入（万元）	45 551.66	27 529	70 527	94 151
市政基础设施建设投资（万元）	10 699	22 530	13 103.55	12 216
主导产业产值（万元）	154 329	1 459 200	1 125 270.6	2 709 423
本镇就业总人口（人）	27 417	60 742	32 058	220 000
主导产业吸纳就业人员数量（人）	2 642	8 893	8 327	6 872
主导产业类型	特色农业、旅游、装备制造	房产、电线电缆	化工、新材料、房地产、物流	服务业
PPP项目	临港森林小镇	——	老街基础设施改造改建	——
政府购买服务项目	河道综合养护、为牢助残服务	公益保洁、为老服务	市容环境、为老服务	安保

表2　各地特色小镇支持政策分类汇总

政策类别		政策内容
规土政策	用地指标	1 000个示范镇5 000亩新增建设用地指标（山东）；省级重点示范镇1 000亩、文化旅游名镇200亩用地指标（陕西）；完成规划目标奖励50%~60%指标（浙江）
	弹性利用	鼓励兴办文化创意、健康养老等新业态；对工矿厂房进行改扩建等提高容积率，不再补缴土地价款差额（福建）
	土地流转	加快农村土地流转力度，探索宅基地自愿有偿退出机制（甘肃）；鼓励集体建设用地使用权转让、租赁等方式开展农家乐等旅游开发试点（内蒙古）
财税政策	专项资金	3年15亿元（四川）；每年10亿元（山东）；省级重点示范镇1 000万元、文化旅游名镇500万元（陕西）
	财政补助	示范镇补助1000万元（广西）；每个镇 50万元规划设计补助（福建）
	财税返还	新增财政收入上缴省市的部分，前3年全部返还给，后2年返还一半（浙江）；地方小税原则上留给示范镇（山东）；新增财政收入部分，省财政可考虑给予一定比例返还，规划区内建设项目的基础设施配套费全额返还（海南）
金融政策	金融信贷	住建部与中国农业发展银行、国家开发银行共同推进政策性金融、开发性金融支持小城镇建设（国家层面）；搭建政银合作平台，3年内每年安排支持示范小城镇的贷款不低于框架协议金额的10%（贵州）；鼓励设立村镇银行、农村资金互助社和小额贷款公司（山东）
	社会资本	以BOT、TOT等PPP项目融资方式吸引社会资本参与小城镇建设（甘肃、河北、四川、贵州等）
	债券贴息	新发行企业债券用于特色小镇公用设施项目建设，按债券当年发行规模给予发债企业1%的贴息（福建）
产业政策	产业培育	优先落户主导产业（上海金山）；保障特色产业用地，安排土地利用计划指标（天津）
	发展基金	设立产业发展引导基金（海南）
人才政策	人才流动	安排省、市、县三级部门、单位和高校的规划、建设、财经专业技术人才任职、挂职和交流互派锻炼（山东）；规划建设专业技术人才赴省级重点示范镇挂职和任职（陕西）
	人才引进	高端人才实行税收优惠和个税优惠政策（福建） 放松特色小镇人才落户限制（重庆）
民生政策	教育医疗	向偏远地区医疗和教育人才给予专项奖励，并完善住房补贴、岗位聘任等相关政策（上海浦东）
	养老服务	养护服务免征营业税；可将闲置公益性用地调整为养老服务用地；支持养老机构发行企业债券融资（上海）
文化旅游政策	文化创意	补贴新引进企业；具有相当国际国内影响力的文化创意产业品牌活动，补贴50到200万（上海浦东）
	生态旅游	对农民就业增收带动大、发展前景好的乡村旅游项目，安排适当用地指标；对促进旅游产业发展的相关项目、提升城市形象的相关项目、旅游公益设施项目等给予资金扶持，额度不超过项目总投资或总费用的30%且不超过500万元（上海）
政府权限及改革支持	扩权强镇	特色小镇行政权限下放到县里，项目由县里审批（浙江）；将部分县级管理权限和事项下放到试点镇（四川）；委托给示范镇的行政许可和审批事项，一律进入镇便民服务中心，"一站式服务"（山东）
	改革支持	优先上报国家相关改革试点；优先实施国家和省相关改革试点政策；改革先行先试（河北、福建）

市重点推进的名镇保护案例，现有2处市级、6处区级文保单位，拥有2项国家级、3项市级非遗项目及80余处非遗资源。"更新场"古镇实践案例在2015上海城市空间艺术季获最佳案例奖。

（2）二带：大治河生态走廊带（结合美丽乡村建设，打造大治河休闲水岸和大型郊野公园）和沿东横港文化创新走廊。重点建设区域包括：定位为"新水乡菁英创智社区，古镇人文风尚新门户"的轨交新城（1.47km^2），以文创产业、旅游服务、宜居社区为特色的中部地块（0.92km^2），旨在打造古镇文化创意产业综合体的古镇风貌区（1.48km^2）。

（3）三圈层：加大历史风貌保护区和优秀历史建筑的保护力度，完善古镇文化展示交流创新功能的历史文化圈；重点以文化创新带动产业发展，实现工业区的转型升级，提升城镇功能配套，营造宜居环境的产城融合圈；重点改善生态环境，形成美丽花圃，打造美丽乡村的郊野生态圈。

3. 弘扬文化是品牌塑造

优秀传统文化及其当代表现形式得以充分挖掘、发扬和利用，利于形成独特的地域文化标志，在经济社会发展中体现价值。以书院为例，乡愁文化资源丰富，书院文化持续发育，群众文化丰富多彩。

（1）保留较为完整的传统村落文化，乡土民风淳朴，部分语音还保留着较早时期的方言特色。"海派石雕""哭丧哭嫁歌"被评为市级非遗项目，"传统杆秤制作技艺""芦苇编织技艺"被评为区级非遗项目，16个民间技艺列入镇级非遗保护目录。拥有沪上首个专业研究"乡愁文化"的"上海农家乐文化沙龙"，设立王金根石雕工作室、黄持一歌词创作工作室，建成"滩涂的记忆"非物质文化遗产展示馆等。

（2）积极开展国内外文化交流，创办系列大型文化活动，建成上海书法家协会书院创研基地、复旦大学国学堂书院基地、叶辛文学馆、东南书画院等一批有影响力的文化载体。积极创建"全国书法之乡"，成立"书院诗社"，打造农家书屋、百姓小舞台等基层文化平台。

（3）广泛弘扬民间文化，如由江南丝竹组成的"清音班"是深受群众欢迎的群众性乐队，一般在红白喜事时助兴演奏，场面欢乐，气氛热烈。"浦东说书"是集镇上的娱乐形式，包括"钹子书"和"唱太保"，内容多为历史故事。此外，还有唱曲子、秧歌队、腰鼓队、军乐队、文艺工厂等文化活动。

4. 完善设施是品质提升

基础设施完善，公共服务配套齐备，道路交通停车便捷，教育医疗卫生商业覆盖城乡区域。以三林为例，以镇区建设、城镇发展、人民生活需求为导向，通过整治拆违、更

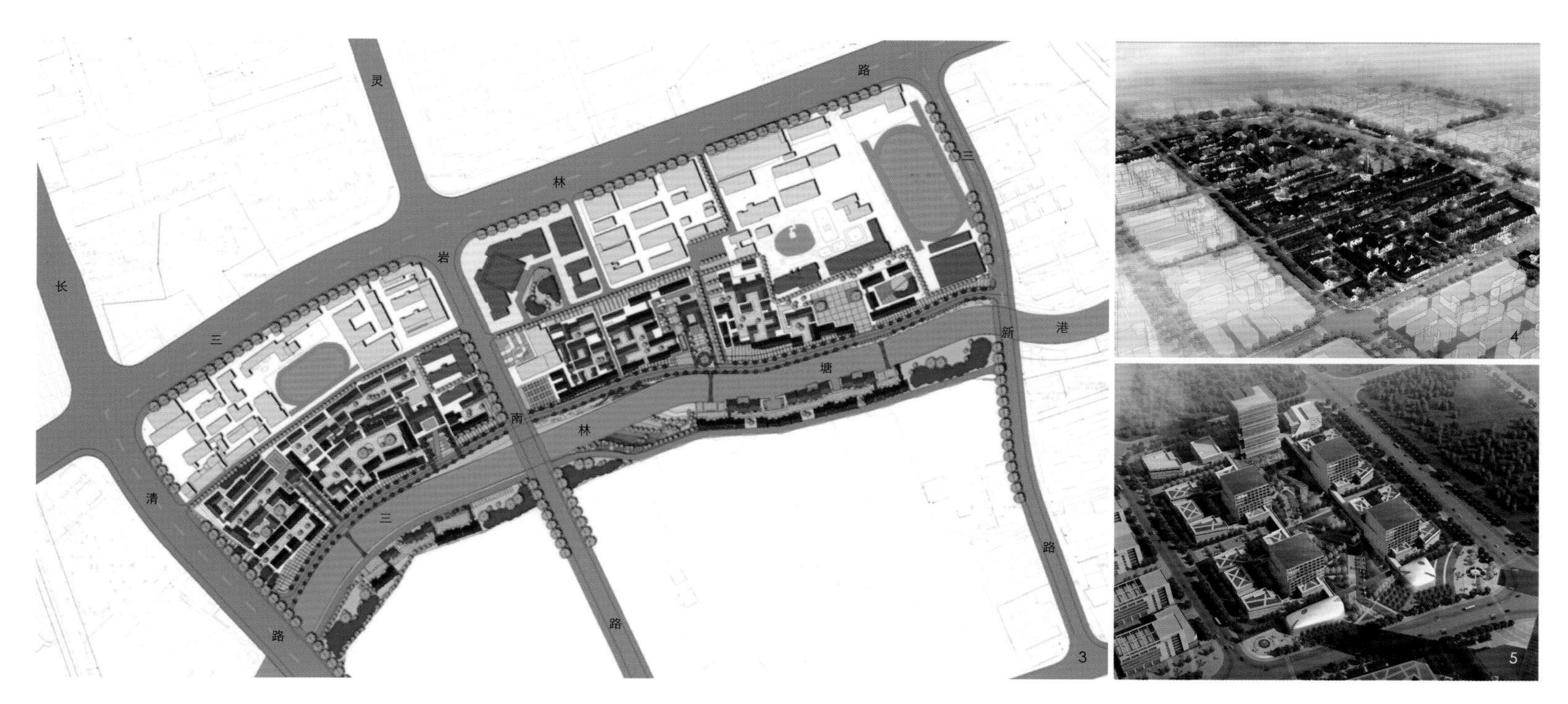

3.概念规划
4.川沙总体鸟瞰效果图
5.周浦智慧园鸟瞰效果图

新改造、提升功能等完善设施、提升品质。

（1）民生设施方面，建成杨东中学等6所学校和三林新村社会福利事业中心等公建服务用房。恒宇小学项目土建完工，幼儿园项目在动迁完成后启动建设程序。已完成三杨绿地等9块绿地建设和40万m^2小区综合整新工程。

（2）公共文体设施方面，建成济阳路文化体育中心等一批理念先进、功能齐全、服务优质、亲民利民的公共文体设施，初步形成10分钟公共文化圈；群众文体活动做强做实，提升三林镇文化服务中心建设水平，关注公共文化、公共体育和公共图书馆服务。实施文化惠民工程，完成居村委文化活动室区级标准化建设，使公共文化服务标准化、均等化水平加快提升。加强基层指导服务，着力推进基层文体设施建设，推进文化进社区、进农村、进企业、进学校。

三、实施路径

住建部等三部委发布的《关于开展特色小镇培育工作的通知》指出，“充满活力的体制机制”是特色小镇健康发展的有力促进手段。收集汇总各地特色小镇支持政策内容（详见表2），除了在规土、财税、金融、产业、人才、民生、文旅等领域有所扶持，还要创新发展理念和模式，具体包括：

（1）创新规划编制。对照国家特色小镇相关政策，力争在规划用地和产业集聚上形成突破，打破千篇一律和千镇一面，进一步凸显特色。

（2）创新治理模式。特色小镇在开发建设中需涉及镇、市（区）乃至于省（市）等多层级政府及其职能部门，需建立灵活、高效的管理平台和协调机制。

（3）创新社会参与机制。镇级政府与开发企业如大型民企、国企、外企的政企关系上，宜采取“政府主导、民企引领、创业者为主体”的运作方式。

参考文献

[1]国家新型城镇化规划（2014-2020）[R]. 人民出版社, 2014.

[2]中共上海市委, 上海市人民政府. 关于推动新型城镇化建设促进本市城乡发展一体化的若干意见[R]. 2015.

[3]上海市城市总体规划编制工作领导小组办公室.上海市城市总体规划（2015—2040）纲要[R].2015.

[4]上海市浦东新区人民政府.浦东新区国民经济和社会发展第十三个五年规划纲要[R].2016.

[5]罗翔. 十三五时期城乡体系演进的新趋势：以上海市浦东新区为例[J]. 规划师，2016, 32（3）：29—33.

[5]沈洁. 中国城市的郊区增长[M]. 商务印书馆, 2016.

作者简介

罗　翔，上海市浦东新区规划设计研究院，高级工程师；

赖志勇，上海市浦东新区规划设计研究院，助理工程师。

借力特色小镇建设实现产业园区的华丽蜕变
——以杭州市云栖小镇规划为例

Leveraging the Characteristic Town Construction to Achieve the Magnificent Transformation of Industrial Park
—Illustrated by the Case of Cloud Town Planning in Hangzhou

朱红波 汪 楠 李 晖
Zhu Hongbo Wang Nan Li Hui

[摘　要]　在经济新常态下，创建特色小镇是推进经济转型升级的战略选择，也为产业园区的转型升级指明了新方向。本文以杭州市云栖小镇为例，探索了以存量空间转型提升为主的特色小镇类型的规划编制方法。提出科学的产业定位、精细的产业谋划、重视可操作性的存量规划、景观风貌的综合整治提升是该类型特色小镇规划编制的重点。

[关键词]　特色小镇；云栖小镇；存量空间；转型提升

[Abstract]　Under the background of new economy, Create a characteristic town is to promote economic transformation and upgrading of the strategic choice. Also for the transformation and upgrading of industrial park pointed out a new direction. In this paper, a case study of the Cloud Town in Hangzhou, This paper probes into the planning method of the characteristic town type with the transformation and upgrading of the built-up area. It is pointed out that the scientific industrial orientation, fine industrial planning, paying attention to the operation of the stock plan and the comprehensive improvement of the landscape style are the key points of the planning of this type of characteristic town.

[Keywords]　characteristic town; Cloud Town; built-up area; transformation and promotion

[文章编号]　2017-77-P-036

过去的二十多年，产业园区在城市化建设、地区经济发展中发挥了举足轻重的作用。在经济新常态下，经济发展方式从粗放转向集约，经济结构不断优化升级，原来的产业园区建设模式和运营机制越来越显得水土不服。诸如产业链建设不健全、特色产业不突出、企业自主创新能力不足、园区建设功能单一、配套服务缺乏等成为制约产业园区持续发展的瓶颈。

浙江省首创的特色小镇，作为推进供给侧结构性改革的探索与实践，就是要解决新常态下“怎么干”的问题。特色小镇致力于打造在产业定位上“特而强”、功能叠加上“聚而合”以及在建设形态上“精而美”的发展平台，正是产业园区现有模式转型发展的目标。借助特色小镇创建之机遇，实现从产业园区到特色小镇的华丽蜕变，不失为产业园区转型发展的新路径。

一、云栖小镇概况和创建背景

1. 云栖小镇概况

“云栖小镇”位于杭州市西湖区之江新城中部，在转塘科技经济园区的基础上打造而成，北侧靠近西湖风景名胜区，东侧靠近钱塘江，西侧为凤凰山、狮子山等山体环抱，东北距离城市主中心之一的湖滨商圈直线距离约15km。“云栖”，代表着“云计算产业”，是小镇的灵魂，同时杭州市西湖新十景之一的“云栖竹径”就在小镇附近，这两个字也承载着浓郁的地缘文化。“小镇”，指结合自身特质，找准产业定位，科学进行规划，挖掘产业特色、人文底蕴和生态禀赋，形成的“产、城、人、文”四位一体有机结合的重要功能平台。2015年6月，“云栖小镇”列入浙江省首批37个省级特色小镇创建名单。

2. 创建背景

云栖小镇的前身是杭州市西湖区转塘科技经济园区。2014年，创建特色小镇以前的转塘科技经济园区还是一个重点发展电子信息、生物医疗、机电一体化、环保与精细化工等高新技术产业的普通产业园区，园区规模2.27km²。同国内众多高新产业园一样，在经济增速放缓的背景下，园区面临总体产业定位不清、没有形成有效的产业链、企业科技创新能力不足等问题。当时园区可直接用于出让的工业地块已出让完毕，但是有相当一部分工业地块存在着“有企业、没产业”的局面，不少厂房因缺乏优质项目而空置。

另一方面，园区早在2011年就开始接触云计算产业，经过2~3年的摸索和打造，创建了杭州云计算产业园、阿里云创业创新基地两个涉“云”平台，引进涉云企业近100家，特别是引进了阿里云、华通云、威锋网、云商基金等一批行业有影响力、代表性的企业，初步形成了云计算产业生态链。具体到产业空间上，已对两个工业地块共3万m²建筑空间实施转型，发展云计算产业。人文建设方面紧跟其后，2013年和2014年，园区两次成功举办阿里云开发者大会（“云栖大会”的前身），成立了全国首个云计算产业生态联盟——云栖小镇联盟。

在云计算产业发展取得初步成效的同时，按普通产业园区模式打造的转塘科技经济园区在产业生态、企业服务、园区环境、生活配套以及园区政策、体制等方面都无法给予云计算这个新兴产业持续的动力支持。适逢浙江省启动了“特色小镇”建设调研和申报工作，“特色小镇”成为破解浙江发展面临的瓶颈与不足的重要抓手。转塘科技经济园区抓住机遇，开展了创建“特色小镇”的探索实践。

二、云栖小镇的规划编制

特色小镇作为一项新生事物，是涵盖产业、生态、空间、文化等多个领域的系统性工程，需针对特色小镇特点开展创新性实践，既要有作为顶层设计的

1.云栖小镇在杭州区位图
2.云栖小镇区域位置分析图
3.云栖小镇用地现状图

战略性研究，又要有概念性空间设计和建设项目实施计划。每个特色小镇初始创建条件各不相同，有在现有产业基础上通过土地增量完善小镇功能和扩大产业规模的，有以存量空间为主进行功能置换和转型提升的，也有增量开发和存量提升并重的，其规划方法也各有针对性。云栖小镇规划探索的是以存量空间转型提升为主的特色小镇规划方法。

1. 特色产业的选择和发展条件分析

2014年，杭州市委十一届三中全会第七次会议针对杭州发展进入新阶段、面临新挑战、抢占未来发展制高点作出了加快发展信息经济、智慧经济的重大战略决策。随后，西湖区提出了加快发展以“一镇两谷”为主阵地的智慧经济产业规划，“一镇两谷”重点发展云计算、大数据、物联网、互联网金融等产业。其中的“一镇”就是云栖小镇（转塘科技经济园区在“特色小镇”概念提出之前，已率先提出“云栖小镇”的概念）。2010年，杭州被国家工信部和发改委确定为五个先行开展云计算发展试点示范工作的城市之一，而承接发展云计算产业的主平台就是位于云栖小镇的杭州云计算产业园。云栖小镇创建之初，虽然云计算产业产值所占份额不多，但“云计算”作为信息经济的先锋产业，正引发信息技术革命浪潮，有着广阔的市场发展前景，发展云计算产业符合杭州市、西湖区发展信息经济、智慧经济的战略决策，是必要的、迫切的。

就云计算产业发展条件来说，云栖小镇也有着突出的优势。首先，云栖小镇的云计算产业发展已取得很好的先发优势，园区早在2011年就开始接触云计算产业，2014年，已创建了两个涉“云”平台，引进涉云企业近100家，“阿里云开发者大会”和“云栖小镇联盟”已在业界产生了一定的关注度。第二，云栖小镇楼宇空间成熟，利于产业快速集聚，园区道路、市政等基础设施已基本建成，大部分出让的工业用地已建或正在建设中，有条件转型用于发展云计算产业的现成产业用房建筑面积超过40万m^2，且已建产业用房建设标准较高，有利于产业转型。第三，小镇四面环山、碧水中流，优越的生态环境为园区的转型提升创造了自然条件，同时也成为吸引高端企业和高端人才入驻的外在因素之一。第四，规划经过小镇的轨道交通6号线给小镇提供了强大的交通支撑。可以看出，转塘科技经济园区具有浙江省内云计算产业发展基础最好的平台，有条件且有能力打造云计算产业特色小镇。

2. 构建产业链生态体系——基于云计算的创业创新生态体系

小镇规划定位为：中国首个富有科技人文特色的云计算产业生态小镇。立足打造创业创新的圣地，创新人才集聚的高地，科技人文的传承地，云计算大数据科技的发源地。2014年9月，时任浙江省副省长的毛光烈先生在云栖小镇举办了一次题为“建设云栖小镇，打造世界就业创业天堂（乐园）”的讲座，肯定了这个建设思路，并进一步诠释了这个创业生态体系。

顺着这个目标和思路，我们策划了云栖小镇的创业创新生态体系，这个体系内的企业或创业者可以分别归入四个功能区：云服务区、就业创业区、就业创业服务区和创业成功发展区。通过这四个区组成的生态体系，构建了一个从想创业、始创业、创业中、创成时、创成后的完整的创业服务生态链。相关理念来自于毛光烈先生的“建设云栖小镇，打造世界就业创业天堂（乐园）”讲座内容。

云服务区是基础，包括提供基础设施即服务（IaaS）、平台即服务（PaaS）、软件即服务（SaaS）这三大基础服务平台的云计算企业，通过云端为包括云栖小镇在内的企业、政府、个人提供大规模、低成本的存储、计算和软件服务，降低创业门槛。就业创业区，发展借助云计算的各类创业创新公司，此类企业以云计算应用和新软件开发为主，创业

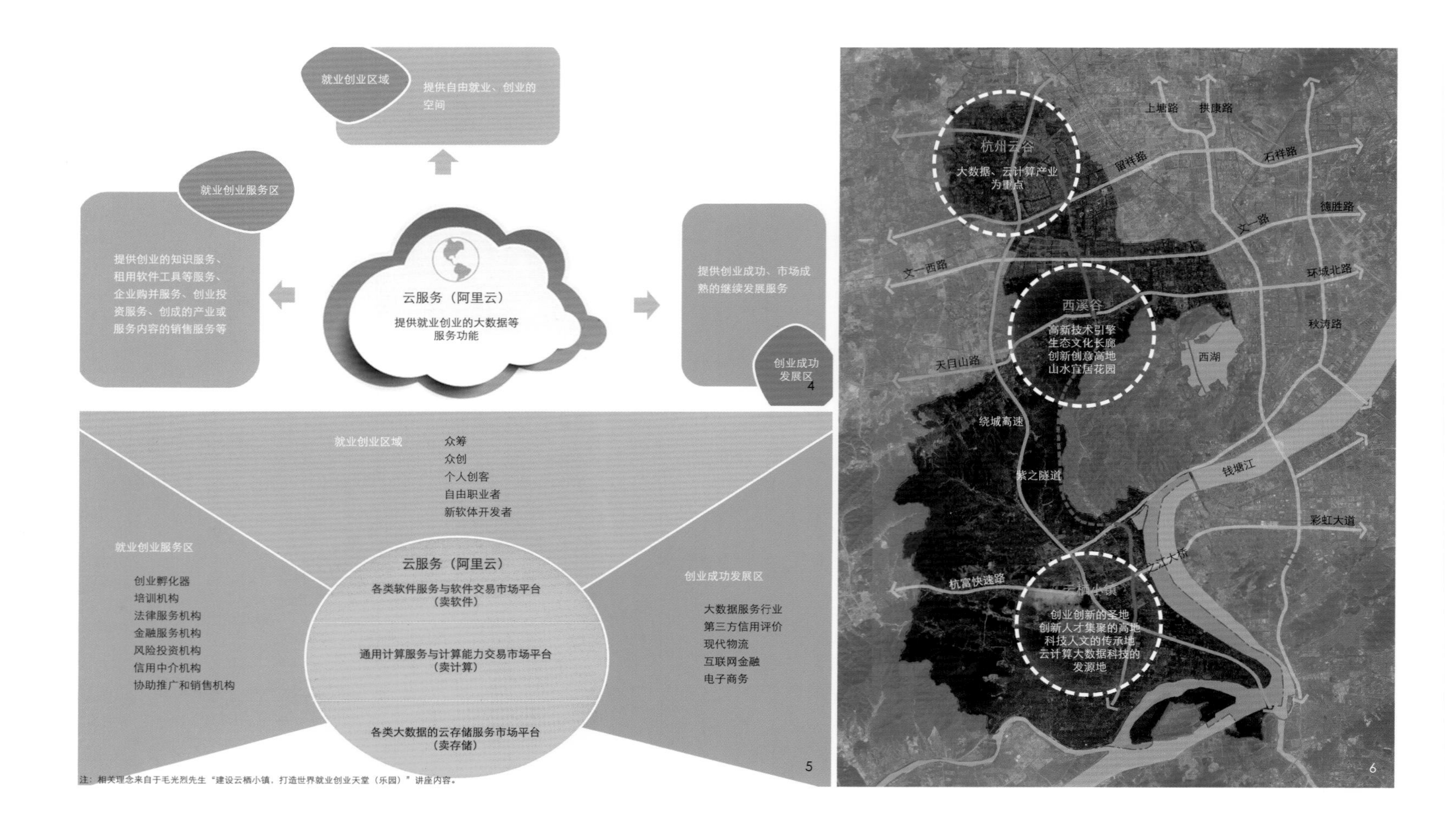

注：相关理念来自于毛光烈先生“建设云栖小镇，打造世界就业创业天堂（乐园）”讲座内容。

者可以是一个团队，也可以是一个人，创业模式非常灵活，该领域是云栖小镇的重心。就业创业服务区，引进或开创一系列为创业团队服务的企业，包括创业孵化器、培训机构、法律服务机构、金融服务机构、风险投资机构、信用中介机构、协助推广和销售的机构等。创业成功发展区，为创业成功的企业提供后续运营服务的企业，发展如大数据服务、第三方信用评价、互联网金融、电子商务等方面的企业，完善整个创业生态链。

通过以上的产业规划，阶段性清退小镇内效益低下的制造业企业，引入属于云计算生态圈的企业，在产业转型的同时逐步构建起创业创新的生态圈。

3. 以存量空间为主的特色小镇规划

（1）有机更新的调整型规划

原转塘科技经济园区大部分用地已建或已批，而且园区以产业功能为主，居住、公共服务设施相对缺乏。编制特色小镇规划时，在转塘科技经济园区的基础上将小镇面积扩大至 4.37km^2（特色小镇申报时该面积缩减为3.5km^2），为小镇的发展增加居住、商业服务业用地和产业拓展用地，近期打造范围仍然是转塘科技经济园区。面对发展机遇，要实现从传统的产业园区转变为三生融合的“云栖小镇”，在大部分用地已出让的情况下，规划采取的是一种渐进式、有机更新的方式，对原控规内容进行了适度的调整，注重可操作性。调整原则主要为以下两方面。

①优地优用，提升土地使用价值。云栖小镇的工业用地占据之江新城的核心位置，有着优良的环境景观条件，土地价值逐年提升，产业经济效益应该得到更大的发挥。规划引导园区的工业用地根据杭州市相关政策转型升级成创新型产业用地。全力营造一个以研发办公为主、生活环境优美的云栖小镇。考虑到既有产业空间的局限性，规划新增创业创新拓展用地，为将来产业发展预留空间。

②用地复合，完善配套设施。特色小镇建设要求“有山有水有人文，让人愿意留下来创业和生活的特色小镇”，因此，云栖小镇用地功能宜从之前的适度分离向适度复合转变。增加职工居住、公共服务设施、文化设施等配套内容，以人文的环境吸引高端人才落户于此。规划在科海路西侧对少量尚未出让的商业服务业用地进行功能调整，新增邻里中心用地、文化设施用地，同时引导已出让产业用地兼容部分配套设施功能。

（2）云计算产业功能分区策划

根据小镇的云计算创业创新生态体系特点及人文小镇的规划理念，策划了以下八个功能区：创业孵化区、创业服务区、云存储云计算产业区、成功发展区、创业创新拓展区、工程师社区、国际化生活区和生活配套区。前五个功能区为云计算产业相关的功能区，后三个功能区则是突出小镇的生活及配套，通过产业功能分区引导相应地块的产业转型方向。

（3）打造全方位的配套设施体系

根据产业定位，云栖小镇将来的主体人群为在云栖小镇工作与生活的创新技术人员。作为云计算行业的从业者，他们的共同特征是：年轻、高学历、从事创造性脑力劳动、收入丰厚、生活工作节奏快，这样的人群追求精品式消费，要求更多的社会服务，有更多交流与互动的需求。而云栖小镇职工家属和回迁居民则是小镇的附属人群，要求教育、医疗、文化、体育健身、商业等方面的日常生活配套。除了常规的生活性配套外，云栖小镇重点打造了针对企业及职工的配套设施体系，包括为企业配套的银行、酒店、培训学院和会展中心等，以及为员工配套的工程师社

4.基于云计算的创业创新生态体系
5.云服务生态架构图
6.西湖区“一镇两谷”的智慧经济主阵地
7.云栖小镇用地规划图

区、食堂、餐厅、健身房、小超市、咖啡馆、书吧等等。为员工配套的设施以就近布局为原则，每处工业地块都置换一定的建筑空间用于安排配套设施项目。

（4）化零为整搭建开敞空间系统

作为一个传统的产业园区，除了沿河沿路必须控制的绿化带，园区内部的块状、斑状绿地和广场空间是非常缺乏的。规划将范围内体量不大的自然山体——鲤鱼山、蜈蚣山、狐狸山纳入块状绿化打造对象，将各工业地块内部的院落空间纳入斑状开敞空间打造对象。设计连续贯通的步行绿道、商业街，将这些块状、斑状绿化和原来的滨河绿化带、小广场、商业步行街区串联成网，打造小镇的开敞空间系统。这个开敞空间系统包括“生态开敞空间”“绿地广场开敞空间”“商业开敞空间”和“企业内部开敞空间”四类不周特质的休闲空间，满足小镇人群休闲、健身、游憩、购物、交流、集会等多样化的需求。

4. 景观环境提升策略

小镇近期打造对象以存量空间为主，景观环境提升对象涉及各个权属单位。规划在尊重产权的基础上，研究可操作性较强的空间提升策略，其后期实施的程度，有赖于与各主体的具体协商。

（1）营造小尺度街区肌理，共享地块庭院空间

现状各厂区封闭管理且占地面积较大，不利于开敞空间体系的打造，而且大尺度街区也不符合小镇“精而美”的形象塑造。规划引导各产业地块拆除现状围墙，将以地块为单位的管理单元改为以单栋建筑为单位的管理单元。设置联系各产业地块内部庭院空间的绿道系统，化大街区为小街区，营造契合小镇意象的小尺度街区肌理。同时，共享各产业地块内部的庭院空间来创造更多的公共开敞区和运动休闲场地，提升园区的整体品质和人文气息。另一方面，四通八达的绿道系统也能促进各创业企业之间的交流和联系，促进配套资源共享。

（2）控制整体建筑风貌，打造魅力公共空间

云栖小镇位于幽静的山谷，整体建筑风格要求现代、典雅、宁静，而且能与本土文化相融。规划对八个功能区的建筑整治风格进行分别引导，不同分区的建筑在外立面整治或建筑设计时应有统一协调的建筑风格又各成特点。重点打造现状各地块的庭院空间、一条特色商业街和两条滨水景观带，使其成为小镇的魅力公共空间。取消现状各庭院主导的停车功能，设计优美、舒适和健康的庭院景观，满足工作人群室外休闲放松的需求。

（3）道路交通适度优化，挖掘地下停车空间

小镇原规划路网已基本建成，规划提出过境主干路局部下穿、科海路增设人行天桥、支路线型局部微调等措施对道路交通系统进行优化。从原来以制造加工功能为主导的生产空间转型为以研发办公为主导的创业空间，停车位短缺是个难题。规划提出利用各工业地块较大的院落空间开挖地下1~2层停车库，并

创业创新拓展区
（现状保留）
创业孵化区
创业服务区
国际化生活区
成功发展区
成功发展区
云计算产业集聚区
工程师社区
生活配套区
产业集聚区（现状保留）
8
小学
医院
狮子山
社区服务
幼儿园
发展备用地
浮山
凤凰山
研究院
中学
云栖银行
商业区
商业街区
R21
狐狸山
休闲运动场地
A31
B1/B2
M0
广场
凌家桥路
历史博物馆
工程师社区
会展中心
蜈松山
M1/B2
R21
M0
B1/B2
蚂蟥山
老年公寓
M
杭州卷烟厂
B1/B2
B1/B2
B1/B2
袁浦路
9
狮子山
科海路
狐山路
浮山
凤凰山
浮山西路
山景路
狐狸山
蜈蚣山
浮山东路
河山路
狮山路
河山路
良浮路
四号浦
蚂蟥山
鲤鱼山
四号浦路
南村路
卫星浦
袁浦路
图例
生态开敞空间
绿地开敞空间
公园
商业开敞空间
企业开敞空间与开放游步道
主要慢行道
登山健身道
10

8.功能分区规划图
9.配套设施规划图
10.开敞空间规划图
11.云栖小镇空间意向图

设置立体机械车位，解决部分停车问题。此外，未出让商业地块要求兼容部分社会停车功能，增加社会停车场的布点。开通小镇巴士系统与地铁站点、公交站点接驳换乘，鼓励公交出行。

三、创建成效

创建近两年，转塘科技经济园区管委会已通过协商取得现状大部分产业空间的使用权，为云计算产业发展腾挪空间。阿里云、富士康、英特尔、中航工业、洛可可等龙头企业先后入驻云栖小镇，龙头企业搭建的创业孵化平台吸引了一大批云计算创新型产业聚集云栖小镇。规划的创业创新生态体系已具化为优秀创客项目常态化征集——杰出创客项目重点孵化——成熟创客产品商业价值转化的“创客项目生命全链路支持体系”。2017年初，小镇已汇集涉云企业481家，2016年全年涉云产值超过百亿元。2016年杭州云栖大会，吸引了来自世界各地4万名科技精英现场参会，超过700万人在线观看大会直播，成为全球规模最大的科技盛会之一。云栖小镇已然成为云计算产业的高地。

四、结语

经济新常态下，城市发展一方面面临着用地资源紧缺，另一方面则是大量低效建设用地亟待二次开发。找准发力点，打造特色小镇，能促进低效存量空间转型成为城市创新活力中心。云栖小镇的规划实践探索了以存量空间为主的特色小镇类型的编制方法，而科学的产业定位、精细的产业谋划、重视可操作性的存量规划、景观风貌的综合整治提升则是该类型特色小镇规划编制的重点，对同类型的特色小镇规划具有一定的借鉴意义。

参考文献

[1]李强，特色小镇是供给侧结构性改革的浙江探索[J]. 浙江林业，2016（3）：12-15.

[2]宋维尔，汤欢，应婵莉. 浙江特色小镇规划的编制思路与方法初探[J]. 小城镇建设，2016（3）：34-37.

作者简介

朱红波，硕士，高级工程师，杭州城市规划设计咨询有限公司规划设计七室；

汪　楠，硕士，云栖小镇党委副书记；

李　晖，硕士，高级工程师，浙江大学城乡规划设计研究院交通分院总规划师。

项目负责人：朱红波 韦飚

主要参编人员：钟悠　孙秀睿　杜志勇

1

全过程的湖州美妆小镇城市设计实践综述

A Summary of Urban Design Practice of Beauty Town with the whole process perspective, Huzhou

陆天赞 付朝伟 杨 秀
Lu Tianzan Fu Chaowei Yang Xiu

[摘 要] 近期特色小镇建设如火如荼开展，湖州美妆小镇城市设计采用一体化、全过程的城市设计思想方法，从项目策划、概念规划、设计引导、活动组织等多维视角对小镇进行整体规划设计，提升了规划设计的操作性和适应性，对美妆小镇的开发建设起到良好的引导和促进作用。

[关键词] 美妆小镇；特色小镇；城市设计；全过程

[Abstract] Recently, the construction of small towns in full swing to carry out. with the urban design ideas of integration and the whole process ,Huzhou beauty town planning and design in multi-dimensional perspective from the project planning, concept planning, design guidance, activities, organizations and other ,to enhance the planning and design of the operational and Adaptability.In the end, Urban design play a good guide and promote the role in the development and construction of the beauty town.

[Keywords] Beauty Town; Characteristic Town; Urban Design; whole process

[文章编号] 2017-77-P-042

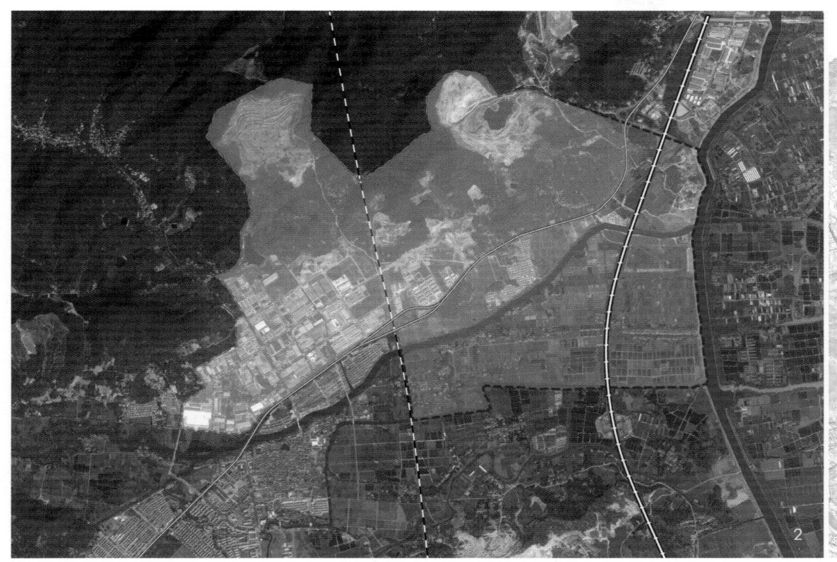

1.美妆小镇整体鸟瞰效果图
2.美妆小镇规划范围
3.美妆小镇现状图

为适应与引领经济新常态，2015年起，浙江省全面启动建设一批产业特色鲜明、人文气息浓厚、生态环境优美、兼具旅游与社区功能的特色小镇。2015年6月4日，第一批37个省级特色小镇创建名单正式公布。同年，湖州市依托已有的化妆品产业基础在吴兴区埭溪镇积极谋划建设“中国美妆小镇”，并委托项目组按照特色小镇建设的高起点规划要求，紧紧抓住“注重集约集聚、彰显生态特色、彰显人文底蕴”的核心思想开展规划编制工作。

一、基地概况

湖州位于浙江省北部、太湖南岸，上海、杭州、南京黄金三角区的空间地理中心，纳入到上海2h快速经济圈。埭溪镇地处湖州市西南部，生态环境、交通与物流条件优越，城镇建设和各项配套日益完善，产业承载能力强，已发展成为全国重点镇。

美妆小镇位于埭溪镇的东北侧，规划范围为3.5km^2。概念规划统筹考虑周边的已建成产业园区、在建安置房小区、农田景观、已废弃及暂停开挖的矿山等，扩展研究范围为14km^2。

基地现状用地以工业用地、农林地为主，除去已建设的产业园区以外基地内现有基础设施缺乏。现状地形一半属于山地地势，一半属于平原地势，整体高差较大。地块内有两片矿区，分别位于北部的东西两侧山体，暂停开采。基地现状道路东西向骨架已基本形成，主要包括104国道和在建创业大道。

规划的核心是如何结合现有的区位优势和现有的化妆品产业基础，发展形成具有投资魅力与行业影响的产业齐备的化妆品产业集聚地；如何结合现状的自然生态特征打造独具特色的小镇空间环境；同时如何将美妆的时尚文化与地方文化的完美融合，形成小镇的名片。

二、目标定位

美妆小镇定位为“中国化妆品生产基地”。

产业上，整合集聚国内外化妆品及上下游配套产业资源，搭建聚集资金、技术、市场、人才等要素的平台，以产业投资为核心，建设成为中国规模最大、立足长三角、辐射全国的国际化化妆品生产与展示基地。空间上，通过矿山利用实现集约用地典范，通过环境修复实现生态特色典范的花园式产业园区。文化上，打造成为化妆品文化与地方文化共融的特色基地。

三、规划重点

1. 产业：全链平台，旅游增值

拓展化妆品上下游产业，构建综合全产业链服务平台，依托产业特色，提升旅游综合附加值。

化妆品生产是产业基地的核心，包括护肤产品、彩妆产品、香水产品的生产。上游产业拓展包括：上游产品生产，包括化妆品原料生产、化妆品包装生产以及化妆品设备制造；创业研发，包括企业孵化、实验测试、大师设计等细分产业。下游产业的拓展包括：商务展销、次生商业、生态休闲及基础配套等相关产业类型。

2. 生态：山水融合，示范修复

（1）“生产—生活—生态融合”的生态空间模式

传统工业园区规划结构死板，用地功能单一，建筑形态千篇一律，空间组织与城市格格不入。特色小镇规划中，引入开敞的公共空间系统，在打造高品质景观环境的同时，力求提高土地使用效率、提升土地开发价值，并通过多样的功能设置以及合理的交通组织满足不同的需要。从空间乏味的生产园区走向特色小镇的“生产—生活—生态融合”模式。

（2）生态修复，打造特色休闲空间

根据基地包含部分矿山的实际情况探索“矿山活用，生态修复”的典型示范。

3. 文化：美妆世博，主题体验

集聚全球美妆精品，创建特色世博园区。通过

4.美妆小镇规划总平面图
5.美妆小镇功能构成
6.美妆小镇的产业体系构建
7.不同美妆文化的塑造

对世界美妆文化和品牌的梳理，将园区塑造成欧洲、日韩和中国三大板块的分区，进行不同的建筑、景观的设计引导，形成开放包容、多元融合的文化氛围。定位于塑造“产业一世博”园区，打造一个体验不同主题的展示盛会。

同时对美妆文化进行延展，与科技、历史、美学、自然环境相结合，沿主要的街道和节点，塑造不同的文化体验环境。规划沿创业大道北侧山体打造一条化妆品历史文化体验走廊，并将主题公园、入口公园、矿坑公园连成一个整体。从主题上展现不同阶段化妆品的发展历程，通过局部山体的生态修复、系统性的游览步道、局部观景与休憩平台的设置来形成休闲活动空间，同时沿这一活动走廊布置化妆品品牌创意与展示的节点。

四、系统规划

规划以“山一水一田”为生态底图，以“生产组团+服务平台”为空间板块，以“交通轴线+生态廊道” 为空间轴线，以“空间核心+特色节点”为空间节点，形成总体框架。

规划形成了生产组团、产业服务区、创意体验区、文化展示区、居住社区、主题公园休闲区、农田生态休闲区、山体生态、滨水生态休闲区。强调在生产、生活、生态之间找到最佳平衡点；在有限的空间里充分融合产业功能、旅游功能、文化功能、社区功能的融合。

道路交通强调与现状国道的结合进行路网规划，同时设计辅道、慢行道和公共停车场。慢行交通的组织将基地外的山水游憩空间有效与基地内特色空间形成内外联系的整体，重点打造山地慢行线路与滨水慢行线路，结合组团布局，形成网络化与外延化的体系。

规划同时遵循生态优先，坚守生态良好底线，实行“嵌入式开发”，在保留原汁原味的自然风貌基础上，建设有特色和底蕴的美丽园区。

旅游规划围绕化妆品生产体验、化妆品时尚创意以及矿山生态修复来设计旅游功能，包括工业旅游、休闲旅游、体验旅游、教学旅游、健康旅游等，重点包括了以保留山体主题公园、矿山矿坑修复及滨水绿化为载体的生态体验，以透明工厂、化妆品博物馆为载体的化妆品生产和文化体验，和以情景商业—水岸秀场—美妆休闲—主题酒店会议中心等项目为载体的创意体验。

五、核心区设计

核心区定位为特色小镇的产业平台、小镇客厅和品质空间。

产业平台：服务产业园区研发、检测、办公的总部中心，服务全国的产品展示、展销的产业平台，服务全球的文化、旅游、交流的区域极核。

小镇客厅：面向小镇的生活休闲港湾，面向区域的特色展示空间，面向世界的交流文化中心。

品质空间：重点打造美妆文化空间，提升生活、生产、文化、旅游的展示空间品质，营造自然生态的共享氛围。

整体布局展现生态自然理念，因地制宜安排功能分区。项目划分为11个功能板块，北侧为博物馆、商业街、研发中心、山体公园、大师工作室、总部一花园办公、透明工厂、商贸展示及商务办公，南侧为美妆休闲区、酒店会议区、精品展示区。

规划突出系统化的开放空间，广场空间、滨水空间、田园生态空间、山地生态空间等串联成连续性的网络，同时形成连续、完善、安全、舒适的慢行系统，串联主要开放空间及活动节点。

核心区的公共空间通过对城市指示牌、街道家具、新媒体导视系统、交互景观等形象景观设计，从视觉形象上将不同功能空间和载体进行演绎，突出城市文化氛围，提高整体空间品质；最后设计导则，有效地指导下一层面的设计工作。

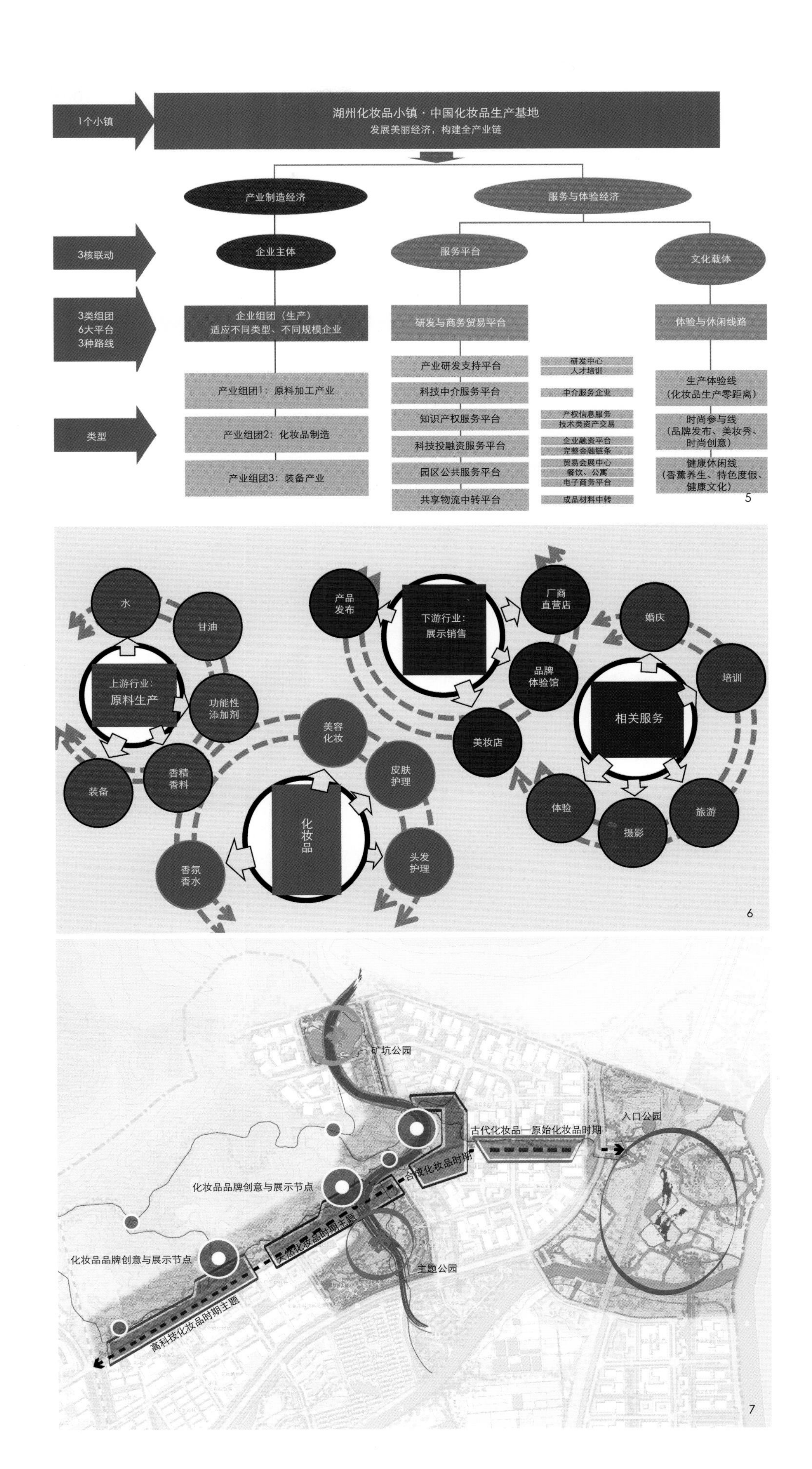

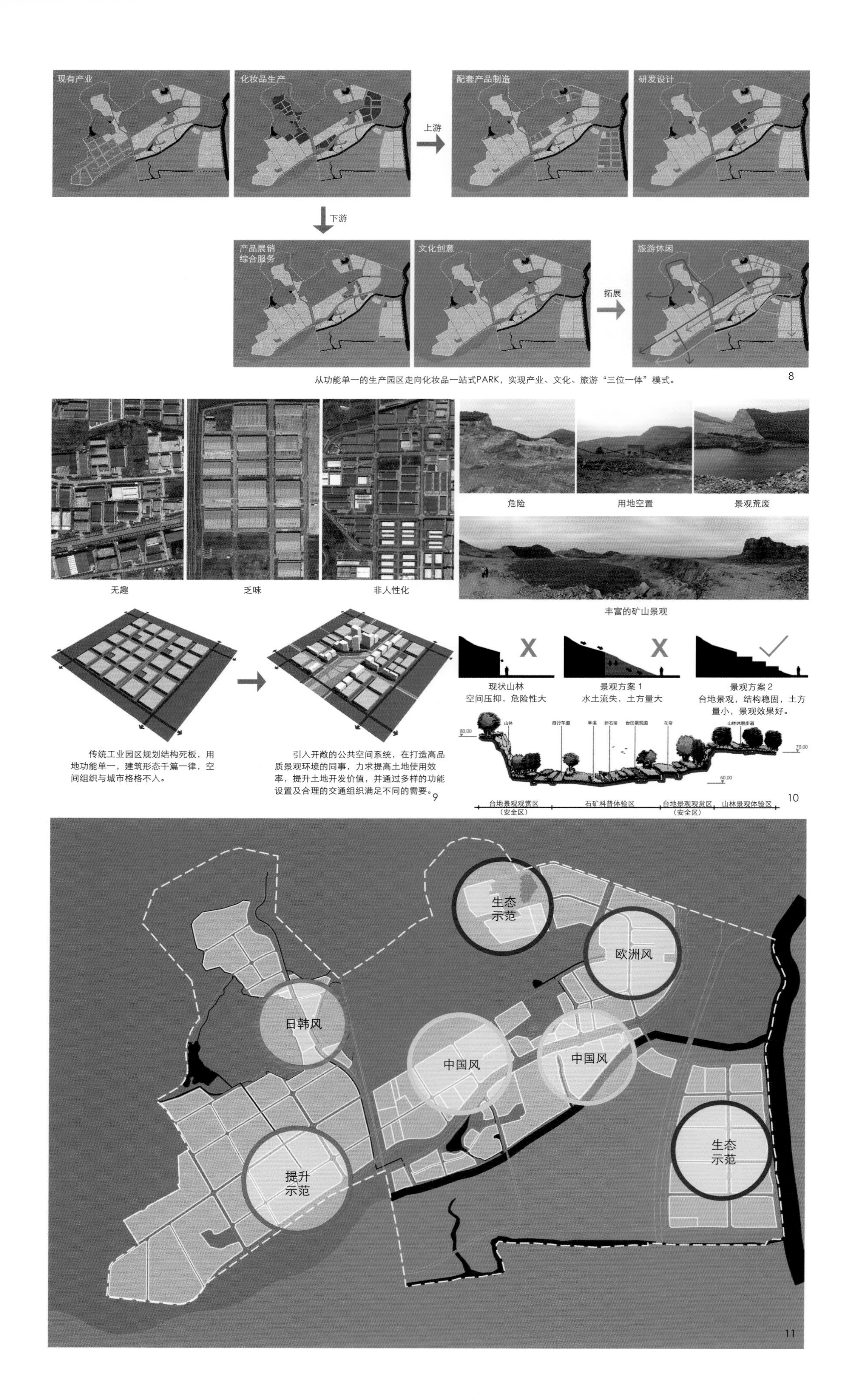

从功能单一的生产园区走向化妆品一站式PARK，实现产业、文化、旅游“三位一体”模式。 8

传统工业园区规划结构死板，用地功能单一，建筑形态千篇一律，空间组织与城市格格不入。

引入开敞的公共空间系统，在打造高品质景观环境的同事，力求提高土地使用效率，提升土地开发价值，并通过多样的功能设置及合理的交通组织满足不同的需要。 9

10

11

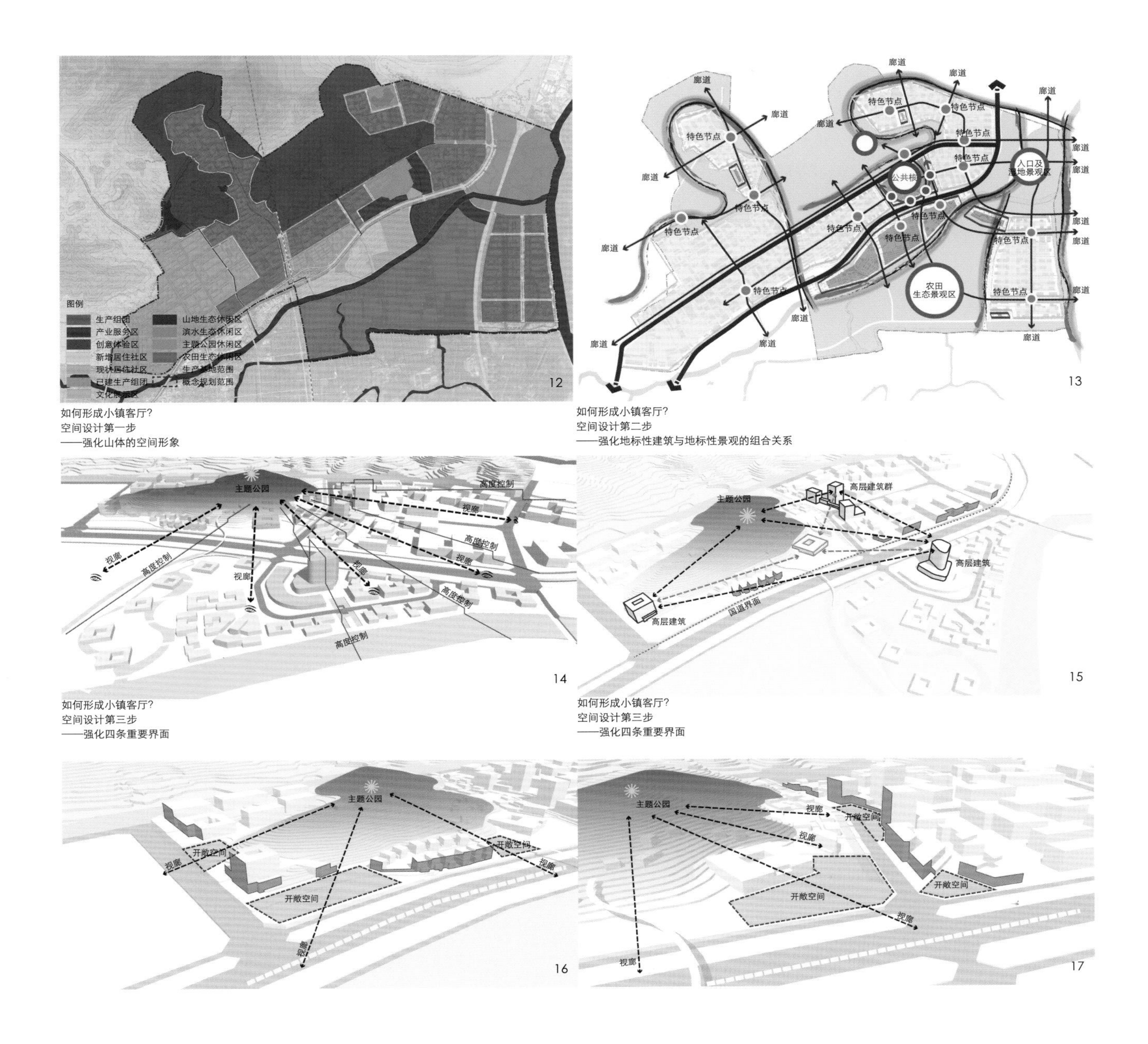

如何形成小镇客厅？
空间设计第一步
——强化山体的空间形象

如何形成小镇客厅？
空间设计第二步
——强化地标性建筑与地标性景观的组合关系

如何形成小镇客厅？
空间设计第三步
——强化四条重要界面

如何形成小镇客厅？
空间设计第三步
——强化四条重要界面

六、结语

随着湖州吴兴区美妆小镇城市设计项目的顺利开展，项目组并协助委托单位完成特色小镇申报、模型沙盘展示、招商引资宣传以及概念规划设计、城市设计、景观和建筑设计引导等工作。

美妆小镇的规划和建设得到了社会的广泛关注和认可。浙江省委书记夏宝龙和省长李强先后视察了美妆小镇，并高度肯定了吴兴美妆小镇的建设情况；意大利VIRIDIS、韩国韩佛等国际知名品牌以及珀莱雅、上海上美等国内知名品牌先后进驻美妆小镇。目前，湖州吴兴美妆小镇已于2016年1月成功入围第二批42个特色小镇创建名单，并在2016年5月评为十大省级示范特色小镇之一。

作者简介

陆天赞，上海同济城市规划设计研究院，博士，注册规划师；

付朝伟，上海同济城市规划设计研究院，注册规划师；

杨　秀，同济大学建筑城规学院博士研究生。

8.美妆小镇产业延伸和空间分布
9.“生态-生活-生产”融合的空间模式
10.生态修复和景观塑造相融合
11.美妆世博的主题分区
12.功能分区图
13.总体设计框架
14-17.核心区设计策略要点

生态文明背景下的山地小城镇规划编制探索和思考
——以湖北省长阳县磨市镇为例

Exploration and Reflection on the Planning of Mountainous Towns in the Background of Ecological Civilization
—A Case Study of Moshi Town in Changyang County, Hubei Province

马 方 李海军 唐知发 罗 融
Ma Fang Li Haijun Tang Zhifa Luo Rong

[摘 要] 十八大以来，生态文明建设被提升到和经济、政治、文化、社会建设同等重要的高度，而位于山地之上的小城镇建设具有践行生态文明理念的天然优势。本文以湖北省长阳县磨市镇规划建设为例，从生态文明的概念定义和生态城市基本理论解析入手，在选址建设的地理环境评价、生态文明前提下的目标定位、区域生态格局的维护和构建、经济模式选择的生态化思维、空间组织模式、特色风貌凸显、弹性指标控制等方面对山地小城镇的规划编制进行了探索和思考，进一步探讨了如何在山地小城镇的规划建设中融入、体现和落实生态文明发展理念，对新时期山地小城镇发展策略和空间建设具有一定的借鉴意义。

[关键词] 山地小城镇；生态文明；磨市镇；发展策略；规划编制

[Abstract] Since the 18th CPC Central Committee, the ecological civilization construction has promoted, which as important as economic, political, cultural, social construction, and the construction of mountainous towns has advantage for us to practice the concept of ecological civilization. Taking Moshi town in Changyang county , Hubei province planning and construction as an example, this article will analyze from the concept and define of ecological civilization, and the basic theory of ecological city. The planning method of mountainous towns would research and think deeply from multiple contents, such as the geographical environment evaluation, goal orientation about ecological civilization, maintenance and construction of pattern of regional ecological, ecological thinking of economic mode selection, spatial organization mode and characteristic style and elastic index control .Meanwhile, this article will take further study how fit the concept of ecological civilization development in the planning of mountainous towns, which has a certain reference significance for the developmental strategy of mountainous towns in this new times.

[Keywords] Mountainous towns; ecological civilization; Moshi town; the developmental strategy; planning

[文章编号] 2017-77-P-048

1.区位图
2.现状高程分析图
3.现状坡度分析图

新型城镇化是扩大内需的潜力所在，也是经济增长持久的内生动力，它会带来城镇公共服务和基础设施投资的进一步扩大，也会激化土地利用和生态保护等方面新的矛盾。而生态文明是人类社会从原始文明、农耕文明、工业文明进步到一种更高级的文明形态，体现了人与自然和谐统一、有机的整体。党的“十八大”提出了经济建设、政治建设、文化建设、社会建设、生态文明建设“五位一体”的中国特色社会主义事业总体布局。在此背景下，城乡规划对于生态文明的关注和落实要求日益迫切。近年来，宜昌市长阳土家族自治县作为典型的山地城市，在生态文明实践方面作了一些积极的探索和实践，也希望通过不断的分析和总结，探寻一条真正促进可持续发展之路。

一、生态文明和生态城市

1. 生态文明的地位

生态文明是人类为保护和建设美好生态环境而取得的物质成果、精神成果、制度成果的总和，是贯穿于经济建设、政治建设、文化建设、社会建设全过程和各方面的系统工程，反映了一个社会的文明进步状态。过去50多年的历史，以联合国的1972、1992、2012年的三次可持续发展大会为标志，世界有关环境与发展关系的认识，可以概括为环境问题提出、可持续发展、绿色经济与全球环境治理等三个阶段。

我国生态学家叶谦吉首次明确使用“生态文明”概念是在1987年全国生态农业问题讨论会上，叶谦吉提出应该“大力建设生态文明”。近年来，十八大报告、中央经济工作会议、《国家新型城镇化规划》和“十三五”规划都把生态文明建设放在突出地位。

2015年，国家发布了《关于加快推进生态文明建设的意见》，这也是自党的十八大报告重点提出生态文明建设一来，国家全面专题部署生态文明建设的第一个文件，将生态文明战略和实施层面均提升到了前所未有的高度，成为我国新型城镇化的核心战略。

2. 生态城市基本理论

生态文明在城市发展中的理论体现是生态城市理论。生态城市的理论随着人类文明的不断发展，以及对人与自然关系认识的不断升华，逐渐从对自然的顺应，发展到城市、人和自然的共生。

生态城市理论自古就被运用于城市建设，从古代中国“天人合一”的整体规划观念和生态系统思想，到十九世纪英国人霍华德的“田园城市”理论，再到二十世纪初期的有机疏散理论，以及后来的城市生态学理论均为生态城市奠定了理论基础。其中，1984年“人与生物圈”计划组织（MAB）的《人与生物圈计划》报告中提出了生态城市规划的五项原则：

（1）生态保护战略；

（2）生态基础设施；

（3）居民生活标准；

（4）文化历史的保护；

（5）将自然引入城市。

这推动了生态城市研究在全球内的进展，其五项原则也奠定了后来生态城市理论发展的基础。

《人与生物圈计划》报告中指出，“生态城市规划，即要从自然生态和社会心理两方面去创造一种能充分融合技术和自然的人类活动的最优环境，诱发人的创造性和生产力，提供高水平的物质和生活

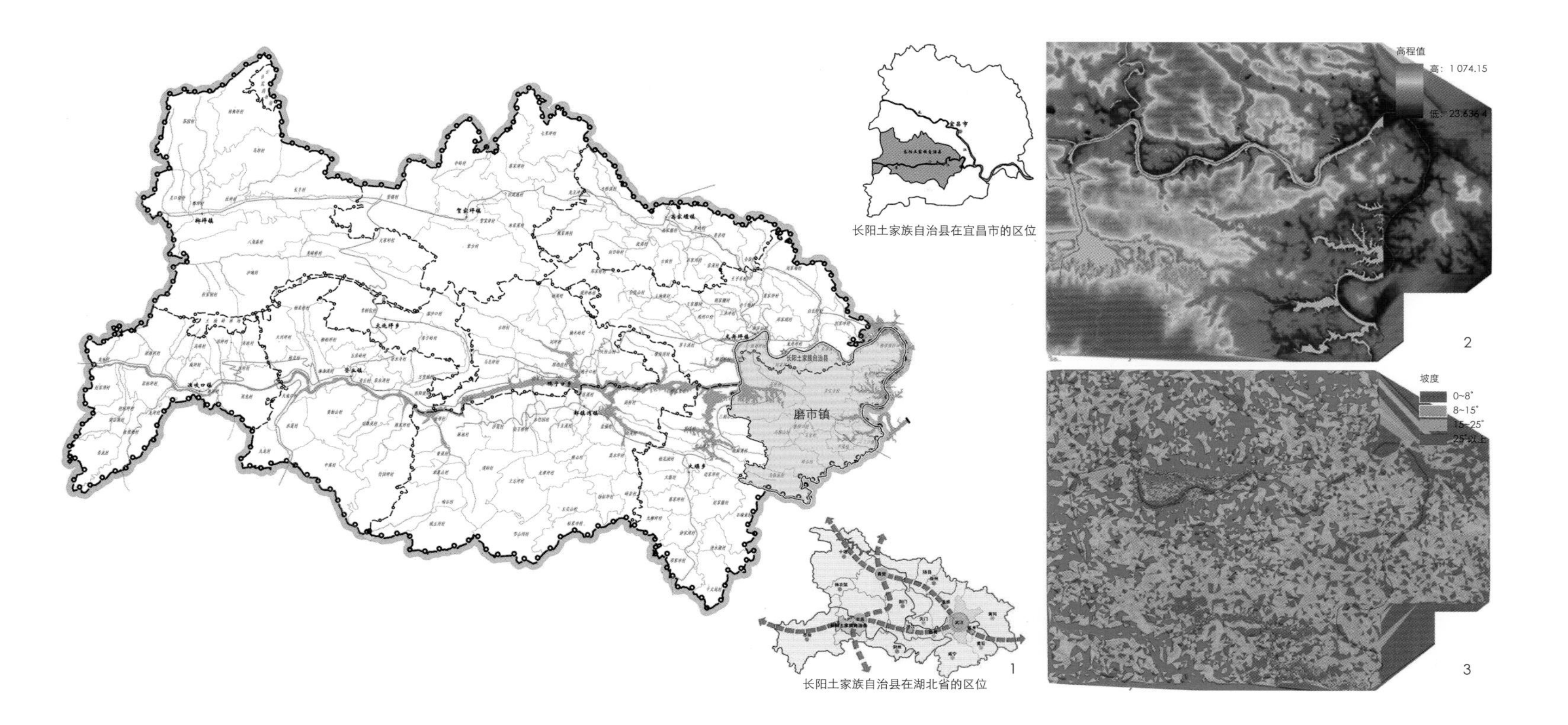

1
2
3

方式”。从城市规划的角度，就是要落实生态文明理念，要把生态循环整合到城市规划决策过程中，特别是把有关的概念和理论融进规划编制及管理流程中，如承载力、生态价值、多样性、生态链、资源使用及供应、生态足迹等都可应用在城市规划和管理。绿色生态规划技术是在城市规划中落实，体系生态发展要求的技术手段，基本理念是以“微循环”维护自然生态环境平衡，实施绿色生态规划技术，主要通过建筑节能、绿色交通、水环境、垃圾处理、城市绿化、城市规划等六个方面，实现城市碳排放的降低，城市与自然环境的生态关系的改善。

3. 生态文明与山地小城镇建设

（1）生态文明与城市发展

从城市发展角度看，生态文明建设重点是在城市空间中实施生态的生产和生活方式的基本转型，也就是按照“生态”概念，改变传统的城市发展方式一采用“3R”原则，即减量化（Reduce）、再利用（Reuse）和再循环（Recycle），建设可以与自然生态“共生共存”的“生态城市”。

在新型城镇化方面，要强调从空间蔓延、功能分离转向空间紧凑、功能混合；在新型工业化方面，强调从线性经济、高碳发展转向循环经济、低碳发展；在消费方式方面，强调从私人拥有导向的消费方式转向私人拥有和公共服务并举。

（2）山地与山地城镇

山地是相对于平地的一种起伏崎岖的地貌类型和地理区域。我国是一个多山的国家，山地面积占国土面积比例为33.45%，大约有半数以上的城镇都位于丘陵与山地之上。如四川、浙江和云南都是以丘陵、山地为主的省份，平原地域的面积很少，其中浙江省山地面积占到全省面积的75%以上，湖北省山地约占全省面积的55.5%。据2006年统计，全国661个建制市中有231个山地型城市，占总数的约35%；在全国1 900多个县城中，属于山地型城镇的约有960个，超过县城总数的一半。

目前，我国平原地区城镇建设已经进入良性循环，而占全国土地面积2/3山林地区的小城镇建设正处于关键时期。由于山地生态环境的特殊性和复杂性，山地城镇的规划建设较之平原地区面临更复杂的问题和矛盾。

生态文明建设是城镇现代化的重要内容，山地城镇与平原城镇一样是城乡联系的桥梁和纽带，无论从空间层面和内涵层面看，其在城镇体系中处于基础地位，在生态文明建设中也起着基础作用。与大城市相比较而言，山地城镇在发展规模、强度和速度上相对较小，但又不能仅仅看作是城市的缩小体，而需要以城镇的人力、财力、物力等的承受能力及其本身问题的特殊性为基础。

山地小城镇的主要载体为山地县城（镇）、山地中心镇和山地一般镇3个等级的建制镇，包括规划期内上升为建制镇的集镇。由于其特殊的地理位置，使得山地小城镇生态环境建设的基础最好，但同时也难度最大。如何认真借鉴大中城市生态文明建设与发展中的经验和教训，确保山地小城镇规划的编制和管理在起步阶段就有一个较高的起点，成为当前城乡规划领域中一个重要的课题。

二、山地小城镇发展特征及问题

山地型小城镇在发展过程中，几乎都面临着同样的难题，就是既要追求当前经济效益的提升，又要保护环境、注重城市的可持续发展。从经济发展来看，一般经济基础又较为薄弱，同时对资源的开发具有较高的依赖，需要构筑有力的产业支撑，才能实现经济发展转型跃升。但从生态环境来看，山地型小城镇自然生态资源丰富，生态敏感性高，尤为需要加强对自然资源的保护，实现城市的可持续发展。这样看来，山地型小城镇在发展建设过程中均面临着生态环境维护和经济发展的双重挑战。

1. 基本概况

磨市镇位于湖北省长阳土家族自治县东部，北临清江，东、南接壤宜都市，西临长阳大堰乡，距省会武汉市346km，距宜昌市区60km。磨市镇共下辖15个行政村，2014年总人口为27 896人，其中常住人口8 000人。磨市镇国土面积247km^2，现状仅靠一条省道和一条县道对外连通，通过水路可直达隔河岩

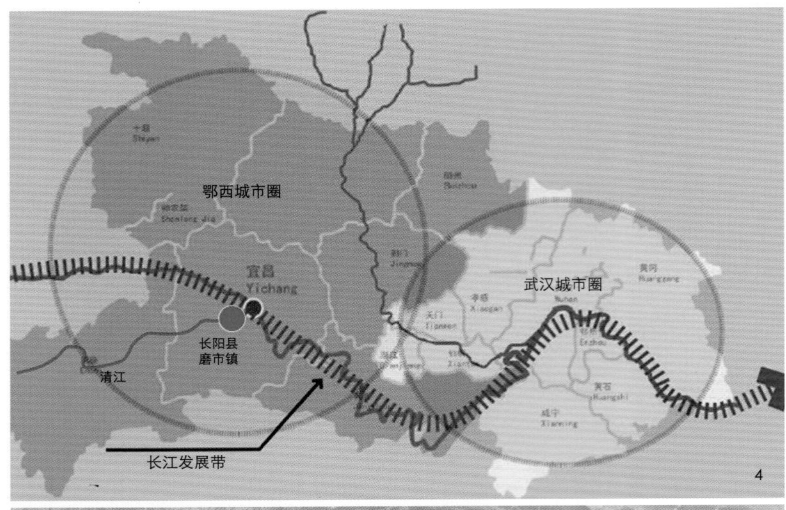

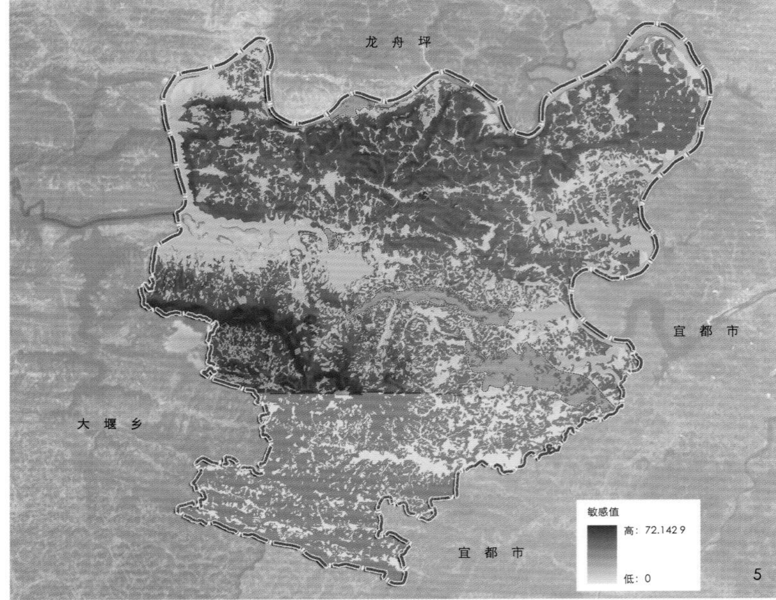

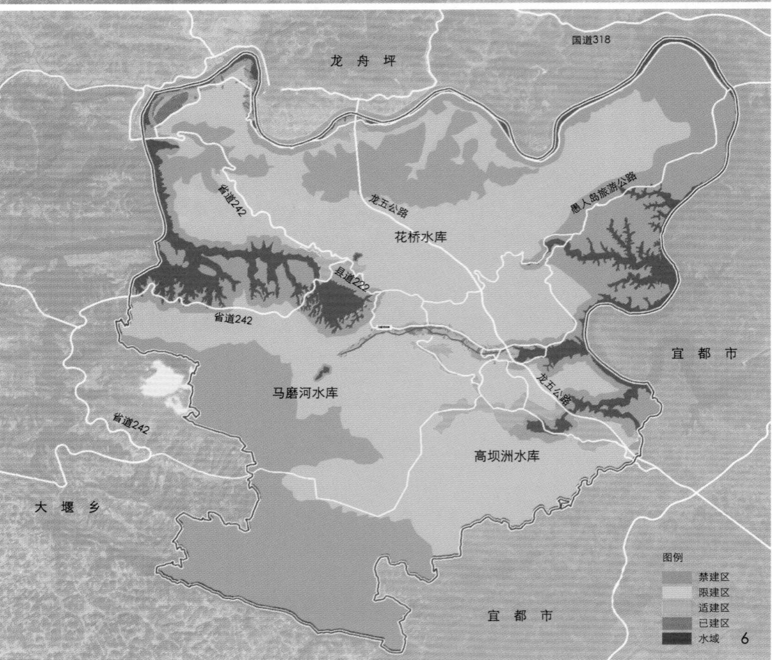

码头、高坝洲码头。磨市镇镇区距宜昌市33km，距宜昌三峡机场仅80km。

在新一轮的长阳县城乡总体规划中，规划以磨市镇为主体的清江新区为长阳推进新型城镇化、新型工业化的核心区域，是东部宜长（宜昌—长阳）一体化紧密对接区，是与宜昌对接、承接产业转移的重要产业基地，是实现宜长一体化发展的重要空间节点。

2. 问题剖析

（1）山多平地少，生态环境良好，但从城镇建设角度来讲可利用地不足，发展空间受限

磨市镇地处武陵山脉深处，将军山、石柱山、云台山等大小山体遍布，地形地貌陡峻，属于典型的山地地形，清江环绕北部地区，大小水体、湖泊嵌入深山。总体上看，磨市镇范围内呈现西高东低走势，山脉、水体交错。现状用地以山体林地、耕地为主，其次为水域、农村居民点以及公共设施建设用地等。其中，城市建设用地主要集中在磨市镇区。

磨市镇生态敏感度高，不适于建设的用地（坡度大于25°）占比高达43%，适宜建设用地（坡度小于25°）面积占比15%，适合集中建设的空间非常有限，主要分布在222县道沿线，呈现典型沿路发展山地城镇特征。

（2）对外通道数量少，道路等级低，且主要过境通道穿城影响较大

磨市镇与周边区域联系主要依托242省道和222县道，其中222县道贯穿磨市镇区，虽然方便了道路连通，但也对镇区生活带来了安全隐患。同时，受山区地形地势影响，既有道路等级较低，且与东部宜昌市的联系主要靠北部的沪渝高速、318国道等高快速路，南部地区对外通道严重缺乏，必须借道宜都才能实现对外联系。对外交通不便成为制约山地城镇发展的主要瓶颈之一。

（3）山水景观条件优越，旅游资源丰富，但资源优势没有转换为经济红利

磨市镇位于鄂西清江画廊景区东部、清江以南，有石柱山、将军山等旅游目的地，水系密集，水域面积占镇域总面积的15%以上，清江画廊景色宜人，磨市镇内青山秀丽、峡谷幽深，是长江流域古文明的重要发源地，著名的“长阳人”故乡、巴人故里和土家族的发祥地，旅游开发潜力巨大。

但对比湖北省5A级景区2011年游客接待量，清江画廊景区年游客接待量与其他景区仍存在着一定的差距，为同为鄂西山区的武当山风景区的39%、神农架生态旅游区的34%。旅游资源优势还没有转化为特色旅游经济优势，更没有实现经济红利。根据分析，在湖北省六个5A级风景区中，清江画廊景区游客接待量处于下游水平，旅游相关配套设施的不足，旅游服务功能不完善，是其旅游发展的主要瓶颈，周边区域甚至其北部的长阳县城连能容纳200人的会议场所都没有，对多元的旅游开发十分不利。

（4）旅游、矿产等资源丰富，经济发展相对不足，产业发展潜力存在

磨市镇内主要以高山蔬菜、茶叶等特色农业产业为主，以清

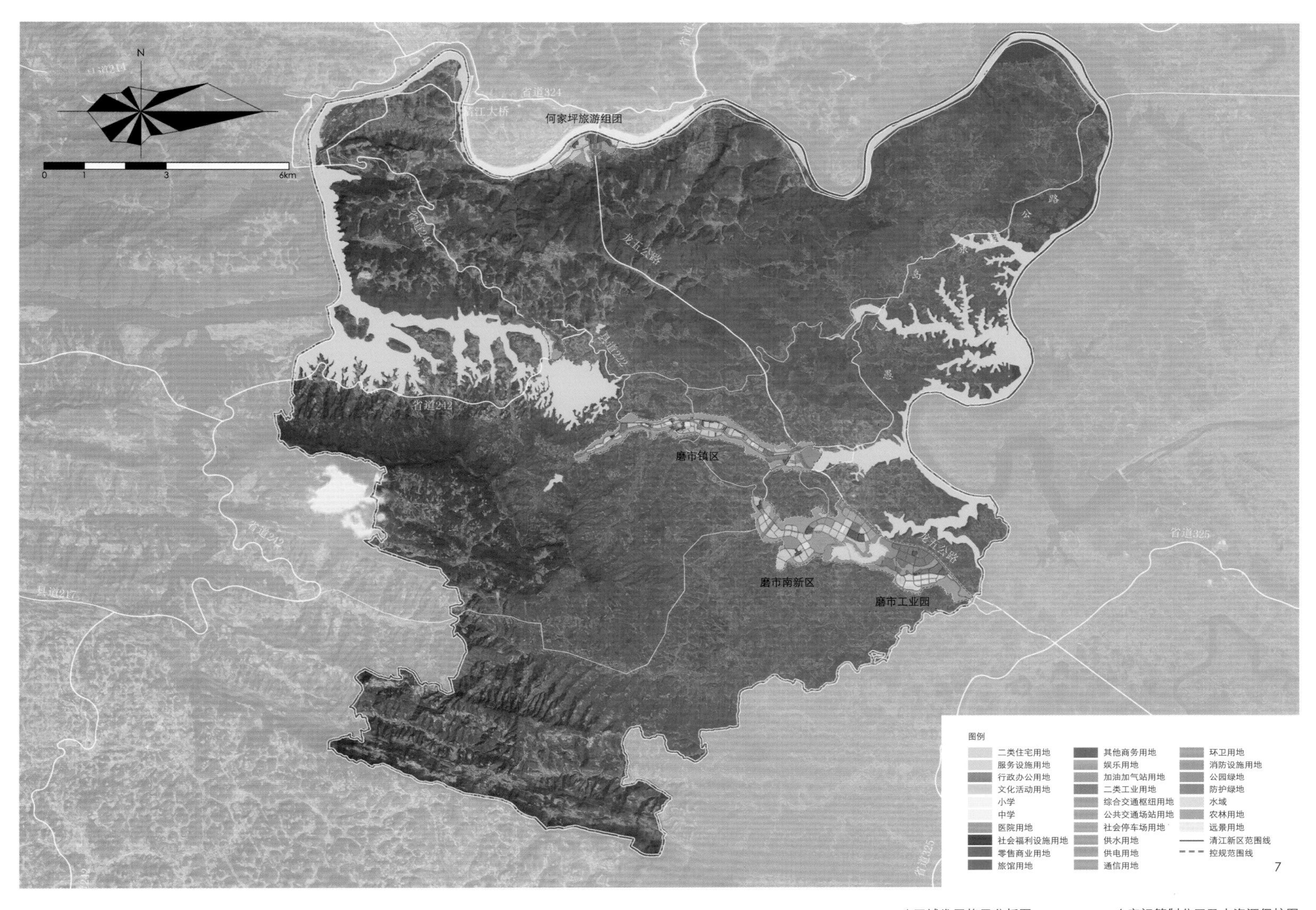

4.区域发展格局分析图
5.生态适宜性分析图
6.空间管制分区及水资源保护图
7.用地布局图

江画廊为核心的旅游发展较快，初步形成以愚人岛风景区、北纬三十度岛、隔河岩大坝等景区为支撑的旅游资源布局。

同时，磨市镇拥有丰富的矿产资源，包括铁、锰、汞、煤等30余种，其中尤以煤炭最为丰富，已探明储量1.3亿多吨，煤炭业成为长阳工业经济的重要支柱。依托矿产资源形成了以水电、矿业、轻工等为主的工业产业，但工业发展层次和发展速度均不足，既有工业项目对环境有一定程度的污染，不利于可持续发展。

3. 区域分析

城镇的发展是受内部因素和外部因素双重影响的，对于相对封闭的山地小城镇来说，外部的助力对整体功能提升也十分关键。党的十八大提出了“促进工业化、信息化、城镇化、农业现代化同步发展”，并将生态文明建设提到了国家战略层面，为磨市镇生态和发展之间寻求平衡点提供了有力的政策保障。长江经济带建设、高铁建设等机遇也形成了一定的区域带动力。同时，磨市镇位于鄂西生态文化旅游圈的中心地带，清江与长江的交汇处，依托长阳县、宜昌市的发展，其发展面临多元化的选择，也具有一定的产业区位优势，如何破解山地型城镇面临的发展与保护的挑战，以生态城市的理念进行产业选择和空间布局成为磨市镇未来助力长阳融入宜昌、融入长江经济带的关键。

三、探索与思考

小城镇的发展类型一般有交通枢纽型、旅游开发型、工矿产业型和乡镇企业主导型等等，每一个山地城镇都有其与众不同的资源优势，我们结合磨市镇的历史沿革、交通条件、经济发展潜力、人居环境、地形地势以及周边发展关系等进行综合分析评价，根据资源和地域特点和地形限制等因素确定其发展规模、社会经济发展方向、发展目标、产业结构、用地布局和指标管控等。

1. 选址建设的地理环境评价

前面分析了制约山地城镇发展的诸多自然因素中，地理环境条件对城镇建设发展起着决定性的作用。由于山地小城镇的地理条件存在很大的差异性，山地普遍坡度较大，且存在一定的灾害现象。在规划过程中充分考虑所处地理环境的特点，扬长避短、因地制宜的发展和建设可以提高环境的承载力；反之，则会降低环境承载力，限制山地城镇的发展。

磨市镇的规划在长阳县城市总体规划确定的建设用地布局基础上，通过GIS软件对地形、地貌等多因子进行分析，尽可能的细化可建设用地范围，充分挖掘可利用地，在此范围内进行控制性详细规划的编制。

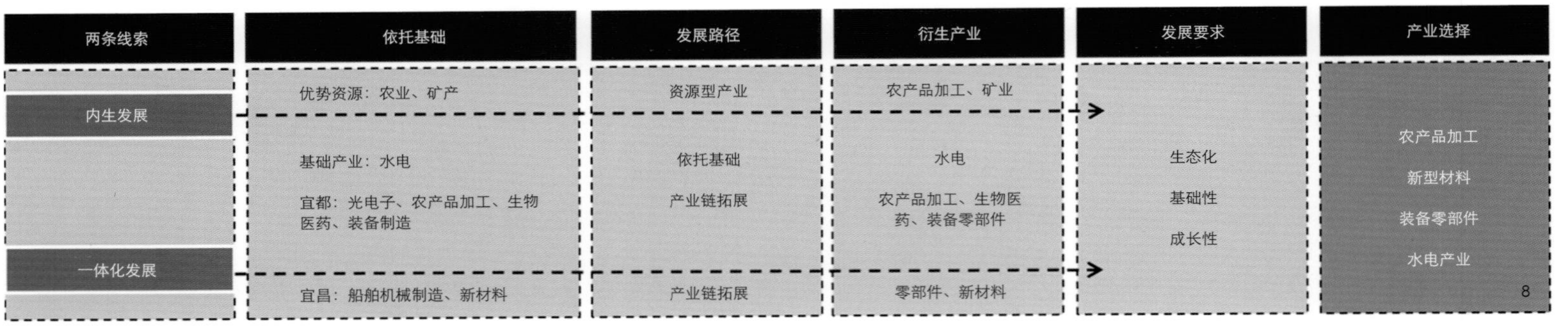

两条线索	依托基础	发展路径	衍生产业	发展要求	产业选择
内生发展	优势资源：农业、矿产	资源型产业	农产品加工、矿业	生态化 基础性 成长性	农产品加工 新型材料 装备零部件 水电产业
	基础产业：水电	依托基础	水电		
	宜都：光电子、农产品加工、生物医药、装备制造	产业链拓展	农产品加工、生物医药、装备零部件		
一体化发展	宜昌：船舶机械制造、新材料	产业链拓展	零部件、新材料		

8.磨市镇产业选择路径
9.磨市镇空间规划结构图
10.区域交通组织规划图

重点对场地高程和坡度进行分析，通过地形坡度与城市建设之间的关系，对适宜建设的区域进行判读。

通过GIS分析评价和现场踏勘调研综合研判，确定磨市镇控规编制范围建设用地面积为9.6km²。

2. 生态文明前提下的目标定位

（1）上位规划要求

湖北省、宜昌市以及长阳县的相关规划对磨市镇均提出了规划要求。规划磨市镇为重点镇，城镇化的核心发展区，主要依托城镇的二、三产业，建设功能完善的中心城市和辅城。

空间上主要沿龙五一级公路形成新型产业发展轴，实现宜长一体化对接。

生态发展主要注重交通建设的生态环境保护，强化旅游开发生态文明建设。

（2）规划目标

生态目标：保障山水灵秀的生态资源。构建环山绕水的生态景观格局，打造“一江两岸，相映成趣”的山水城市特色形象，塑造山、水、江、城融合共生的城市新区。

旅游目标：构建充满生机的旅游天堂。依托环境优势，发展养生度假、旅游地产、文化娱乐等生态休闲旅游功能。

产业目标：打造高效集约的生产园区。以磨市工业园为依托，提档升级传统产业，发展无污染工业制造、生物医药制造等高新技术产业。

宜居目标：营造舒适便利的生活环境。以建设生态家居的新城组团为理念，创造良好的生活环境，集聚人气，延续工作、生活、游憩三大功能板块相融合的主题构思，在生态宜居的总体框架下布局城市功能。

（3）发展定位

依托优良的山水资源和紧邻宜昌的战略区位，规划将磨市镇定位为长阳旅游、生态、产业发展的先导区，宜长一体化的战略铆合点。

重点发展以生态资源为基础的度假、休闲、养生等旅游产业和以丰富的矿产资源为基础的战略新兴产业，将磨市镇将建设成为以“旅游服务、生态产业、健康居住”为主导功能，“活力宜居、高效集约”的城市生态新区。

3. 区域生态格局的维护和构建

（1）生态保护策略

整体保护，维护区域生态安全格局。规划落实全国和湖北省主体功能区规划对该地区限制开发的要求，保护好以清江为依托，山体、水体交错的生态空间格局，为打造宜居、有竞争力和可持续发展的城镇奠定重要的生态基础。

集中建设，进行有限合理开发利用。依据生态敏感度，结合集中建设条件，依托龙五一级公路和222县道，进行组团集中式发展，重点发展生态小城镇和生态型产业园区，建设具有山地特色的城市综合组团。

（2）生态体系构建

根据生态资源要素和建设条件，划定禁限建分区，提出管控要求。其中：禁止建设区主要分布主西南山区，以及清江200m范围以内，占总用地的38%，原则上不允许新建工业、仓储、商业、居住等经营性项目。限制建设区主要中部区域，占总用地的57%，建设活动必须经充分论证，满足相关条件后方可启动建设。适宜建设区指用地条件适宜建设的用地，主要为磨市222县道沿线，面积约9.6km²（含已建区1.1km²），占总用地的5%。

根据水资源利用现状及水环境保护要求，重点保护水资源。西北部水域，地处建设用地上游，污染较轻，水质良好，水能蕴含量大，是将来区域发展的主要水源、电源，应重点保持。东南部水域，由于磨市镇区及周边村庄无污水处理措施，污染严重，水质较差，直接影响清江下游水体环境，应重点治理。

4. 经济转型下的生态化思维

（1）完善配套，整合资源，实施旅游优势资源集中配套发展

磨市镇位于清江旅游发展轴线上，既是清江画廊景区的发端，也是终点，是整个景区重要的节点区域，对静态的旅游服务配套设施具有较高的需求度，也是综合旅游服务的主要潜力区。同时，作为宜昌市旅游开发四大主题之一的“清江土家民俗体验旅游”，也可围绕巴土文化的挖掘，为磨市镇及长阳县提供丰富的文化内涵和城市功能。

一是完善配套，加强旅游服务设施建设。依托龙舟坪镇，结合清江画廊景区及愚人岛度假区，在清江沿线重点进行旅游服务设施配套建设，完善旅游产品结构。

二是整合资源，促进旅游资源集中区建设。深入挖掘和整合各类旅游资源，提升旅游品质，以休闲度假游为主导，重点建设清江画廊平洛湖景区和愚人岛旅游度假区。清江沿线集中打造旅游景点，形成水上游线、环城游线结合的“两线多环”的多种游览线路，在城镇发展区集中建设旅游服务设施。

（2）宜长一体、集群生态，实施绿色产业一体化布局发展

宜昌市未来沿江将形成以装备制造、化工、生物医药等产业为代表的先进制造业走廊，打造万亿经济走廊。长阳可发挥自身水电和矿业优势，借助磨市镇东部战略平台，在保障生态环境的前提下，拓展产业链条，融入宜昌长江产业带。

一是宜长一体，构建一体化产业体系。对接宜昌猇亭区装备制造、新材料，宜都高新科技园的电子、装备制造等产业布局，延生产业链条，并按照生态化、基础性和成长性原则，磨市镇重点发展农产品加工、新型材料、装备零部件和水电等产业。

二是集群生态，加强绿色化产业布局。突出产业的集群式发展，建设磨市工业及物流园，通过集中式专业废弃处理、绿色产业供应体系，创建生态型工业产业园区，实现磨市镇产业集群化和生态化。

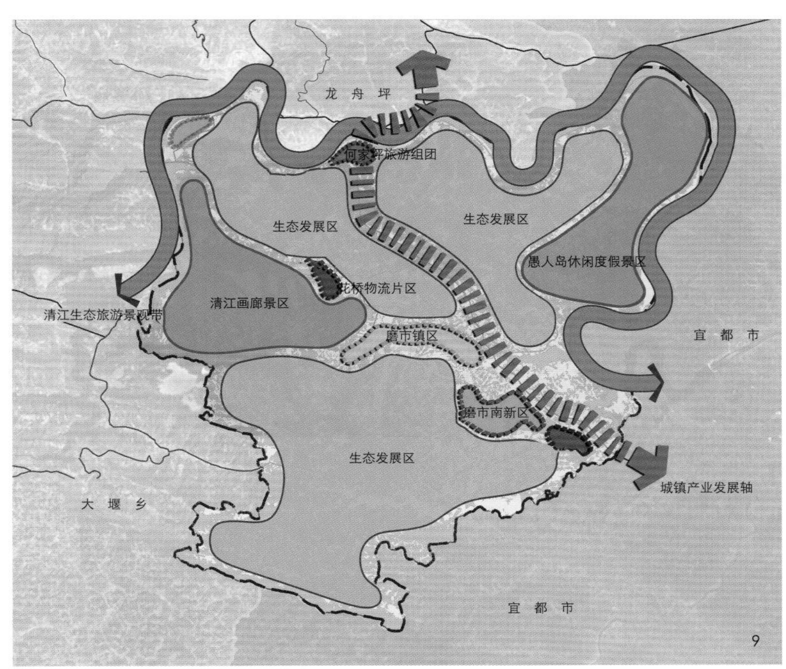

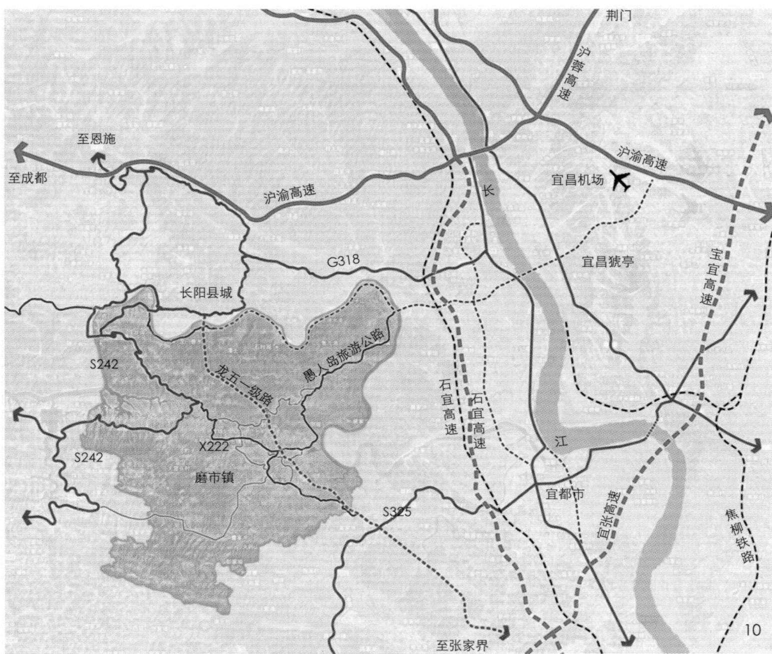

5. 山地小城镇的空间发展模式选择

作为山地小城镇，基于经济发展跃升和生态环境维护，在空间组织、空间建设等方面，需要符合磨市镇可持续发展的模式。

（1）交通组织模式：主线+组团线

山地城镇的道路建设十分关键，其决定了城镇的空间形态。在道路选线上，遵循顺应等高线这一基本原则，极大程度保护山体，同时满足车行的舒适性。在道路系统上，采用“大密度、小宽度”的方式组织，通过小断面道路系统串联山地建设用地，形成“主线+组团线”的路网体系。

城镇主线在尽量减少工程量的情况下，适当改弯取直，形成组团联系线和主要对外通道。组团线大多采用“S”曲线线型或“人”字形线型，在道路转弯处理方面比较灵活，在部分坡度限制较大地方采用小转弯半径，加宽的弯道或缓冲地带，也可以提供景观或功能上的需求。

（2）空间组织模式：带状组团发展

依据建设用地的适应性，以交通干线或狭长低地为纽带，充分利用有限土地资源，加强组团生态建设。磨市镇主要依托龙五公路和222县道形成带状组团格局。

（3）空间建设模式：平地、矮丘结合

山地城市建设通常有两种模式：一种是位于在崇山峻岭之中，城市选址于山体之间的峡谷、坝地之间。这样的建设方式对山体基本没有破坏；另一种方式常出现于低山矮丘地区，城市往往会“爬”上山头，或环山而建，或呈簇群状沿山体走势分布。

磨市镇以第二种方式为主，充分利用山体之间的平地，适当顺山建设，形成“梯田式”的空间建设模式；结合低山矮丘适当改造地形创造发展条件，吸引循环经济产业进驻，带动城镇的发展。在开发强度上，宜采用山下平地相对高强度开发、山上低强度建设的方式。

（4）总体空间结构：一带两区三片

在空间布局上，规划形成“一带两区三片”的生态空间结构和“一轴两组团”的城镇空间结构。

一带：指清江及清江沿线城镇和景点构成的清江生态旅游景观带，是串联整个长阳地区旅游资源的核心资源。

两区：指西部的清江画廊景区和东部的愚人岛休闲度假景区。其中，清江画廊景区为清江流域风景旅游的起始点，以山水景观为主，风光体验为核心；愚人岛休闲度假景区依托自然山林资源，以人工项目开发为主，户外运动体验为核心。

三片：指被龙五一级公路和城镇组团分隔的三片生态发展区，在水土涵养、资源保护、气候调节和区域生态稳定性维护方面具有不可替代的作用。

一轴：指沿龙五一级公路形成的城镇产业发展轴，连接长阳县城和南部的宜都，是磨市镇城镇化的主体和核心密集区，构成对接宜昌，实现宜长一体化的关键区域。

两组团：指何家坪旅游组团和磨市综合组团，分别承担以旅游服务和综合性现代产业新城的职能。

①清江画廊景区

功能定位：以山林风景体验观光为核心的景区，旅游集散与服务中心，商务与休闲度假区。

发展要点：集中打造北纬三十度岛、仙人寨、仙人洞、象鼻岩等景点。

重点发展北纬三十度岛，借助其丰富的自然资源，规划将该岛定位为清江画廊景区的水上休闲中心、休闲度假天堂，建设各种旅游度假设施，为游客提供集美容、保健、养生于一体的休闲活动。可策划开发诸如水上游艇俱乐部、游艇码头、假日公寓酒店、别墅式星级酒店、生态体验式种植等休闲旅游项目。

②愚人岛休闲度假景区

功能定位：依托区域丰富的植被、优美的山水环境，建设成集生态、运动、休闲、度假于一体的国家旅游度假区。

发展要点：重点开展山水生态休闲、养生、运动、度假旅游产品的设计。

依托原有景区基础设施，重点改造水上康体度假产品，发展度假地产等，开发水陆空户外运动项目，加快旅游产品的升级换代，提升旅游体验度。加快基础设施和旅游接待设施的建设，明确目标市场，进行有针对性的市场营销，提升景区的知名度。

③生态发展片区

功能定位：天然林区、特色农业、休闲农业发展区。

发展要点：严格控制开发建设活动，维护自然生态特征，加强山体丘陵的整体性和连续性，保持绿色地带的空间延续；加强天然林区的保护和管理工作，大力发展种植业、林业，生态林与经济林种植相结合，增强生态建设持续发展能力。重点建设现代农业园区，打造椪柑、木本油料、水产基地，提升其质量和档次，积极

11-12.效果图

发展油茶、核桃、茶叶、魔芋等新兴产业。

东部生态发展片区主要包括三口堰、芦溪、磨市、黄荆庄、柳津滩、多宝寺等村。重点发展传统柑橘、水产、畜禽养殖等传统产业。北部生态发展片区主要包括花桥、何家坪、救师口等村。重点发展柑橘、水产等传统产业。南部生态发展片区主要包括乌钵、峰山、马鞍山、三宝等村。重点发展木本油料、茶叶、魔芋等新兴产业。

④综合组团

a.磨市产业综合组团

功能定位：以旅游服务、居住、物流及新型产业为一体的综合组团，作为提升长阳综合实力新的增长极。

发展要点：依托龙五一级公路，提升改造222县道，完善镇区公共服务设施配套，进行工业园及物流园区的开发建设。工业片区结合长阳自身资源和发展条件，实现与宜都市红花套、五眼泉直接对接。物流片区整合现有零星小码头，实现沿清江生产生活资料的中转服务，形成清江新区的水陆转运中心。

b.何家坪旅游组团

功能定位：规划为清江新区旅游服务、休闲文化娱乐及商业服务组团。

发展要点：借力清江特大桥建设，提升改造江南大道，打通跨江和江南东西向交通联系。重点以向王寨生态观光园和清江山水项目为依托，进行生态型旅游服务设施建设，如度假酒店、度假村、商业街区、会议中心等项目，开展休闲度假、分时度假、商务会议等综合服务，形成长阳县城沿江重要的景观节点和长阳综合旅游服务重要的补充。

依托龙五一级公路，总体上形成磨市组团和何家坪组团，共布局城市建设用地525hm^2，占规划面积的55%。其中，磨市组团布局城市建设用地502.27hm^2，何家坪组团布局城市建设用地22.73hm^2。

6. 山地小城镇的绿色交通组织

（1）交通发展策略

交通引导，构建一体化交通格局。增加两条东向的联系通道，建设龙五一级公路，联系宜昌码头，打通愚人岛旅游公路过清江通道，直达宜昌三峡机场；改造升级222县道、318国道和沪渝高速公路，将长阳与宜昌交通联系进一步加强。依托宜昌大外环的建设，将磨市镇纳入宜昌交通体系。

轴向拓展，加强与宜昌的空间融合。结合磨市镇的地形地势，以龙五一级公路等交通干线为纽带，充分利用有限土地资源，开展组团建设，融入宜昌都市圈。在总规交通联系通道的基础上，打通愚人岛旅游公路与宜昌红花套组团规划快速路的联系，开辟磨市镇东向的第二通道，形成与宜昌三峡机场的便捷联系，促进磨市镇旅游等各个层面的发展。

（2）交通组织模式

交通组织方式采用顺应地形的“主线+组团线”模式。在道路选线上，遵循顺应等高线这一基本原则，最大程度上保护山体，同时满足车行的舒适性。在道路系统上，采用“大密度、小宽度”的方式组织，通过小断面道路系统串联山地建设用地，形成

“主线+组团线”路网体系。城市主线在尽量减少工程量的情况下，适当改弯取直，形成组团联系线和主要对外通道。组团线大多采用“S”曲线线型或“人”字形线型，在道路转弯处理方面比较灵活，在部分坡度限制较大地方采用小转弯半径，但加宽的弯道或缓冲地带，也可提供景观或功能上的需求。

（3）道路系统规划

规划磨市镇形成等级完善、级配合理的交通体系。其中，规划高速公路一条，即沪蓉高速公路；一级公路两条，即G318和龙五公路；二级公路两条，即S242和愚人岛旅游公路。

主线：通过龙五公路、222县道串联各组团和区片。

组团线：各组团和片区内部按“带状”方格网形式分主干路、次干路和支路三级体系进行道路布局。

（4）竖向规划

竖向规划整体上顺应现状地势，尽量减少场地土方量，充分结合用地性质选择竖向控制方式：生活片区，场地多迁就现状地势，场地允许稍大坡降值；工业片区，场地本着整平的原则，场地不允许稍大坡降值。结合河流控制水位，场地竖向高程高于河流最高水位2m。

磨市镇区依据现状地势控制竖向，呈西高东低态势，西侧控制竖向高175m，东侧低至83m。结合现状用地竖向高程判断，83m高程不受马磨河最高水位威胁。磨市南新区及磨市工业园地势起伏较大，北高南低，临龙五公路地块，控制高程高达123m，其余地块控制高程低至84m。花桥物流片区在坡地上地势平缓处布局路网，结合现状控制道路高程，高程控制不低于202m。

7. 山地小城镇的特色风貌凸显

核心景观：磨市镇区以马磨河沿线现代城镇景观，磨市南新区及工业园区以高坝洲水库为界的城镇生活服务区及城镇工业区景观，何家坪旅游组团以江南大道为城市旅游景观区。

景观轴线：磨市镇区以马磨河沿线为景观轴线、磨市南新区及工业园区沿222县道形成的生态景观轴线以及何家坪沿江景观轴。

开敞空间：开敞空间包括沿清江景观带、公园及广场。对于违法用地，应通过加强规划宣传教育、加大报地和用地监督力度、强化责任追究，提高全社会的依法依规用地意识，建立健全违法用地长效监管和查处机制。

绿地系统：规划形成“生态绿心—生态绿化轴—生态隔离带”相结合的生态框架体系，利用自然山体、河流等生态资源，严格控制各片区间生态廊道。控制道路、水系等防护绿地，龙五一级公路两侧控制不低于20m宽防护绿地，集中建设区内河流两岸绿化宽度不低于10m。高标准布局公园绿地，构建均等化的公园绿化体系，建设国家园林城市，磨市综合片区内人均公园绿地11.5m^2。建设高坝洲公园、马磨河带状公园、清江滨江公园、园区街头公园等。

标示性建筑：建筑为巴楚式风格，少量行政办公、医疗、工业使用现代建筑风格，形依山就势而建，体现一组团一景、一院落一景、山水相依的城镇形象。

建筑色彩：建筑色彩应该考虑与山水园林自然风光的特色相协调，宜采用淡雅的色调，建议灰白色调为主导，淡黄、浅红色调为辅，营造集旅游、居住和商贸的氛围。

8. 山地小城镇的弹性控制指标

参考湖北省和长阳县城市规划管理技术规定中各指标控制要求，结合磨市镇经济发展阶段，综合考虑土地使用性质、区位条件和周边设施配套条件，划分四类区域控制：

强度一区主要包括商业、办公、文化娱乐、医疗卫生等公共服务设施及位于中心区的居住用地，容积率控制在2.8~5.5，公共建筑密度不大于45%，居住建筑密度不大于32%。绿地率不低于20%。

强度二区主要包括新建居住区、教育用地等，容积率控制在1.6~2.8，建筑密度不大于30%。绿地率不低于30%。

强度三区主要包括工业、仓储用地，以及现状建成条件较好的低层居住、商业等用地，容积率控制在不大于1.6，建筑密度不大于35%。绿地率不大于20%。其中，工业用地容积率不小于1.0，建筑密度不大于50%。

绿化开敞区主要包括各类绿地、水域、生态用地、道路用地等用地类型，禁止进行开发建设。其他区域不低于30%。

磨市组团：包括老镇区和新建地区等两种类型，按照集约用地和保护生态环境的原则，该区域内居住建筑主要以多层进行控制，公共服务以多层为主，中心区域适当建设小高层。

何家坪组团：体现“旅游小镇”的定位，充分考虑清江与南部山体的通透关系，以及从长阳县城对景效果等角度，建设强度不宜过高。

四、结语

生态文明的建设本应在山地小城镇的建设中水到渠成，但迫于社会经济发展的压力，往往在建设和管理中并没有将绿色、生态等要求放在第一位，更多的是过度的开发和利用所拥有的自然资源。如果其在所在城市城镇体系中的地位等级也不高的话，就更无法为本来就非常高的建设成本带一定的财政倾斜。因此，对于山地小城镇来说，多渠道筹集城建资金，加强基础设施建设和配套设施建设显得尤为重要，在此基础上，才能进一步发挥自身的生态资源优势，创造富有特色的山地城镇综合系统。

山地小城镇的建设是我国城市化进程中的重要内容，山地小城镇的规划编制应以生态文明建设为基本要求，因地制宜，有针对性的提出方案。本文通过对山地小城镇与自身生态资源之间关系的理解，从镇域的宏观发展策略入手，到具体可建设区域的规划管控，对生态文明背景下创造富有特色的山地小城镇综合系统进行了探索和思考。

参考文献

[1]黄光宇. 山地城市学原理[M]. 北京：中国建筑工业出版社, 2006.

[2]何红霞, 陈彩虹. 山地小城镇规划中应注意的问题[J]. 小城镇建设, 2004, （10）.

[3]喻建, 李渝, 张伟. 山地城市道路网规划的思考[C]. 2008中国城市规划年会论文集, 2008.

[4]徐京华. 基于GIS的山地交通地理信息分析方法与技术[J]. 中国人大, 2007, （23）.

作者简介

马　方，武汉市规划研究院，高级规划师、注册城市规划师；

李海军，武汉市规划研究院主任工程师，高级规划师、注册城市规划师；

唐知发，武汉市规划研究院，规划师；

罗　融，武汉市规划研究院，规划师。

“三号矿脉”小镇的转型与发展
——可可托海镇修建性详细规划

Transformation and Development of "No.3 Vein" Town
—Site Plan of Cocoite Town

王 锐 张国涛 蒋向荣 田 鑫
Wang Rui Zhang Guotao Jiang Xiangrong Tian Xin

[摘　要] 传统历史文化小镇正受时代的冲击，慢慢衰败。在快速城镇化背景下，传统小镇如何抓住时代契机，从新焕发活力，是新型城镇化要发展的时代诉求。新型城镇化发展要求，城市建设应将焦点转移到对存量盘活与优化、城市文化创意与活力复兴、产业创新与城市运营等方面进行重新思考。文章以“三号矿脉”发展起来的小镇，富蕴县可可托海小镇为例，以转型发展为目标，打造适合传统小镇复兴的城市空间环境。期望城市规划思维转型给小城镇建设带来实际的效益，通过旅游产业的发展，根本转变小镇的产业状况和城镇环境。

[关键词] 复兴；转型与发展；旅游小镇

[Abstract] The traditional historical and cultural towns are being shocked and declining by the times. The demand from new urbanization is to seize the opportunities for traditional small towns with vitality. City construction should focus on the revitalization and optimization of the stock, city cultural creativity and rejuvenation and industry innovation and city operation. Cocoite Town in Fuyun County, developing from No.3 Vein, is discussed to create the city space environment for the revival of traditional small towns with the aim of transformation and development. It's anticipated to bring practical benefit to the small towns from the transformation of urban planning' thought and fundamentally converse the industry and environment through the tourism industry.

[Keywords] rejuvenation; transformation and development; tourism town

[文章编号] 2017-77-P-056

一、中小城镇转型发展趋势

我国城镇化目前处于快速发展阶段，参考《全国城镇体系规划（2006—2020年）》及近期相关研究，2020年我国的总人口将达到14.5亿，镇化水平应以年均0.9个百分点的速度提高，到2020年全国的城镇化水平将达到60%左右，城镇人口达到8.7亿；到2030年城镇化率将达到65%左右，基本实现城镇化，那时候会转移3亿的农民。自1980年代我国确立中心城市发展理论(撤地设市)以来，中国走要素集聚尤其是向大城市集聚的道路已经走了三十多年，这个过程使我国发展起了一批规模不等的大城市和特大城市，构成了中国城镇化发展的主体。但随着城镇化的发展进程，单一大城市发展的弊病不断显现，小城镇发展乏力。我们认为大城市在新型城镇化过程中应重在功能性的调整完善，应该把重点放在创新性的产业研发和对周边区域发展的服务引领上，而不需要继续引领资源要素的进一步空间集聚，应该把一般性的制造业和部分发展空间让渡出来给中小城市与小城镇。

住房和城乡建设部等三部委发布了《关于开展特色小镇培育工作的通知》，决定在全国范围开展特色小镇培育工作。而当下特色小镇发展重要方面就是旅游产业的挖掘和发展。为什么这么多小镇不约而同地把旅游业选做自己特色化发展的路径？除了政策利好，旅游这个行业的特质也是原因之一。特色小镇重在“特色”，而不是“千镇一面”。一个地方如果拥有旅游资源，并把旅游选定为特色产业，从当地文化中挖掘出特色，从而形成旅游资源和产品，它所形成的竞争力就是永恒的。

二、可可托海镇转型背景条件

1. 可可托海镇概况——辉煌的昨天与窘迫的今天

可可托海镇是依托稀有金属而发展起来的一个独具特色的工业小城镇，此镇曾是新疆有色金属工业发展的源头，以前被称作可可托海矿务局（现为稀有金属公司），直属中央管理，为副厅级单位。这里也曾是富蕴县的政治、经济、文化中心。该地30年代初为游牧区，当时河两岸山清水秀，苍松、翠柳、白桦交错葱郁，为此哈萨克族牧民称之为“可可托海”，语意为绿色的丛林。1935年在此地发现稀有金属矿藏，1951年由中苏合营成立新疆有色公司阿山矿管处，开始大规模开采，到1955年苏方撤离时已基本形成一个矿山集镇，遗留下许多俄式建筑，是一个具有50多年稀有金属矿产品生产历史，曾经为国家的经济和国防建设作出过重大贡献的稀有金属矿山企业，人口最多时达到3万余人。可可托海黑色金属居全疆之首，全国第二，特别是稀有金属、重金属闻名遐迩，可可托海镇辖区内稀有金属矿早在建国初期便响誉海内外，被称为世界第四大露天矿的“三号矿脉”，含有钽铌、钾、硅等84种矿物，被中外专家称之为“天然矿物陈列馆”。60年代，从三号矿脉开出的矿石就占了我国还苏联外债的1/3。“三号矿脉”经几十年的开挖，现已形成了一个巨大的地坑，好似一顶草帽，最深可达200余米，“三号矿脉”现已通过申报获得"国家级地质公园"称号。

由于工矿区的发展长期依赖于围绕资源开发，优势资源的枯竭导致城镇主导产业衰败，另外，第三产业的发展不足，致使工矿区经济和社会发展滞后。人均地区生产总值仅为富蕴县平均水平的1/3，而城镇低保人数比例却远高于全国及自治区区平均水平。

城镇特色

14项“中国之最”

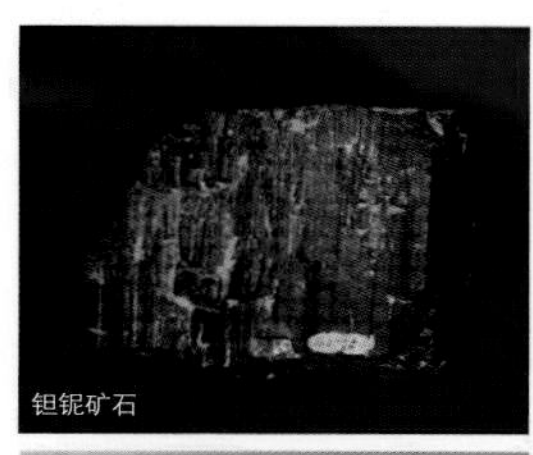
钽铌矿石

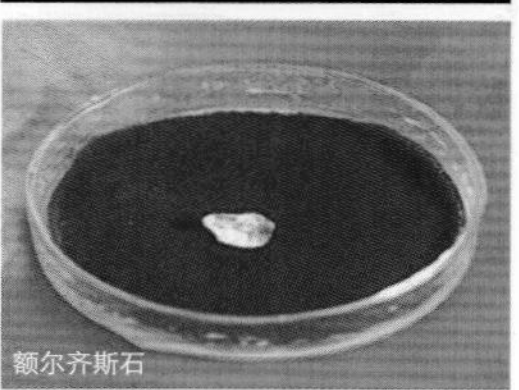
额尔齐斯石

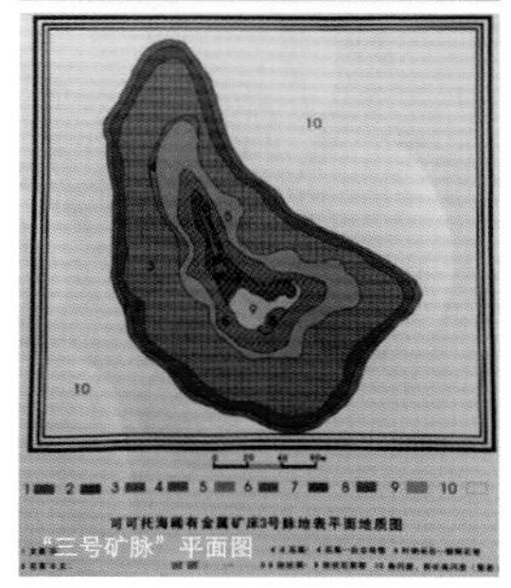
“三号矿脉”平面图

链接：可可托海的中国之最

·三号矿脉稀有元素种类之多、品质之佳、储量之丰、分带之完善在全国花岗伟晶岩中名列第一。
·三号矿脉的氧化铍储量属特大型，在全国首屈一指。
·三号矿脉的低铁锂辉石储量和产量目前在国内居首位。
·矿区手选绿柱石产量占全国总产量的80%以上，居全国首位。
·八七选矿厂是国内最大的一座稀有金属综合回收选矿厂，铍精矿选别工艺和钽铌选矿技术指标居世界领先地位。

·在矿区发现了世界上第一块额尔齐斯石、阿山矿，国内第一块碱菱弗石、石川石。
·可可托海至二台地震大断裂其痕迹保持最完好。
·地下水电站在国内同类电站中，机房距地表最深，为136m。
·可可托海年平均气温-2.1℃，最低时达-56℃，有“中国寒极”之称。

·潜水泵防沙装置为国内首创。
·旋转螺旋用于钽铌选矿为国内首创。
·三号矿脉露天矿疏干排水技术在我国居领先地位。
·三号矿脉露天矿、喀拉通克镍矿冶炼厂和可可托海铝厂分别为我国冬季气温最低的矿山和冶炼厂。
·三号矿脉露天矿深孔一次凿岩光面爆破用于边坡段为国内首创。

资料来源：可可托海博物馆展板

1

1.城镇特色

2. 区域位置 及宏观发展背景

（1）区域位置

富蕴县位于新疆维吾尔自治区北部，阿勒泰山东段南麓。东界青河县，西临福海县，南面伸入准噶尔盆地与昌吉州的奇台、吉木萨尔、阜康等县市毗邻，北靠蒙古人民和国，边境线长205km，县城距自治区首府乌鲁木齐483km。 可可托海镇属富蕴县所辖，位于富蕴县东北部，距县城公里里程54km。可可托海镇东临吐尔洪乡，西接铁买克乡，行政区面积为32km^2。镇区三面环山，一面临湖，额尔齐斯河由东向西流经全镇，将城镇分为河南河北两部分。

（2）中亚新丝绸之路经济发展带给新疆旅游发展带来新活力。

世界上最长、最具有发展潜力的经济大走廊，“一带一路”构想，未来5 000亿元的投资盛宴将串起丝绸之路经济带的巨大潜力。 丝绸之路沿线的西部地区是我国旅游资源最为富集的地区，据国家旅游局统计，其旅游资源总量约占全国总量的40%。

（3）矿区转型政策

2012年9月25日，李克强总理明确要求相关部委重点支持工矿区建设。 2012年10月11日，《关于新疆富蕴县可可托海工矿区生态环境治理有关情况的报告》。自治区下发《可可托海工矿区综合治理前期工作方案》。2013—2015年期间累计投资达到37亿元，涉及基础设施、生态治理、公共服务等6大方面。

（4）国家积极推动旅游业发展

《国务院关于加快发展旅游业的意见，国发（2014）31号》明确提出：加快旅游业改革发展，是适应人民群众消费升级和产业结构调整的必然要求，对于扩就业、增收入，推动中西部发展和贫困地区脱贫致富，促进经济平稳增长和生态环境改善意义重大，对于提高人民生活质量、培育和践行社会主义核心价值观也具有重要作用。胡润研究院发布报告显示，新疆成为高端旅游目的地，探秘新疆成为潮流，北疆在新疆整体旅游环境中潜力非常突出，并且可可托海景区是北疆5A级旅游景区之一，发展潜力巨大。

3. 独特的生态格局与脆弱的生态环境

可可托海镇属大陆性温带干旱气候，冬寒夏凉，素有“中国寒级”与“避暑胜地”的称号。城镇由额尔齐斯河将两岸一脉相连，形成临水而居，依山傍水、山城相依的城镇格局。

城镇地处额尔齐斯河上游水源涵养区，生态功能特殊，长期矿石资源开采对城镇生态环境造成一定的污染和破坏。历年累计产生的废气矿石（渣）达到300万吨，不仅侵蚀土地资源，其放射性元素对居民身体健康及水体污染均带来安全隐患。此外，自然灾害和地质灾害的多发也给矿区居民带来严重经济损失。城镇转型对生态环境安全、居民生活质量均具有重大意义。

4. 富集的旅游资源与匮乏的功能配套

可可托海镇丰富的人文与自然景观资源，具有14项中国之最，其中卡拉先格尔地震断裂带是世界上最罕见、最完好的断裂带之一；含几十种矿物质的3号矿坑地质遗迹；红色文化、哈萨文化及以俄罗斯为代表的异域文化。风光秀美的可可托海国家级5A景区、额尔齐斯河水源头、伊雷木湖、可可苏里等。工矿区受制于开发建设资金、区域交通条件以及自然气候条件等因素，其旅游开发尚处于起步阶段，景区配套设施、市场知名度与影响力有待进一步提升。近年可可托海景区的高峰日游客量为13 000人，年接待旅游人数50万人左右。可可托海镇非星宾馆酒店目前仅有10余家，接待床位数为仅为664床。另外家庭宾馆、农家乐、牧家乐约有1 500床。并且目前接待游客量仅为喀纳斯景区1/7，随着旅游产业的进一步发展，城镇功能配套的不足必将束缚城镇发展。

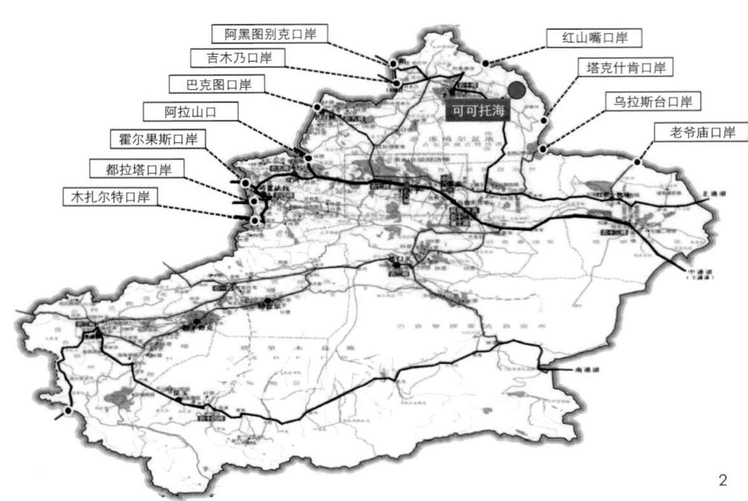

2

3

2.区域位置分析图
3.现状环境问题分析图
4.现状分析图
5.资源空间模式分析图
6.城镇定位
7.目标定位图

5. 城镇现状建设问题

总体印象：空间组织无序、环境设计枯燥，建筑围合空间缺乏空间设计组织，文化路街道界面连续，其他街道界面混乱；景观缺乏文化内涵；街道家具无特色，店招设计杂乱无章，缺乏与主体匹配的环境设施。

文化路街道界面连续其他街道界面混乱，景观缺乏文化内涵，街道家具无特色店招设计杂乱无章、人行道路设计缺失、建筑空间要素缺失、缺乏与主体匹配的环境设施、建筑围合空间缺乏空间设计组织。

历史文化环境：历史建筑未得到充分利用与展示、缺乏系统化的文化塑造和管理工作。居民对文化生活有旺盛的需求，但可可托海缺少有效供给。文化品牌没有树立，文化精神没有提炼。

三、可可托海镇转型发展思路

1. 城镇印象及转型思路

可可托海是时代印记，因矿成城、因矿闻名、文化多彩，是传承着宝石文化和红色文化的可可托海精神。总体规划将可可托海小镇以建设成为新疆资源城镇转型示范窗口为发展目标，充分利用资源及文化优势，打造国际水准的升天旅游目的地及中国著名爱国主义教育基地。通过替代产业的全面发展带动整个城镇经济复苏。发展旅游业，是可可托海镇转型的重要手段，是可以使百姓真正受益，改变小镇现状的根本途径。可可托海修建性详细规划对小镇的转型的目标是将可可托海从带有传奇色彩但日渐没落的工况小镇转型为红色文化、宝石文化为吸引点的旅游小镇。

2. 设计理念及城镇定位

（1）设计理念

挖掘小镇自身资源优势，将传统工况小镇转型成国际旅游度假小镇，聚周边四国人流，以国矿为依托。以打造会呼吸的花园小镇、晶彩闲适的乐活小镇、休闲养生的桃源小镇 为设计理念。构筑一个布局和谐、自然舒畅、城景融合的生态空间环境。营造一个空间浪漫、收放有度、功能复合的景观环境。铸就一个特色洋溢、文化融合、晶彩绽放的文化环境。

规划将 建立一个绿色城市的生态骨架，提供一个可行的旧城改造策略，明确一个城市活力塑造的方向，打造一处有力的招商引资平台，增加一个新兴旅游业发展机能。

（2）城镇定位

可可托海的城镇定位是国矿丝绸路，慢活山水居。打造，丝绸之路经济带上，以红色文化和国矿文化为主的文化多元，环境优美的生态慢城。

3. 规划建设方案

（1）功能区划分

规划将可可托海镇划分为四大片区，分别为：哈族特色风貌区、俄式特色风貌区、生态特色风貌区、北欧特色风貌区。

哈族特色风貌区，主要为哈族传统生活区，通过对传统建筑改造和城镇景观营造，恢复哈族特色地域风貌，同时打造哈族特色旅游业态，主要包括哈萨克美食、民宿、农家乐、养生屋、特色工艺品、表演等特色。

规划打造一个特色哈族文化园——白鹤园，据民间有关天鹅的传说，认为哈萨克为“天鹅”之意，因而，设计以天鹅为主题，在景观路两侧排列，象征吉祥、圆满之意。

建设哈族特色文化展示广场——自由的人，因哈萨克的民族特性，设计以“自由的人”为主题，作为哈族聚落的中心广场，其功能包括阿肯弹唱、哈族特色工艺品展示等小型活动。

俄式特色风貌区，是可可托海镇区中心，是三号矿坑挖掘时中俄友好的见证。俄式特色风貌区中包含很多俄式历史建筑，规划对这些建筑进行修缮，同时完善街区配套环境，对现有建筑进行改造，并新建俄式风情建筑。在城镇生活业态上，形成包括俄罗斯文化展示、餐饮、酒店、滨水休闲活动等特色旅游小镇业态。

生态特色风貌区，该区域主要以水为主题，包括滨水漫游、滨河餐饮、湿地观赏、冰雪活动等特色。

北欧特色风貌区，为南部新建城区，主考虑可可托海的气候及区位，打造北欧风情特色风貌区，配合小镇旅游开发建设，形成包括精品商业、步行街区、酒店住宿、旅游服务等特色小镇业态。

（2）建设方案

我国当前时期的城镇建设使一些工矿、历史小城镇在现代化浪潮的冲击下逐渐衰落。新常态下，城市以再生与复兴为导向，迫使城镇建设必须以内涵提升为重点的，以保护再生为复兴根基，以资源活化为复兴载体，以功能转型为发展思路，以策略创新为发展驱动。

国家历史文化名镇可可托海镇同样面临新常态下的历史城镇的再生与复兴。可可托海镇镇内分布大量的历史建筑及工业遗产，以河北居多，河南少数。北区规划提出以文化传承、建筑更新及功能植入为主要设计策略，以街道环境活力提升、历史建筑的功能转型与再利用为主。南区规划提出以功能提升、轴线打造及聚焦节点为主要设计策略，营造与文化相融合的特色街区及环境小品，策划与主题文化相配套的空间活动。实现城镇的全面再生与复兴。

建筑空间上，小体量的北欧风格建筑既能获得活泼的街道景观效果，又能使得业主灵活自由地分配底层商业形式，有效激活各社区内部，打造富有活力的民宿社区。沿街建筑立面色彩主要以黄、橙色为主，明快跳跃，另外通过建筑高度、层数也有多样变化。

（3）旅游线路策划

丰富的活动策划营造城市功能，打造内外两条旅游线路。

外部旅游线路：外部旅游交通呈环状，客运站处的中转停车场接待来自自镇区南部入口、火车站及客运站的游客，游客换乘景点专用车后前往可可托海景区游玩。返回时可再次回到中转处换乘其他交通方式，也可继续乘坐专用车辆前往伊雷木湖进行游览观光，最后从伊雷木湖回到停车中转处，结束行程。

内部旅游线路：依托地方文脉特色与自然资源，策划多样全面的活动，季节覆盖春夏秋冬。既包括国际化的大型运动（如国际型画展、运动会等），又包括富有地方特色的品牌性活动（如矿工生活话剧演出、纳吾鲁孜节、开斋节等）。

四、结语

党的“十八大”明确提出，使经济发展更多依靠现代服务业和战略性新兴产业带动，是经济结构调整的新机遇。创新驱动，转型升级，服务业是经济发展的“新引擎”。随着创意经济的崛起，旅游和文化创意融合下的文化旅游，不仅成为当前旅游的一种风尚，更是现代服务业的重要组成部分。2014 年，国务院《关于推进文化创意和设计服务与相关产业融合发展的若干意见》明确提出我国要着力推进文化创意和设计服务与旅游业的融合发展。因此，成为城市规划的重要战略命题。 可可托海镇充分挖掘并放大其红色、俄罗斯、哈萨三方面文化核心竞争力，以活动策划来激活城市文化内涵，

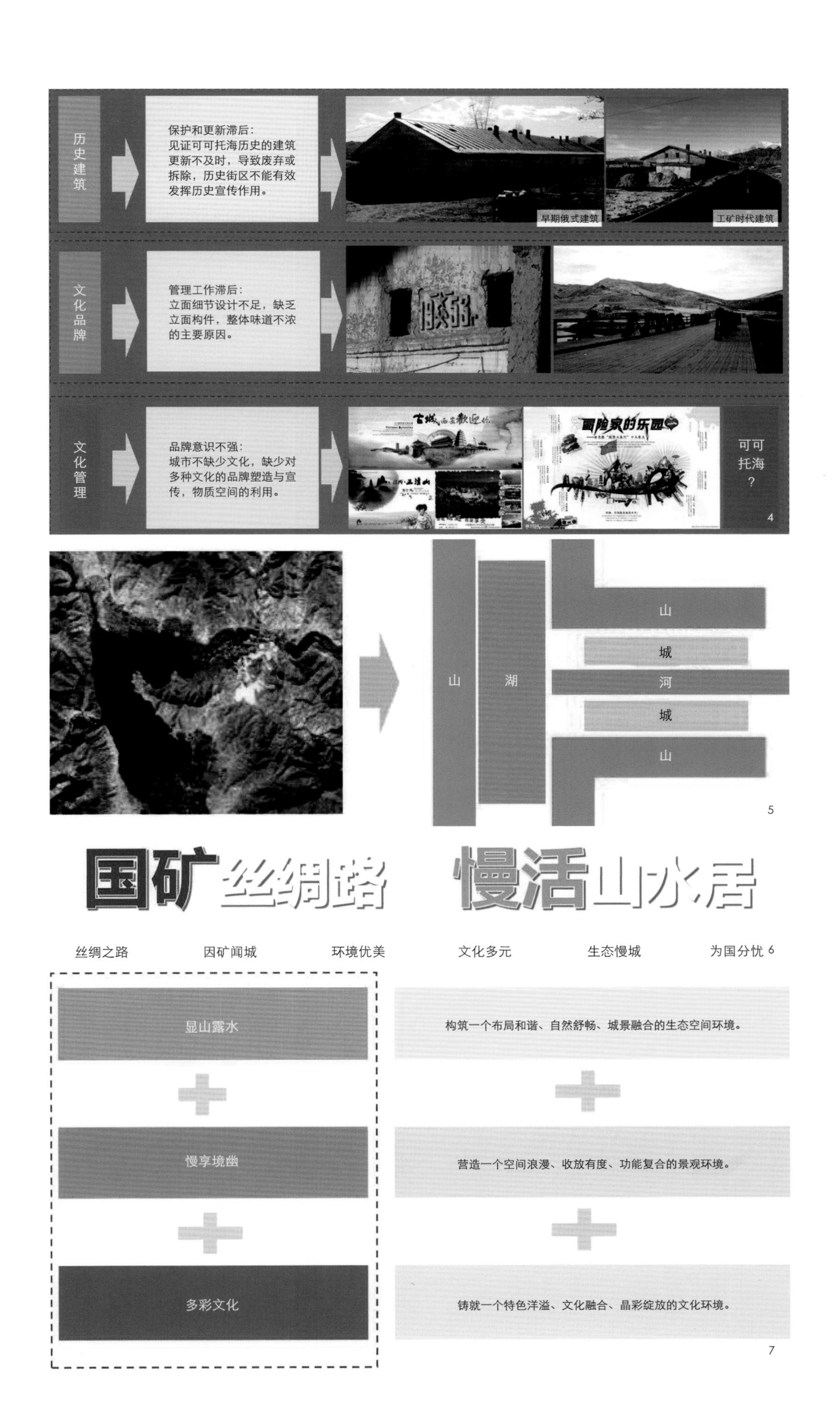

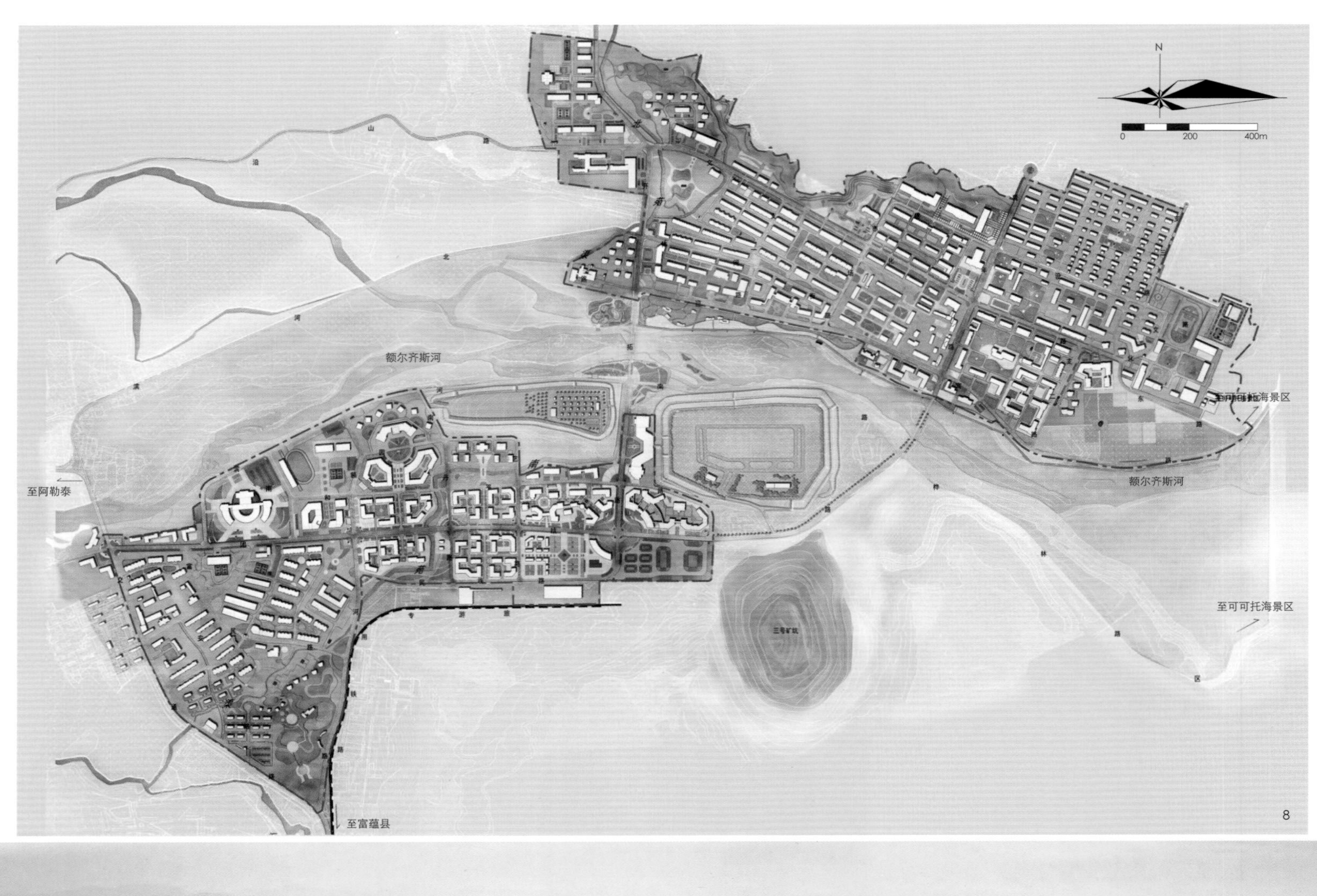

8

9

以环境设施营造来创新服务品质，以建筑功能的注入来提升城镇活力。注重市场主导和创新驱动，推动产业结构的“创意转向”，加强文化旅游与服务业的深度升级。对以文化资质和历史资源为主的旅游的特色小镇的发展具有借鉴意义。

作者简介

王　锐，城市规划硕士，哈尔滨工业大学城市规划设计研究院，规划师；

张国涛，哈尔滨工业大学城市规划设计研究院副院长，研究员级高级工程师，国家注册城市规划师，国家文物责任工程师，中国物流学会常务理事，中国城市规划学会小城镇规划学术委员会委员，黑龙江城乡规划协会历史文化名城委员会秘书长；

蒋向荣，哈尔滨工业大学城市规划设计研究院，规划一所，工程师，主任设计师；

田　鑫，哈尔滨工业大学城市规划设计研究院，规划一所，主任设计师。

项目负责人：张国涛、姜鸿涛、宋扬扬。

项目参加人员：田鑫、蒋向荣、王锐、刘丽君、杨曼荻、赵彬、郑佳鑫、陈磊、刘嘉嬴、盛辉。

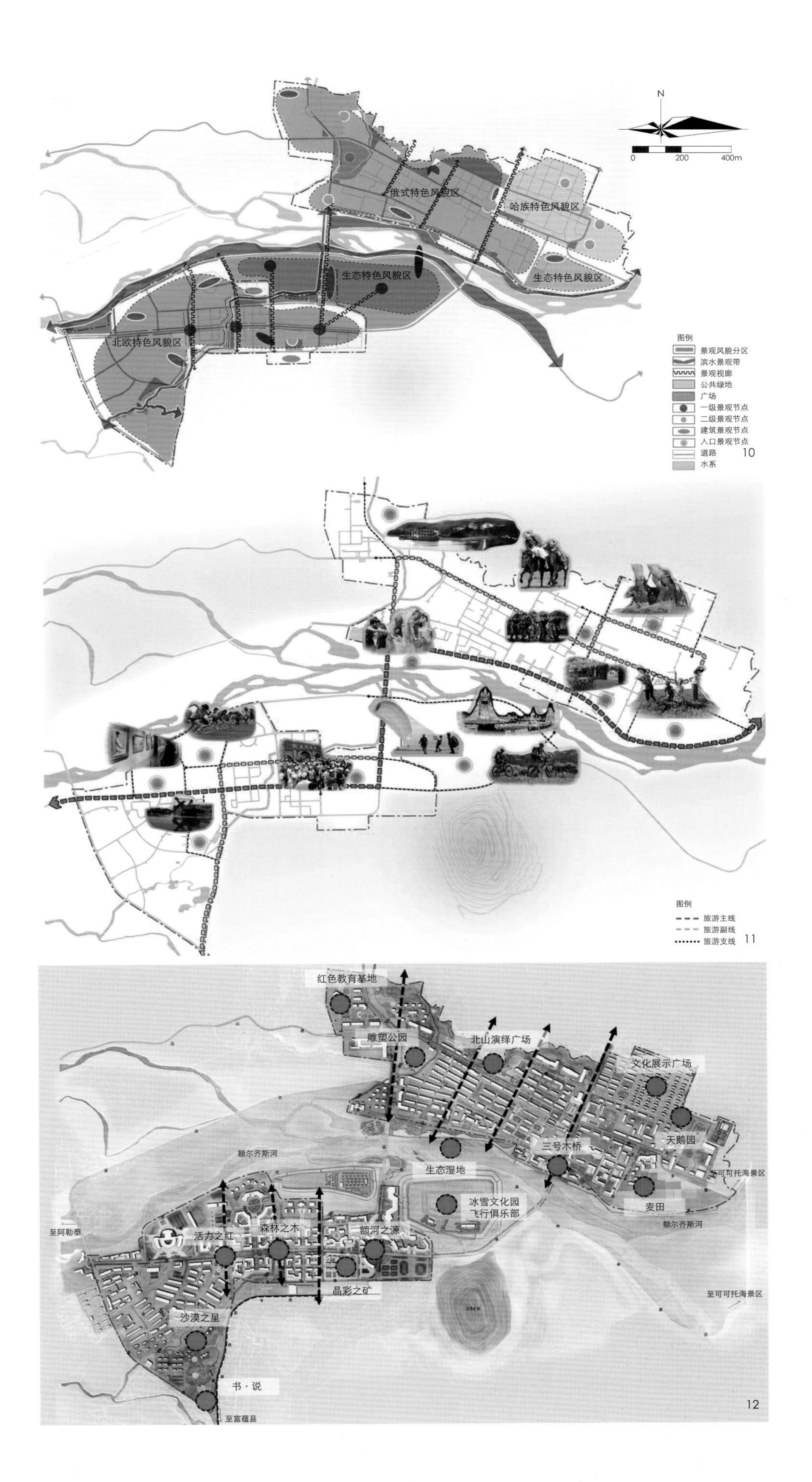

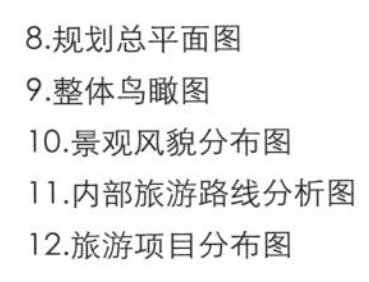

8.规划总平面图
9.整体鸟瞰图
10.景观风貌分布图
11.内部旅游路线分析图
12.旅游项目分布图

基于文化视角的特色小镇规划导引体系研究

Research on System of Guidance for Characteristic Town Planning Based on Cultural Perspective

罗胤权 车 乐 詹晓洁
Luo Yinquan Che Le Zhan Xiaojie

[摘 要] 全国各地特色小镇的建设引起了国内各界的空前关注并取得了一定的成效，但在为期不长的建设过程中部分小镇未能依托本土资源量体裁衣而导致地域特色模糊、建筑特色匮乏。笔者以琼海北部七个特色小镇为例，运用原型法、演绎型变与历史分析的方法，基于文化视角，梳理这各有异同的七镇契合经济需求、再现历史底蕴、体现建筑特色的要素，构建特色小镇规划导引体系，促进特色小镇发展并提供经验借鉴。

[关键词] 特色小镇；规划导引；文化特色

[Abstract] Construction of characteristic towns in national wide has aroused unprecedented attentions among multiple domestic sectors, and has achieved certain progresses. During the process of construction, however, the shortcomings in local and architectural characteristics of these towns which are generated by failure in suiting construction to local resources have been unfolded. Based on the case study of seven characteristic towns in Qionghai, by using the methods of prototype method, deductive change and historical analysis, the author explores economic, historic and cultural elements in each town to fit economic demand, reproduce historical heritage and reflect the elements of architectural features, creates a system of guidance for characteristic town planning, which benefits development of these towns and provides further constructions of characteristic towns with lessons.

[Keywords] characteristics town; planning guidance; cultural charateristics

[文章编号] 2017-77-P-062

特色小镇是推动经济升级和城乡统筹发展所做出的一项重大长远决策，住建部先后发布了《关于开展特色小镇培育工作的通知》和《关于做好2016年特色小镇推荐工作的通知》，各省市也出台了特色小镇的相关建设指导意见。特色小镇作为加快供给侧结构性改革、破除供给约束的新实践，除了推动经济转型升级，还提供了挖掘和彰显独特的文化内涵的特色发展平台。

在全国各地都在加紧探索特色小镇的背景下，部分特色小镇建设虽然取得了一定的成效，但在为期不长的建设过程中已经暴露出小镇特色内涵不足，盲目借鉴简单模仿、未能依托本土资源量体裁衣而导致的地域特色模糊、建筑特色匮乏的问题。同时，对于特色小镇特色的研究更多是集中在产业特色、功能特色的角度，而对文化特色的研究仍然不够重视，但是文化特色与产业特色、生态特色、功能特色相比，又是更基础、更广泛、更深厚的特色。除此以外，虽然总体规划、战略规划、控制性详细规划可以把握好每个特色小镇各自的建筑风格发展方向，但又无法在更大的区域内做到整体协调统一。因此，笔者认为，有必要探索一种使一定区域内紧密相邻的几个特色小镇既拥有自身独特的文化特色，又能够整体和谐统一发展的规划导引体系，将各个特色小镇的文化特色在空间层面予以落实。

一、视角定位：特色小镇规划导引路径

海南省住建厅2014年发布了《海南省特色风情小镇建设指导意见》的通知，并在2015年确定了海南一百个特色小镇的名称和类型。笔者结合琼海七个特色小镇的实践案例，尝试构建规划导引体系，该体系分为以下三个部分：特色小镇资料收集、文化要素识别、文化要素提炼、提出规划导引策略。通过对琼海北部七个特色小镇的经济文化、历史文化、建筑文化要素进行现场调研与资料收集，从现场收集的资料中识别出现状问题，挖掘各个特色小镇的传统文化特色，最后提炼文化要素并提出包括建筑风格导引、户型布局与体量导引、材质导引、构件导引的规划导引策略。

二、溯源解析：特色小镇文化要素识别

1. 经济文化要素识别

特色小镇的发展需要对特色鲜明的重点产业进行培育发展，在特色方面要具有明显的优势，能够发挥产业的集聚效应和叠加效应。因此，有必要通过对各特色小镇的经济文化要素进行识别（详见表1），研判各个特色小镇的居民在生产生活方面对特色小镇的建筑空间提出的要求，将经济文化要素与建筑空间相融合。例如，博鳌会议小镇第一产业以种植业、畜牧业以及水产养殖业为主，第二产业以旅游工艺品加工为主，第三产业以旅游业为主，那么在规划导引策略中应该重点考虑可晾晒空间、加工工艺品空间、民宿空间的人性化需求。

2. 历史文化要素识别

特色小镇的发展需要充分挖掘、整理、记录当地传统文化，并对这些历史文化遗存进行良好的保护和利用，活化非物质文化遗产，与当地产业相融合，不断提高当地居民的思想文化素质，扩大传统文化的保护面。所以，通过对各特色小镇的历史文化要素进行识别（详见表2），通过挖掘地域文化内蕴，规划导引策略中将历史文化要素植入特色小镇空间当中，形成小镇的个性精神，从而增强居民的认同感。例如，潭门拥有千年渔港和独特的海洋文化，所以，在规划导引策略中运用特色符号化的手法引导小镇建筑的构件设计，形成类似舵盘、船桨等反映海洋文化的要素，塑造潭门渔业小镇的灵魂。

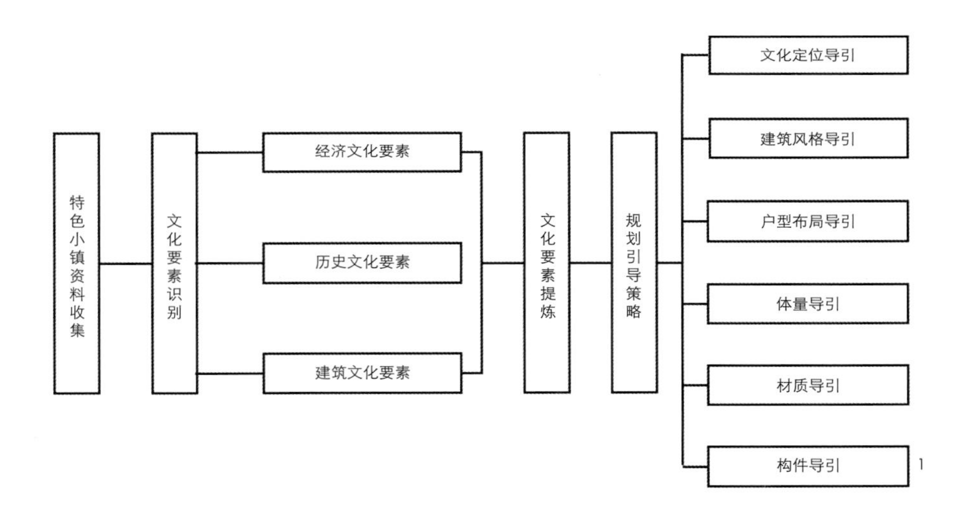

1.特色小镇规划引导体系构建方法

3. 建筑文化要素识别

首先查阅相关文献，确定各个特色小镇目前已有的建筑风格。然后，通过Google Earth对各个特色小镇的建筑布局和体量进行识别，并且现场调研获取各个特色小镇的建筑形制要素分析当地建筑的建构理念。

（1）建筑风格总结

由于地缘及文化关系联系紧密，各个特色小镇的建筑风格都以琼北传统风格为基础，但是仍然存在自己的建筑风格特色。博鳌、潭门以南洋变体建筑风格为特色，塔洋、长坡以闽南变体建筑风格为特色，嘉积以岭南变体建筑风格为特色，彬村山以印尼建筑风格为特色。

（2）建筑布局及体量总结

博鳌、潭门、彬村山的建筑平面布局主要为单横屋单正屋型，而塔洋、嘉积、长坡、大路主要为单正屋型。具体而言，琼海北部七个特色小镇的建筑平面基本元素包括了路门、正屋、横屋。路门作为连接建筑内外的入口，通常是单独设置或与横屋合并设置。正屋是房屋的中心，为会客、接待祭祖、居住的地方，正屋与横屋之间存在檐廊，是房屋内外的“灰空间”，横屋一般为房屋的辅助用房，承担厨房、餐饮、晾晒、洗漱的功能，而没有横屋的建筑一般都依赖村集体统一设置的厨房、卫生间。

（3）建筑形制要素总结

七个特色小镇的建筑形制主要分为屋顶、山墙、墙体材料、门窗、栏板、细部装饰等六个部分。就屋顶而言，博鳌、潭门以坡屋顶以及坡屋顶加栏杆为主，塔洋、嘉积、长坡、大路以坡屋顶为主，彬村山以印尼风格屋顶为主。在山墙的设计上，博鳌多采用硬山、几何、波浪形，潭门、嘉积以硬山、几何形为主，塔洋、长坡、大路、彬村山以硬山为主。墙体材料方面，博鳌、潭门、嘉积、大路以青砖为主，塔洋、长坡、彬村山以青砖为主，红砖为辅。在门窗方面，博鳌、潭门以双扇门、拉高门为主，塔洋、嘉积、长坡、大路以双扇门为主，彬村山以双扇门、印尼风推拉门为主。在栏板方面，塔洋、嘉积镇、彬村山以混凝土式、宝瓶式为主，其他各镇以宝瓶式为主。细部装饰上，博鳌突出细部雕刻、圆柱、吻兽、南洋线脚等装饰物，潭门突出与更特色要素、方柱，塔洋强调细部雕刻、方柱、吻兽，嘉积强调变体路门、方柱，长坡、大路、彬村山以细部雕刻以及方柱。

表1　特色小镇经济文化要素识别

特色小镇名称	第一产业	第二产业	第三产业
博鳌会议小镇	种植业、畜牧业、水产养殖业	旅游工艺品加工	旅游业
潭门渔业小镇	捕捞业、沿海养殖业、种植业	贝壳加工、造船业	海洋旅游业
塔洋古邑小镇	种植业、畜牧业、水产养殖业	农产品加工运输业	生态农业旅游
嘉积商埠小镇	热带作物种植业	食品加工、药业加工、建材	古镇旅游业
长坡椰韵小镇	热带作物种植业、水产养殖业	木材加工、天然橡胶加工、槟榔加工	农业旅游
大路农耕小镇	热带作物种植	木材加工、石料加工、精米加工	生态旅游业

表2　特色小镇历史文化要素识别

特色小镇名称	历史沿革	特色资源
博鳌会议小镇	因滨博鳌港而得名，明初称博鳌浦乡，明末改称博鳌乡	博鳌亚洲论坛永远会址、博鳌禅寺等、南洋文化、渔家文化
潭门渔业小镇	明朝之前，潭门镇渔民就在南海中讨生活，包括黄岩岛；“扩展中国版图的功臣”	圣娘庙、108兄弟庙、潭门港、渔耕文化、《更路簿》等
塔洋古邑小镇	俗称县城，元代渐成集市，称县门市；元至正年间为会同县治；明、清易之	聚奎塔、革命老区、莲塘街、龙寿洋国家农业公园、七星伴月景区
嘉积商埠小镇	明初渐成集市；清咸丰八年，广东、福建等地商人来嘉积经商	琼崖仲恺农工学校旧址、杨善集纪念亭、王文明陵园、红色娘子军故乡、溪仔商埠古道、万泉河
长坡椰韵小镇	明初渐成集市，称镇安市；民国17年置镇，改称长安	古庵堂、玄达先师塔、红军操场等革命年代的传统旧址、“多异岭”、椰林湾、三更峙、青葛港、龙湾港
大路农耕小镇	明初渐成集市，称黄藤市；清代改称大路市	民菩庙、游农庄、东红农场、龙西水库、伊甸园休闲农业观光基地
彬村山印尼小镇	彬村山华侨农场创办于1960年，是国家为安置归国侨民而兴办的国有农业企业	——

三、传承创新：文化要素提炼与规划导引策略

在对特色小镇的文化要素进行识别之后，对当地的建筑原型进行提炼，以当地居民的建构方法和材料工艺为依据，预先设定各个特色小镇的文化基因，同时赋予小镇建筑空间形态不同特色的多样化组合提

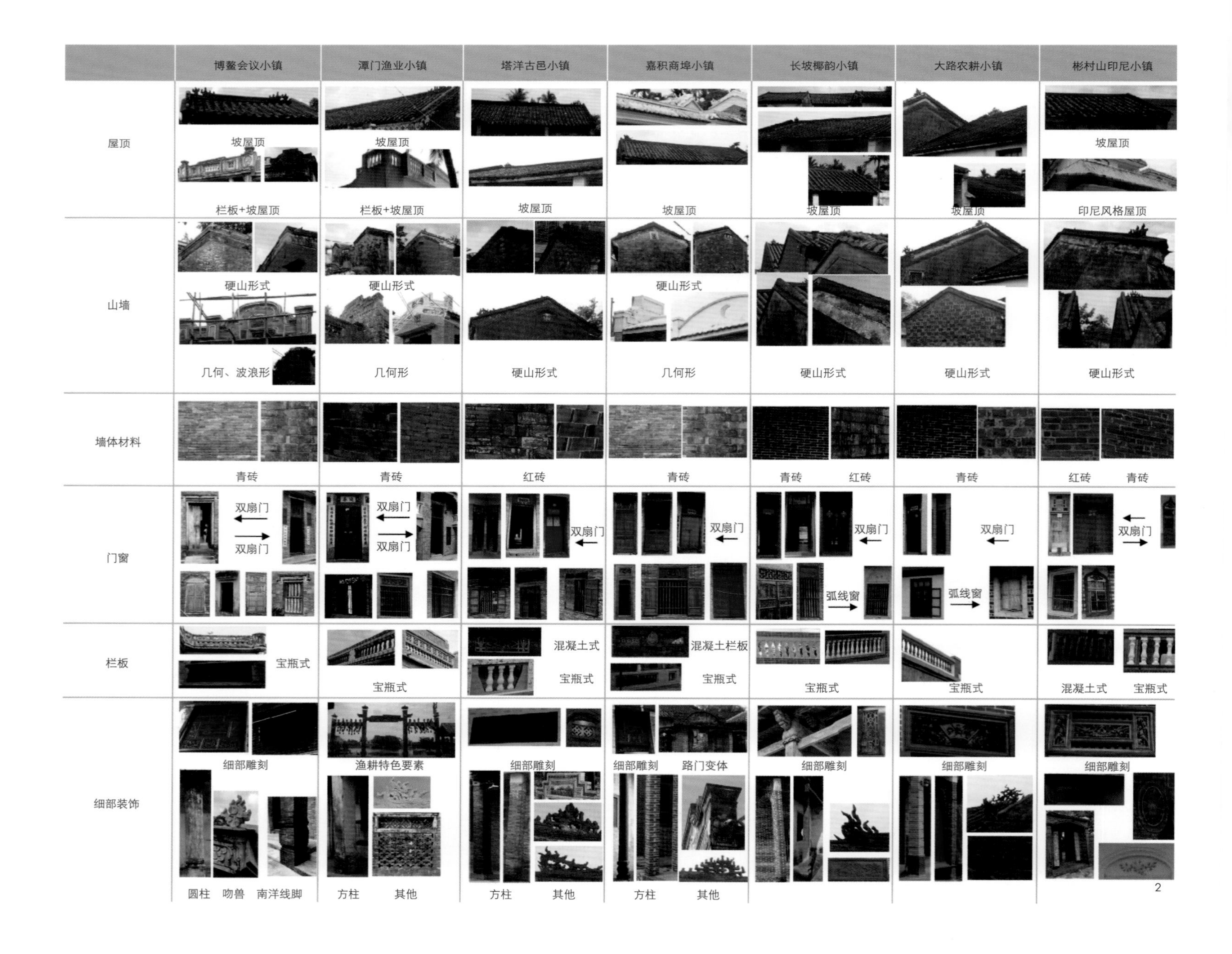

2

供合理的建构模式引导。

1. 博鳌会议小镇——会奖天堂，滨海博鳌

（1）文化定位导引：博鳌因临近博鳌港，同时又是博鳌亚洲论坛永久会址所在地，因此文化定位为会奖天堂，滨海博鳌。

（2）建筑风格导引：小镇依托博鳌亚洲论坛的品牌优势，应该通过规划引导塑造古今融合的风貌，在建筑风格方面使用新中式现代手法演绎琼北传统以及南洋变体建筑风格，凸显博鳌镇的国际小镇特色。

（3）建筑平面布局及体量导引：突出横屋重要性和功能多样性。小镇作为博鳌亚洲论坛永久会址，有明显的会议旅游优势，在平面布局中充分考虑民宿空间需求，提供相对多的客房，同时也考虑到当地种植业的发展需求，在从属空间与院落中布置充足的晾晒场地。

（4）建筑材质导引：材质以白色为主，灰色为辅。博鳌会议小镇的传统建筑都使用传统的版筑土墙，但由于其加工工艺复杂导致结构稳定性不够，因此大多数居民都已经不在采用这种工艺。规划运用现代的建筑营构理念进行改进，例如屋顶采用传统瓦片与现代板材，墙身使用白色涂料、瓷砖，墙裙采用灰砖贴面、灰色涂料，门窗改用金属仿木和灰面金属，栏板采用陶瓷砖混、玻璃金属，而细部装饰使用现代铁艺和传统砖瓦。

建筑构件导引：山墙以传统琼北建筑经典轮廓为基础进行装饰简化，门窗、栏板都简化传统花纹，拱券采用现代材料进行了经典造型的再现。

2. 潭门渔业小镇——古港渔乡，风情潭门

（1）文化定位导引：明朝之前，潭门渔民就在南海中讨生活，海洋文化深入居民生活，因此文化定位为古港渔乡，风情潭门。

（2）建筑风格导引：小镇依托潭门千年渔港和独特的海洋文化，运用特色符号化的手法演绎潭门琼北传统、南洋变体建筑风格，彰显潭门浓郁的鱼

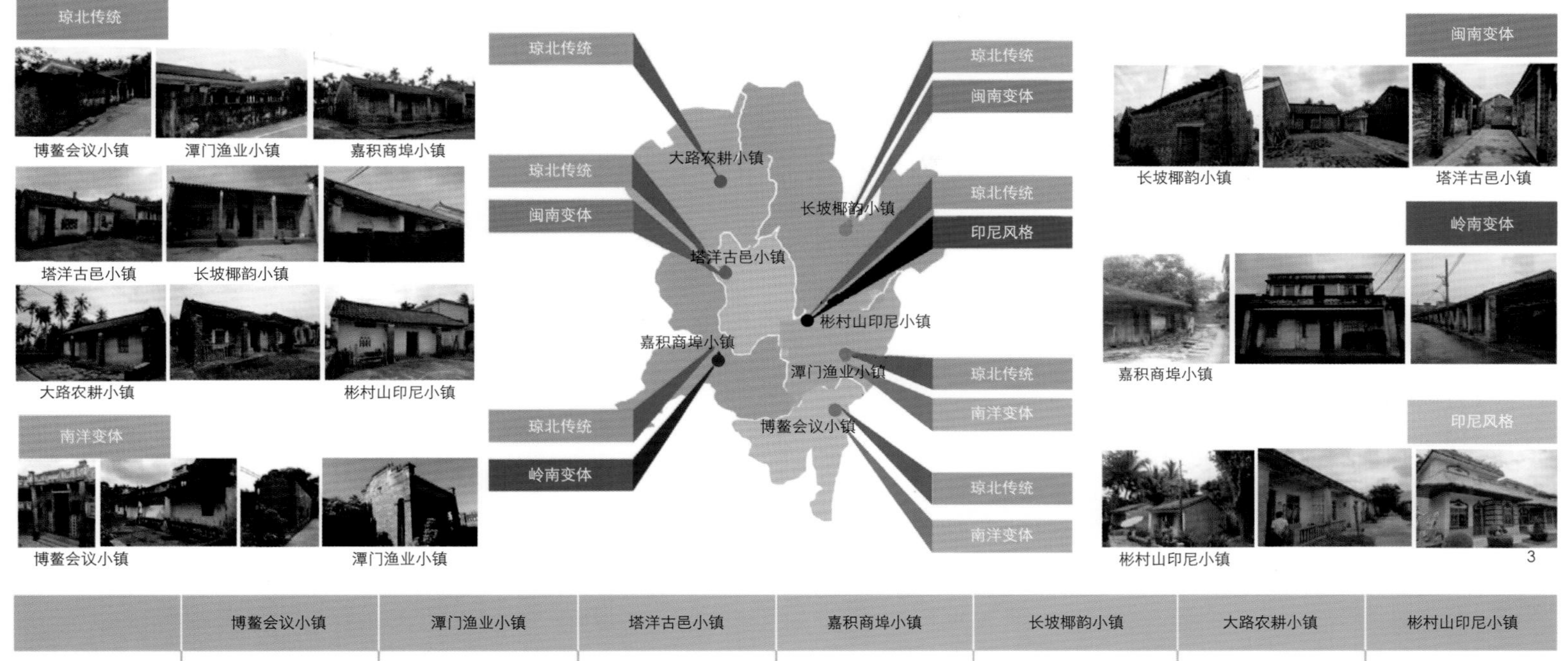

	博鳌会议小镇	潭门渔业小镇	塔洋古邑小镇	嘉积商埠小镇	长坡椰韵小镇	大路农耕小镇	彬村山印尼小镇
主要布局	单横屋单正屋型	单横屋单正屋型	单正屋型	单正屋型	单正屋型	单正屋型	单横屋单正屋型

2.特色小镇建筑形制总结
3.建筑风格总结
4.特色小镇建筑平面布局总结

耕风情。

（3）建筑平面布局及体量导引：强调横屋的重要性和产业需求。潭门渔业较为发达，居民需要一定的空间对渔业产品进行存储、晾晒和腌制，此外，部分居民也在家中进行贝壳加工，因此应该在导引中提供面积相对适宜的从属空间适应功能需求。

（4）建筑材质导引：材质以白色为主，灰色为辅。潭门屋顶采用传统瓦片与现代板材，墙身使用白色涂料以及青色瓷砖，墙裙使用灰砖贴面和灰色涂料，门窗采用现代院门搭配传统木窗，栏板使用陶瓷宝瓶与玻璃金属。细部装饰采用传统砖瓦与现代铁艺。

（5）建筑构件导引：山墙以南洋建筑经典轮廓为本底，简化装饰，门窗、栏板使用现代材料复制传统花纹，并且使用符号语言构建装饰栏板，例如船舵、渔船等独居特色的海洋文化构件。

3. 塔洋古邑小镇——奎塔凌霄，琼东古镇

（1）文化定位导引：塔洋元代逐渐形成集市，称县门市，并且建造古塔奎塔，因此文化定位为奎塔凌霄，琼东古镇。

（2）建筑风格导引：小镇依托塔洋悠久历史和远近闻名的古塔奎塔，将文化内涵符号化的方式演绎塔洋传统民居风韵以彰显塔洋古镇的琼北传统以及闽南变体建筑风格。

（3）建筑平面布局及体量导引：强调主屋的现代性和功能融合性。塔洋镇现状的建筑多为单正屋型，但是近年来，塔洋镇以种植业和畜牧业以及水产养殖业为主，结合古塔奎塔发挥自身生态农业旅游优势，经济发展速度较快，可以承受建筑成本，因此，在平面布局引导中应该在主屋中增加卧室、阳台等生活空间，同时增加从属空间、院落空间以适应现代生产生活的需要。

（4）建筑材质导引：表达传统“塔洋红”韵味，突出其历史符号特征。屋顶采用灰色瓦片或红色瓦片，墙身使用白色涂料和仿红砖贴面，墙裙使用仿红砖贴面与红色涂料，门窗使用金属仿木与灰面金属，栏板使用陶瓷砖混、玻璃金属，细部装饰采用传统砖瓦与现代铁艺。

建筑构件导引：山墙部分采用纹花创造象征子孙衍生不息的圆弧面墙脊梁，亮子部分形成讲究细节的可视性和图像故事的可读性的雕花窗，栏板使用砖石混砌的手法完成大鹏展翅、狮子戏球等吉祥文字的创意表达，漏窗模仿传统形制，形成一个整体图案。

4. 嘉积商埠小镇——商埠古镇，红色嘉积

（1）文化定位导引：嘉积明初成市，广东、福建等地商人来嘉积经商，商业文化气氛较为浓厚，且为抗日时期海南主要的红色革命基地之一，因此文化定位为商埠古镇，红色嘉积。

（2）建筑风格导引：小镇依托嘉积商埠古道及

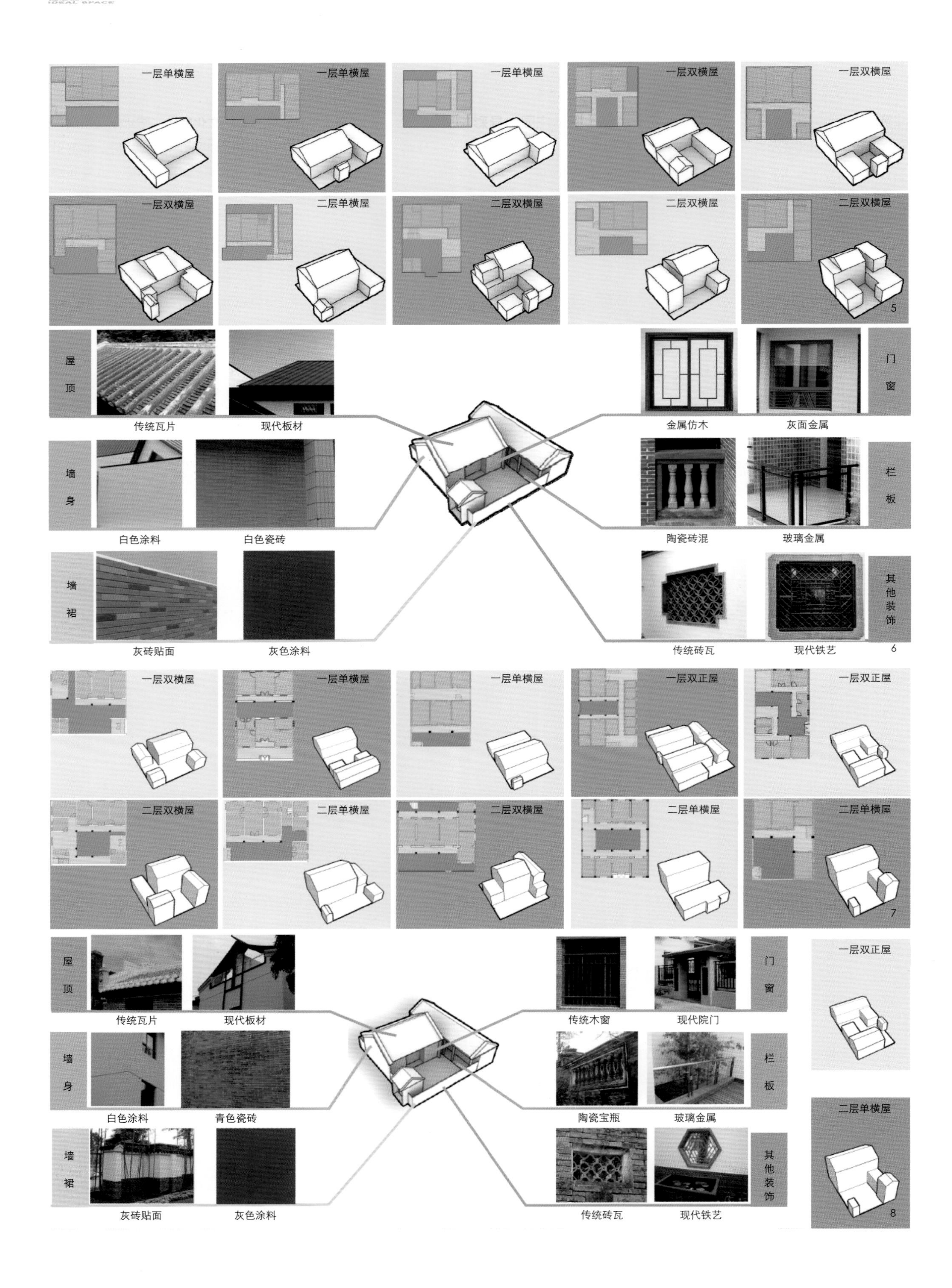
一层单横屋
一层单横屋
一层单横屋
一层双横屋
一层双横屋
一层双横屋
二层单横屋
二层双横屋
二层双横屋
二层双横屋
5
屋顶
传统瓦片
现代板材
墙身
白色涂料
白色瓷砖
墙裙
灰砖贴面
灰色涂料
门窗
金属仿木
灰面金属
栏板
陶瓷砖混
玻璃金属
其他装饰
传统砖瓦
现代铁艺
6
一层双横屋
一层单横屋
一层单横屋
一层双正屋
一层双正屋
二层双横屋
二层单横屋
二层双横屋
二层单横屋
二层单横屋
7
屋顶
传统瓦片
现代板材
墙身
白色涂料
青色瓷砖
墙裙
灰砖贴面
灰色涂料
门窗
传统木窗
现代院门
栏板
陶瓷宝瓶
玻璃金属
其他装饰
传统砖瓦
现代铁艺
一层双正屋
二层单横屋
8

众多红色文化遗产资源，运用现代建筑方式演绎嘉积传统民居风韵，以展示嘉积古镇文化多元性，突出嘉积镇琼北传统以及岭南变体建筑风格。

（3）建筑平面布局及体量导引：强调平面的差异性。嘉积作为红色娘子军故乡、琼崖仲恺农工学校的所在地，吸引了大量红色旅游消费者，因此在平面引导中对空间进行分割，增加平面的趣味性与差异性，同时形成多个10m^{2}左右的客房，并且提供较大的院落空间布置舒适的沙发，宽大的桌椅以适应不同旅客交流的需求。

（4）建筑材质导引：材质以白色为主，灰色为辅。采用现代板材配合传统瓦片形成屋顶，墙身以白色涂料为主，辅以灰色贴砖，墙裙以灰色涂料与灰砖贴面装饰，门墙采用传统木雕窗以及现代院门，栏板使用陶瓷宝瓶与玻璃金属。细部装饰采用传统砖瓦与现代铁艺。

（5）建筑构件导引：大门、院门传承琼北传统风格的经典样，院墙、门窗保留传统镂花窗，简化装饰。

5. 大路农耕小镇——农耕风情，醉美大路

（1）文化定位导引：大路明初渐成集市，居民有悠久的热带作物种植历史，并且生态环境优美，农业生态旅游逐渐兴起，因此文化定位为农耕风情，醉美大路。

（2）建筑风格导引：小镇依托农业产业优势和农耕文化，将其农耕文化符号进行演绎，同时延续琼北传统建筑风格。

（3）建筑平面布局及体量导引：强调主屋的现代性和庭院的开放性。大路以热带作物种植为主导产业，同时发展生态旅游业，现已建成伊甸园休闲农业观光基地。大路现状建筑仍多为单正屋型，但新建建筑的功能已经得到了初步增强，规划对平面布局增加了卫生间、庭院、厨房、阳台等现代生活功能，并且引导设计开放庭院便于居民将热带作物如槟榔进行晾晒。

（4）建筑材质导引：材质以白色为主，灰色为辅。屋顶采用传统瓦片与现代板材相结合，墙身以白色涂料进行修饰，墙裙利用灰色涂料、灰砖贴面装饰，门窗采用传统木窗与铝合金窗，栏板使用陶瓷宝瓶与玻璃金属。细部装饰采用现代铁艺营造。

建筑构件导引：屋顶除了延续当地特有的传统平顶，并在此基础上加入简洁装饰柱脚与门匾，还对已有的人字形屋顶结合当地气候环境增加亮子等细部增加居住适宜性，院墙使用传统开敞式院墙增进邻里交流，走廊部分也结合建筑进行整体设计，风格简化。

6. 长坡椰韵小镇——圆梦庄园，异彩长坡

（1）文化定位导引：长坡明初渐成集市，称镇安市，由于悠久的椰树种植历史，小镇内椰树庄园颇多，随处可见椰树，因此文化定位为圆梦庄园，异彩长坡。

（2）建筑风格导引：小镇依托村庄风情及田野风光的自然资源，通过强化主体特色的方式演绎琼北传统和闽南变体建筑风格。

（3）建筑平面布局及体量导引：长坡拥有椰林湾、青葛湾、古庵堂等旅游资源，旅游消费者较多，因此在平面导引中应该考虑对民宿空间的设计，规划导引增加了较多的二层建筑以适应旅游需求。

（4）建筑材质导引：屋顶材质选用现代板材与传统瓦片相结合，墙身以白色、灰色涂料相结合进行装饰，墙裙采用灰砖贴面，门窗以金属仿木与灰面金属为主，栏板采用宝瓶进行装饰。

（5）建筑构件导引：屋顶采取平屋顶与坡屋顶结合的方式，形成长坡特色屋顶，院墙、门窗的镂空窗花模仿椰林的椰树进行设计。

7. 彬村山印尼小镇——彬村侨乡，印尼风情

（1）文化定位导引：彬村山华侨农场创办于1960年，当地有较多来自印尼的归国侨民，因此文化定位为彬村侨乡，印尼风情。

（2）建筑风格导引：小镇作为国家为安置归国华侨的依托彬村山的华侨文化，运用印尼特色符合营造印尼建筑风格。

（3）建筑平面布局及体量导引：为适应琼北的自然气候环境特点，平面布局仍然沿用传统琼北风格。

（4）建筑材质导引：材质以原木色系为主，如深棕色、褐色、金色等深色，体现了自然、健康和细线的特质，屋顶采用陶瓦进行装饰，墙身使用白色涂料和仿红砖贴面，墙裙使用仿红砖贴面与红色涂料相结合的工艺做法，门窗以精致木雕为主，辅以纱幔、麻绳等。

建筑构件导引：屋顶采用双重屋顶，向外支出遮阳棚，门窗增加活动竹帘这样，栏板采用金属仿木营造。

四、结语

笔者从文化的视角对特色小镇规划导引体系进行了实践探索，希望在特色小镇文化特色塑造方面找到一种可行性较强的路径模式，既能做到一个区域内的特色小镇文化特色和谐统一整体发展，又能传承和创新各个特色小镇自身的文化特色，防止千镇一面。但是，在提出特色小镇规划导引体系的同时，如何引导居民自主建设和经营建筑、规划管控、公众参与规划导引体系等方面还有待进一步研究。

参考文献

[1]许益波，汪斌，杨琴. 产业转型升级视角下特色小镇培育与建设研究：以浙江上虞e游小镇为例[J]. 经济师，2016, 08:90-92.

[2]蔡健.刘维超.张凌. 智能模具特色小镇规划编制探索[J]. 规划师，2016, 07:128-132.

[3]陈立旭. 论特色小镇建设的文化支撑[J]. 中共浙江省委党校学报，2016, 05:14-20.

[4]尹晓敏. 对当前浙江特色小镇建设存在问题的思考[J]. 浙江经济，2016, 19:35-37.

[5]林辰辉，孙晓敏，刘昆轶. 旅游型小城镇特色建构的路径探讨：以天台县白鹤镇规划为例[J]. 城市规划学刊，2012, S1:223-227.

[6]罗应光. 云南特色城镇化发展研究[D]. 云南大学，2012.

[7]王颖. 历史街区保护更新实施状况的研究与评价[D]. 南京：东南大学，2015.

作者简介

罗胤权，华南理工大学建筑学院，在读硕士研究生；

车　乐，博士，华南理工大学副教授，硕士生导师；

詹晓洁，华南理工大学建筑设计研究院，规划设计师。

5.博鳌会议小镇建筑平面布局及体量导引
6.博鳌会议小镇建筑材质导引
7.潭门渔业小镇建筑平面布局及体量导引
8.潭门渔业小镇建筑材质导引

创新引擎，生动康养
——南京高新区盘城生命之光小镇规划设计

Innovation Engine & Vivid Health
—Urban Planning for Pancheng Life's Glory Smart Town in Nanjing High-tech Zone

王卓娃 邱 乐 田 欣
Wang Zhuowa Qiu Le Tian Xin

[摘　要]　特色小镇是当前中国推进新型城镇化和经济转型的重要空间抓手，本文以南京生命之光特色小镇规划为例，探讨当前特色小镇的规划思路，提出以产业特色和产业定位策划延伸为核心，辅以空间策略实现具有生态、人文和地貌特色空间风貌塑造，并谋划具体实施建设路径的技术思路，对特色小镇的规划设计提供了可借鉴的范式。

[关键词]　创新引擎；生动康养；生命之光；小镇；规划设计；南京

[Abstract]　Smart towns have been the important space means to push forward the new urbanization and economic transformation in China. With a case study of planning of Pancheng life's glory smart town in Nanjing, the article explores the main planning ideas of the smart town. Taking the industrial characteristics and industry positioning planning as the main works, supplemented by spatial strategy to achieve ecological, cultural and geographical features of space, the article provides a paradigm for the planning of smart town.

[Keywords]　Innovation engine & vivid health; life's glory; smart town; urban plan; Nanjing

[文章编号]　2017-77-P-068

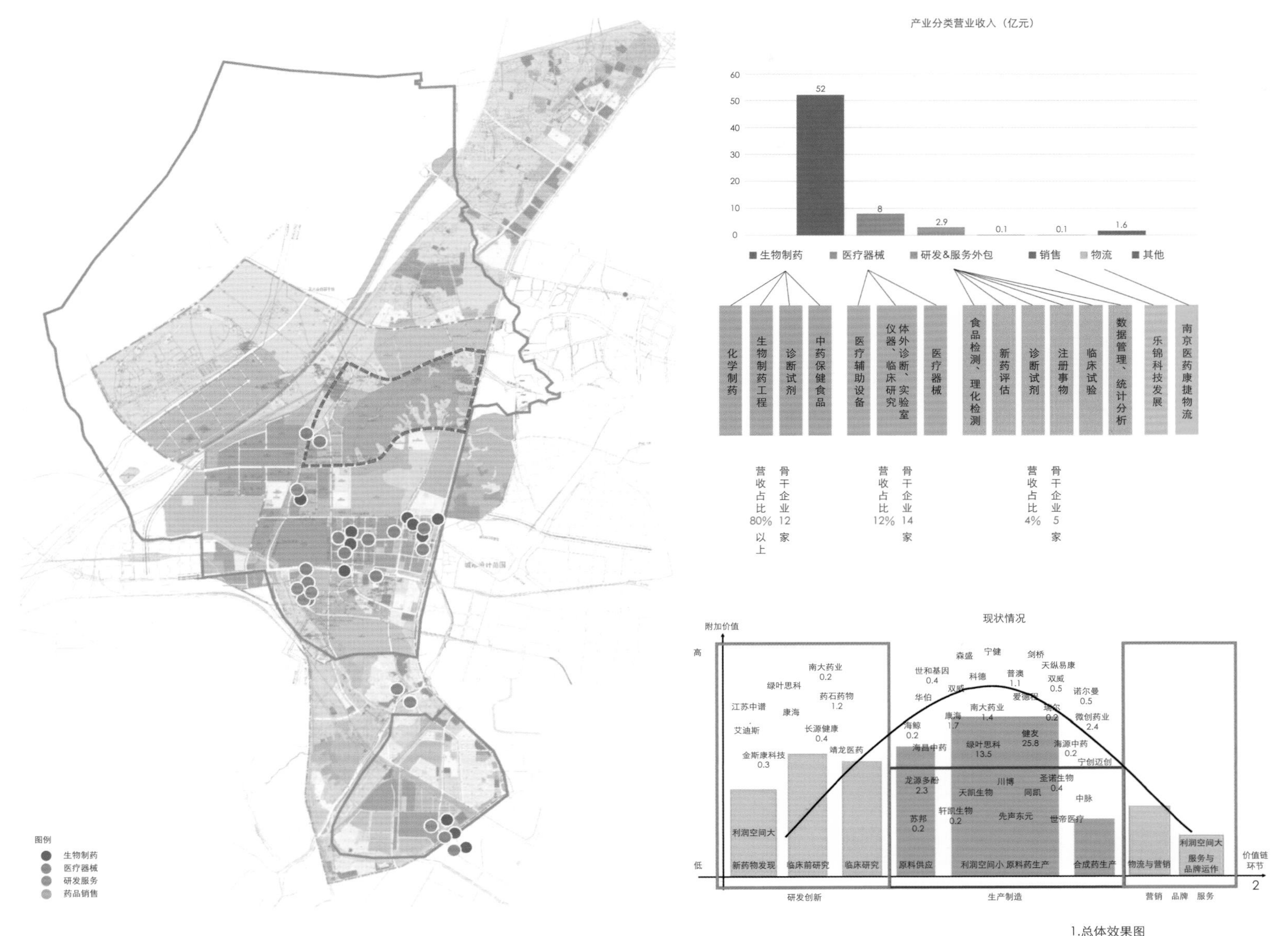

1.总体效果图

2.基地周边生物医药产业分布及结构

中国经济迈入“创新驱动”发展阶段，以“特色小镇”、创新孵化为主的产业经济形态应运而生。在此背景下，浙江提出的非镇、非区的多功能创新空间新含义的特色小镇模式得到中央的肯定，中央部委和全国各省市都在积极出台相关政策措施加快“特色小镇”的建设。

2016年6月，南京市人民政府相继颁布了《关于推进我市特色小镇建设的意见（宁委发[2016]30号）》以及《南京市市级特色小镇申报评审指南（宁特镇办[2016]1号）》，对特色小镇的建设提出了具体的指导要求。按照“创新、协调、绿色、开放、共享”的发展理念，南京市围绕“四个城市”和“五型经济”的战略定位，推进特色小镇建设成为“经济增长的新引擎、创业创新的新平台、产业发展的新高地、文化传承的新载体、美丽南京的新名片”。

南京市将用3年时间打造30个左右市级特色小镇，并鼓励建设一批区级特色小镇。盘城生命之光小镇是南京市55个申报特色小镇中的一员，它将依托龙王山风景区，以生命健康产业为核心特色角逐首批特色小镇的创建。

一、盘城生命之光小镇基本概况

1. 项目范围

盘城生命之光小镇位于南京高新区中北部，北至龙山北路，南至新锦湖路，西至浦六路，东至江北大道，总用地面积2.51km^2（不含龙王山风景区）。

2. 区域发展状况

在国家创新驱动发展大战略背景下，南京高新区逐步进入转型发展的新阶段。生命之光小镇是南京高新区近中期西北拓展的重要空间载体，基地内尚未实现有序开发，基地周边聚集了南京信息工程大学、南京大学金陵学院等众多高校和高新企业。根据《南京江北新区（NJJBb040）控制性详细规划》，该片区将成为南京高新区的重要科研、生活空间载体。

二、解题——如何理解生命之光特色小镇

通过梳理解读特色小镇的相关政策、发展理念，我们认为特色小镇需重点解决产业、空间和发展路径三个关键问题。

产业——需选择具有地域特色和比较优势的产业作为主攻方向，力求“特而强”。

空间——需根据地形地貌、生态人文特质明确

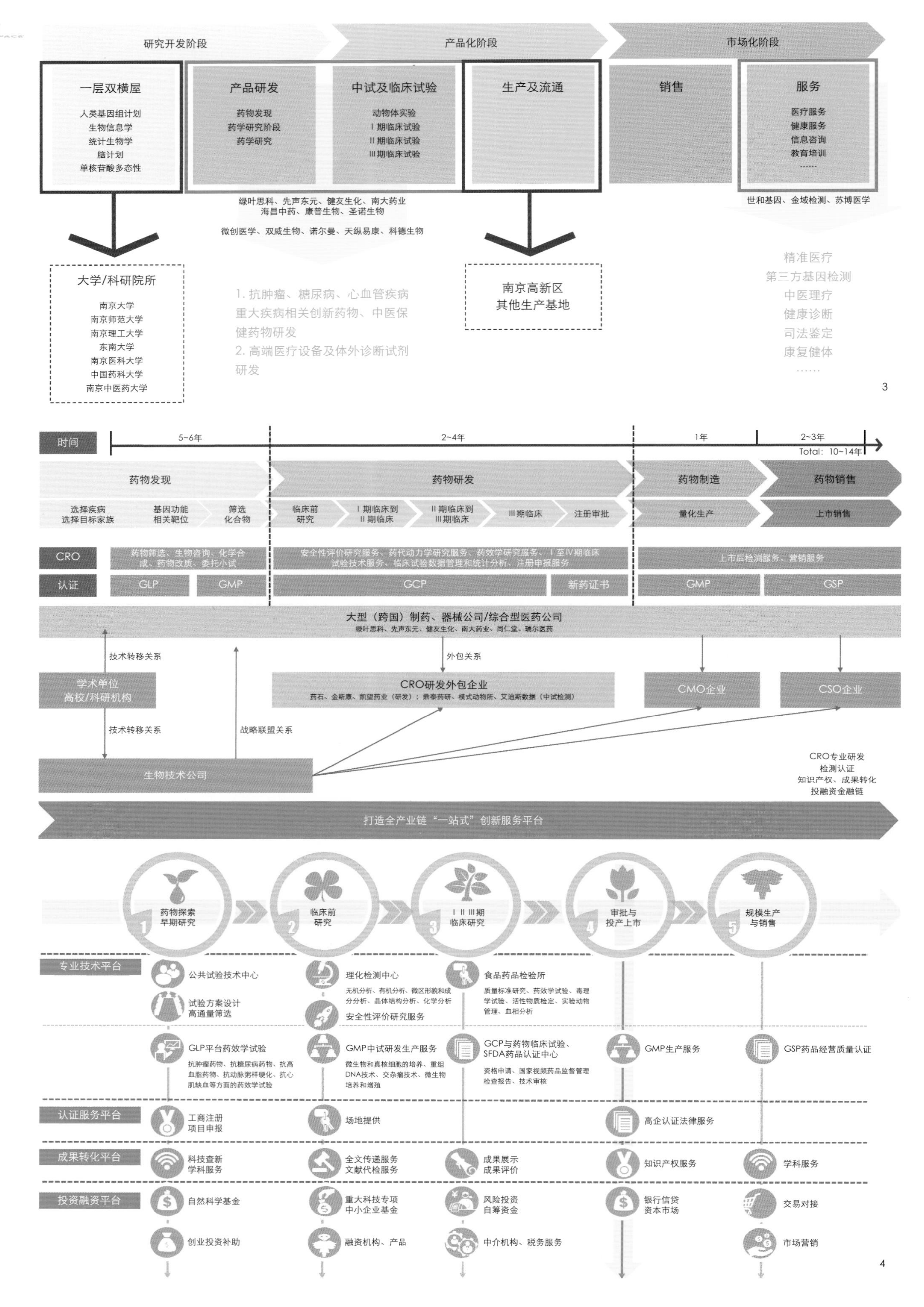
研究开发阶段
产品化阶段
市场化阶段
一层双横屋
人类基因组计划
生物信息学
统计生物学
脑计划
单核苷酸多态性
产品研发
药物发现
药学研究阶段
药学研究
中试及临床试验
动物体实验
I 期临床试验
II 期临床试验
III 期临床试验
生产及流通
销售
服务
医疗服务
健康服务
信息咨询
教育培训
……
绿叶思科、先声东元、健友生化、南大药业
海昌中药、康普生物、圣诺生物
微创医学、双威生物、诺尔曼、天纵易康、科德生物
世和基因、金域检测、苏博医学
大学/科研院所
南京大学
南京师范大学
南京理工大学
东南大学
南京医科大学
中国药科大学
南京中医药大学
1. 抗肿瘤、糖尿病、心血管疾病重大疾病相关创新药物、中医保健药物研发
2. 高端医疗设备及体外诊断试剂研发
南京高新区
其他生产基地
精准医疗
第三方基因检测
中医理疗
健康诊断
司法鉴定
康复健体
……
3
时间
5~6年
2~4年
1年
2~3年
Total: 10~14年
药物发现
药物研发
药物制造
药物销售
选择疾病
选择目标家族
基因功能
相关靶位
筛选
化合物
临床前
研究
I 期临床到
II 期临床
II 期临床到
III 期临床
III 期临床
注册审批
量化生产
上市销售
CRO
药物筛选、生物咨询、化学合成、药物改质、委托小试
安全性评价研究服务、药代动力学研究服务、药效学研究服务、I 至 IV 期临床试验技术服务、临床试验数据管理和统计分析、注册申报服务
上市后检测服务、营销服务
认证
GLP
GMP
GCP
新药证书
GMP
GSP
大型（跨国）制药、器械公司/综合型医药公司
绿叶思科、先声东元、健友生化、南大药业、同仁堂、瑞尔医药
技术转移关系
外包关系
学术单位
高校/科研机构
CRO研发外包企业
药石、金斯康、凯望药业（研发）；鼎泰药研、模式动物所、艾迪斯数据（中试检测）
CMO企业
CSO企业
技术转移关系
战略联盟关系
生物技术公司
CRO专业研发
检测认证
知识产权、成果转化
投融资金融链
打造全产业链“一站式”创新服务平台
药物探索
早期研究
临床前
研究
I II III期
临床研究
审批与
投产上市
规模生产
与销售
专业技术平台
公共试验技术中心
试验方案设计
高通量筛选
理化检测中心
无机分析、有机分析、微区形貌和成分分析、晶体结构分析、化学分析
安全性评价研究服务
食品药品检验所
质量标准研究、药效学试验、毒理学试验、活性物质检定、实验动物管理、血相分析
GLP平台药效学试验
抗肿瘤药物、抗糖尿病药物、抗高血脂药物、抗动脉粥样硬化、抗心肌缺血等方面的药效学试验
GMP中试研发生产服务
微生物和真核细胞的培养、重组DNA技术、交杂瘤技术、微生物培养和增殖
GCP与药物临床试验、SFDA药品认证中心
资格申请、国家视频药品监督管理检查报告、技术审核
GMP生产服务
GSP药品经营质量认证
认证服务平台
工商注册
项目申报
场地提供
高企认证法律服务
成果转化平台
科技查新
学科服务
全文传递服务
文献代检服务
成果展示
成果评价
知识产权服务
学科服务
投资融资平台
自然科学基金
重大科技专项
中小企业基金
风险投资
自筹资金
银行信贷
资本市场
交易对接
创业投资补助
融资机构、产品
中介机构、税务服务
市场营销
4

小镇风格，塑造“精而美”的空间形态。

路径——需根据运营模式、资金投入和建设考核要求制定切合实际的实施行动计划。

本次盘城生命之光小镇的规划设计的核心特征主要体现在以下三个方面。

1. 产业——以生命健康产业为核心产业导向

生命健康产业为关注人生命全过程的健康服务，主要包括提供预防、诊断、治疗、康复和缓和性医疗商品、服务的总称，通常包括传统狭义上的医药工业，还包括健康管理、保健服务及衍生的保险和养老等服务领域。

2. 理念——实现生产—生活—生态三生融合

生命之光小镇应该是产业、文化、旅游、社区、生态五位一体的功能复合生态圈。立足于生命健康核心产业，结合地域文化与山水资源、融入多元要素，创新延展特色功能，成为一个宜产宜居、宜业宜游的活力小镇。

3. 空间——彰显小镇特色的空间形态

生命之光小镇是区别于高新区传统工业片区和商务核心区的空间形态,借产业、生态之魂，应山林之景，塑造成具有生态人文、山水特色、游憩趣味于一体的特色城镇风貌。

三、规划总体目标

生命健康产业 · 创新引擎；

三生融合小镇 · 生动康养。

四、产业体系与功能策划

1. 综合发展条件判断

（1）产业发展宏观背景

从国家、江苏省“十三五”规划、《中国制造2025》等宏观经济发展规划和产业政策层面，将推动生化制药、高性能医疗器械、健康服务的发展；从我国生物医药行业的市场

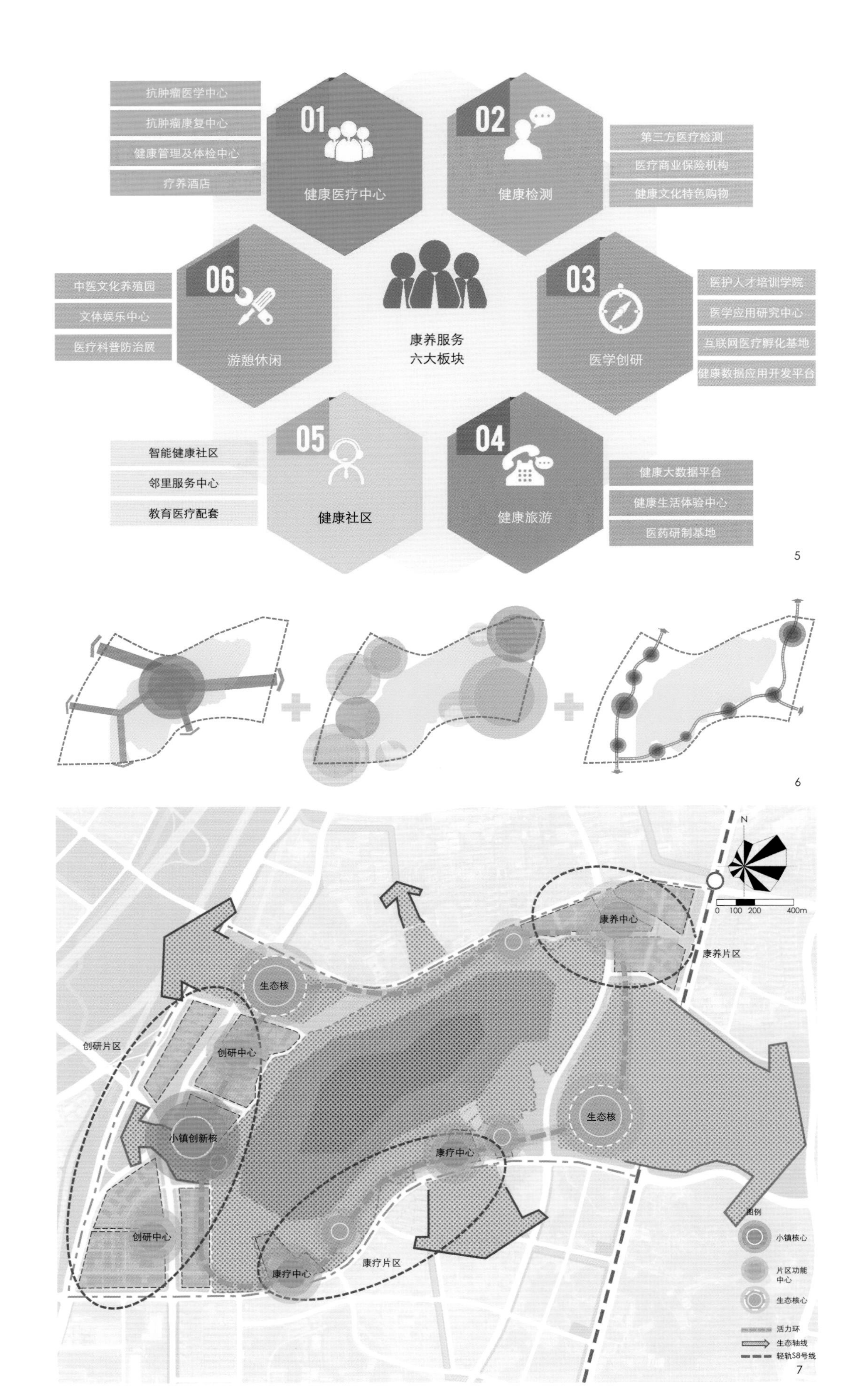

3.研发创新中心
4.创新服务平台
5.康养中心产业链
6.设计策略
7.总体空间结构

判断来看，当前存在市场份额大、增速快、层次低等特征，未来行业将呈现两个主要趋势：

①亚健康成为常态化，预防和监控成生命健康产业发展重点；

②医疗服务市场的增速将远大于医药产业增速。因此，生化制药、医疗器械及中成药的市场增长率明显高于整个医药行业；心血管、抗肿瘤药物将迎来研发的复兴时期；体外诊断（IVD）是医疗器械市场占比最高、增速最快的领域。

（2）区域产业发展基础

小镇基地内已承担高新区部分生物医药产业的外溢，成为南京高新区产业转型发展的重要空间载体。高新区已积累了一定的生物医药产业基础和优势。

高新区的生物医药产业已初步形成生物制药、医疗器械两大主导产业，其中制药产业收入占总收入的80%，重点研究领域为抗肿瘤和心脑血管疾病。从产业链条环节来看，涵盖新药研发及产业化、医疗器械及诊断试剂、中药及保健品、服务外包等领域，但制造比重偏大，大部分企业集中在价值链低的生产制造阶段，企业技术研发需求逐步凸显；正在强势发展的医疗健康管理和服务仍处于空缺状态。基地周边高校与医药产业相关的重点实验室、国家级孵化器、公共服务平台以及企业的工程技术研究中心等机构亦小镇的产业延伸提供助力。

2. 产业体系

综合研判我国生物医药、健康产业等宏观产业发展背景、行业发展趋势和省市区域发展条件，结合高新区的生物医药产业基础和基地生态资源条件进行耦合，借鉴北京中关村、上海张江药谷和迪拜健康城等案例，确定盘城生命之光小镇“2+1+1”的产业体系：“2”为创新药物和高端医疗器械两大领域的研发创新中心，“1”个特色发展的康养产业，并建立“1”个一站式创新服务平台，形成研发+康养服务+社区一体的产业集群。

两大领域研发创新中心。创新药物、高端医疗研发中心将聚焦“产业研发、中试、服务”三大环节，重点在抗肿瘤、糖尿病、心血管疾病相关的创新药物和中医药保健药物研发，以及高端医疗设备及体外诊断试剂研发。

8.典型建筑组合模式
9.总体产业体系
10.现状用地图
11.总平面图

（1）1个康养中心

依托龙王山风景区优质风景资源和优越的生态环境，重点拓展健康医疗中心、游憩休闲、健康社区、健康旅游、医学创研和健康检测六大产业功能，通过设置抗肿瘤医学中心、中医文化养殖园、智能健康社区、医疗检测中心、健康生活体检中心等重点项目，打造康养中心。

（2）一站式创新服务平台

新药研发需要经过药物发现、药物研发、药物制造、药物销售四个阶段，且整体时间跨度较长。盘城生命之光小镇将形成专业技术、认证服务、成果转化、投资融资等多个平台，构建全产业链“一站式”创新服务平台。为众多中小企业需引入专业的CRO研发服务外包机构，缩短药物筛选、药物中试、临床研究等阶段时间；同时提供投融资等专业金融服务促进成果转化。

3. 项目策划

基于产业、小镇和人群的需求，策划医药孵化研发、创新服务、健康养、生态游憩和生活配套五个功能板块的具体开发项目，将医药研发、服务与健康疗养相结合，形成生产—生活—生态三生融合的典范区。

五、空间规划设计

1. 基地现状与核心问题

（1）环山碧野、生态人文：龙王山风景区是本片区的生态绿肺，贯穿南北的步行径串联了藏龙穴、龙王庙、龙王阁、承启楼等人文景点。龙王山风景区、环山分散分布的水库和田、林形成了环山碧野的空间景致，总体山水景观资源良好，生态本底优越。

（2）空间割裂、用地散布：现状建成度较低，主要为低端产业和旧村混杂、环山分散布局的格局。龙王山主山体、现状存在并将规划保留的三条220kV高压架空线、一条110kV高压架空线将基地空间切割分散。

（3）交通通达，外连内缺：现状沿江北大道建成的轻轨S8号以及未来规划的地铁线，将在小镇南北两端提供快速的对外公共交通联系，主要的交通联系依靠龙山北路和新锦湖路，内部的支路体系仍待完善。

2. 设计策略

为应对现状核心空间问题，规划提出以下设计

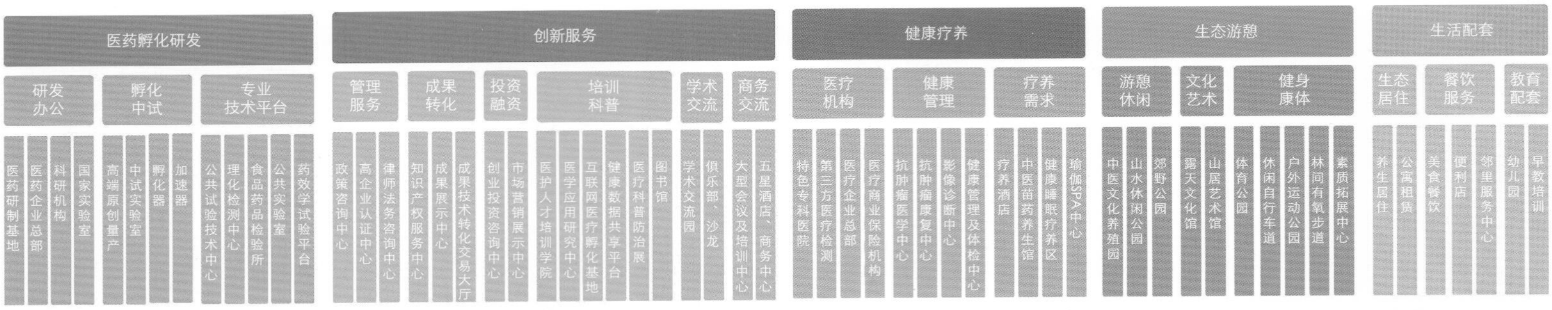

医药孵化研发
研发办公：医药研制基地、医药企业总部、科研机构、国家实验室
孵化中试：高端原创量产、中试实验室、孵化器、加速器
专业技术平台：公共试验技术中心、理化检测中心、食品药品检验所、公共实验室、药效学试验平台

创新服务
管理服务：政策咨询中心、高企业认证中心、律师法务咨询中心
成果转化：知识产权服务中心、成果展示中心、成果技术转化交易大厅
投资融资：创业投资咨询中心、市场营销展示中心
培训科普：医护人才培训学院、医学应用研究中心、互联网医疗孵化基地、健康数据共享平台、医疗科普防治展、图书馆
学术交流：学术交流园、俱乐部、沙龙
商务交流：大型会议及培训中心、五星酒店、商务中心

健康疗养
医疗机构：特色专科医院、第三方医疗检测、医疗企业总部、医疗商业保险机构
健康管理：抗肿瘤医学中心、抗肿瘤康复中心、影像诊断中心、健康管理及体检中心
疗养需求：疗养酒店、中医苗药养生馆、健康睡眠疗养区、瑜伽SPA中心

生态游憩
游憩休闲：中医文化养殖园、山水休闲公园、郊野公园
文化艺术：露天文化馆、山居艺术馆
健身康体：体育公园、休闲自行车道、户外运动公园、林间有氧步道、素质拓展中心

生活配套
生态居住：养生居住、公寓租赁
餐饮服务：美食餐饮、便利店、邻里服务中心
教育配套：幼儿园、早教培训

医药检测　中试车间　公共技术中心　医药沙龙　会议酒店　医药种植展示　律师咨询　药品展示　瑜伽SPA　素质拓展　户外运动　健康公寓　人才公寓　健康产品采购

12

策略：

（1）生态绿心，自然渗透

充分尊重场地自然地形地貌和环山碧野的生态景观本底，以龙王山为生态绿心，向东向西连通区域大生态廊道形成生态绿谷公园体系，梳理利用现状山体自然汇水区域形成绿色廊道，形成指状渗透之势划分不同的建设单元。

（2）主题社区，有机聚合

以步行尺度为主要依据，综合考虑山体、道路分割形成若干功能微单元。每个微单元突出其产业的特色或环节，满足单元内生产、生活、服务等功能，促进正式、非正式的项目与单位深度交流与融合，激发协同创新能力。不同主题的社区单元环山有机布局和聚合。

（3）活脉链谷，三生融合

规划内部社区单元相对分散并被山体绿廊割裂，规划通过设置内部巴士环线串联两处轨道站点，设置特色旅游、城市慢行以及旅游休闲路径，便捷联系不同的功能组团与核心景观山体的活动联系。同时强化不同社区单元以及地块内生产、生活、服务和生态功能的复合，塑造小镇整体活力。

3. 总体布局

规划以产业和功能策划为先导，形成有集聚合与相对分散的总体空间布局，强化地块生态特征以及特色小镇疏密有秩的空间秩序。

规划依托龙王山风景区组织不同的产业社区单元，形成“生态渗透，一核三片多心，环带串联”的总体空间格局。其中：

（1）生态渗透：环绕龙王山风景区为核心形成四处放射状生态渗透廊道，有机划分不同的产业和服务功能组团。

（2）“一核三片多心”：结合会展中心等设施布局小镇创新发展核；结合轨道站点、自然环境等资源要素形成多处触媒之心。

（3）环带串联：打造活力慢行环，串联多个片区与触媒节点。

4. 空间方案

（1）契合地形的特色空间布局模式

为打造小镇的特色空间，规划通过相对分散与有机聚合的组团模式环山布局，预留的景观视廊为各个组团增添绿色林地和山水空间。结合地块与山脊线、现状水库等地形特征，形成现代研发庭院、康养理疗院落以及休闲娱乐院落等不同空间组合模式，保持小镇建筑与龙王山背景山体的和谐共生。

（2）彰显山水城镇的整体风貌

整体的空间设计以龙王山龙王阁为制高点严格控制视线范围内的高层建筑高度，近山体的地块，通过小体量建筑尺度遵循近山小尺度，远山大尺度的原则，最大限度引导山体景观向小镇渗透，使山林与小镇建筑群落融为一体，彰显山水镇林的整体空间风貌。

地标与节点：以龙王山为景观核心与制高点，环山于各片区布局特殊地标建筑与景观开放空间节点，形成国际会展中心、创新服务中心、北麓娱乐康体中心等具有可识别性的地表节点，呈环抱之势与龙王山呼应。

景观视廊：打通若干视线景观通廊，引导山体景观与片区生态相互联系融合，环绕龙王山设置步行路径，串联特殊建筑以及景观节点，以步行尺度为依据，增加若干兴奋点，形成连续一体化的景观体系。

天际线：以龙王庙为区域最高点（113m），规划重点控制山体东侧、西侧的天际线，除在建100m的会议中心以外，区内新建建筑高度控制在60m以下，南麓沿山地块建筑控制在24m以下，让出主要的山体景观，突出山林与小镇和谐共生的天际线与空间风貌。

12.项目策划
13.研创组团效果图

创研片区：创研片区位于规划区东侧，集中了片区最主要的研发、办公、实验、企业配套、人才公寓等功能，是片区产业载体的集聚地。片区在原有产业载体基础上新增创新服务中心、研发办公区、人才公寓三大组团，集聚了科研、办公、实验等生产研发设施以及公寓、商业、酒店、金融、保险、室外展示活动等完善的企业及员工配套设施。

服务片区：片区包括北麓康体娱乐中心与高尚社区两大组团，集聚了健康购物、医疗咨询、体检服务、健康教育、健身沙龙等多样的健康服务设施以及生态居住、社区中心、社区花园、社区健康管理等完善的居民配套设施。

康疗片区：康疗片区位于规划区南侧，结合龙王山景区的优势生态环境布置康复、理疗设施、并配套休闲运动等相关设施，形成接、检、诊、疗、休一条龙服务的康复理疗片区。

六、实施路径建议

以单元开发模式推进小镇建设，以道路为边界，功能为依据，将小镇划分为创新服务型单元、创业孵化型单元及生活服务型单元。每个开发单元规模控制在5~10hm^2，是一个慢行优先社区的适度规模；街坊内均规划经营性物业（如办公、研发和商业）和可销售的物业（如住宅、公寓），利于资金快速滚动开发。规划建议采用“单元划分+组合开发模式”进行开发建设，服务型单元采用整体出让模式，产业型（创新孵化）单元采用项目引入模式，其他采用灵活开发模式。

规划将在西南侧现有企业的基础上，逐步向东、向北推进树屋十六栋、药谷活力源、海昌医药总部、精英人才公寓和相关基础设施的建设，满足小镇建设投资和验收的多方需求。

七、总结

盘城生命之光小镇作为南京高新区发展生物医药产业的新型空间载体，充分挖掘了所在运营平台生物药谷、高新区的产业转型和创新驱动资源，并整合周边景观资源进行耦合，实现产业的全面转型和内涵延伸。在空间规划上利用生态地貌条件突出有机聚合、生态渗透的布局特色，针对不同的项目、用地条件差异化空间组合模式以及对山体与建筑空间形态的把控，体现了山水城镇的独特风貌，集中体现了特色小镇产业创新、文化性、旅游性以及产城融合的核心理念。

作者简介

王卓娃，深圳市蕾奥规划设计咨询股份有限公司，规划六部主任设计师；

邱　乐，深圳市蕾奥规划设计咨询股份有限公司，规划六部设计师；

田　欣，深圳市蕾奥规划设计咨询股份有限公司，规划六部设计师。

城市中心区特色小镇培育的探索
——以镇江市西津渡风情小镇培育为例

Exploration on the cultivation of Characteristic Towns in Urban Central Area
—The Case Study Of Cultivation Of Xinjin Ferry Style Town, Zhenjiang

史慧劼 汤 妮 杨恒网 陆 地
Shi Huijie Tang Ni Yang Hengwang Lu Di

[摘　要]　目前大部分特色小镇位于镇区、城市新区或其他新建地块，这类小镇规划建设条件相对单纯，在城市中心区培育特色小镇则需要面对更多的现实条件，但这对于推动城市有机更新、产业转型升级有着重大的作用，对城市发展也有更深远的意义。本文以镇江市西津渡风情小镇培育为例，简述小镇培育背景，总结其现状基础条件及问题，提出目标定位，落实建设空间，并制定建设计划。

[关键词]　特色小镇；旅游风情小镇；特色小镇培育；西津渡

[Abstract]　Most of the current characteristic towns located in the township, urban new district or other newly-built block where the planning and construction conditions of the town are relatively simple. Cultivating characteristic towns in urban central area needs to face more realistic conditions. But it plays an important role in the promotion of city organic renewal, industrial transformation and upgrading, also has far-reaching significance to the development of the city. This paper takes cultivation of Xinjin ferry style town in zhenjiang as an example. First, resume the town development background. Second, summarize the present basic conditions and problems. Then, proposes the target, and implement the construction space. Finally, formulate the construction plan.

[Keywords]　Characteristic Town; Tourism Style Town; Cultivation Of Characteristic Towns; Xinjin Ferry

[文章编号]　2017-77-P-076

一、研究背景

1. 特色小镇发展背景

快速城镇化背景下，“特色小镇”的提出是加快新型城镇化的一个重要突破口。针对我国小城镇建设发展普遍比较滞后的问题，特色小镇培育是促进城乡协调发展的有效途径。

根据住建部、国家发改委、财政部发布的《关于开展特色小镇培育工作的通知》（建村[2016]147号），明确“特色小镇”原则上为建制镇。实际上，“特色小镇”是一个广义的概念，不局限于镇或产业园区。国家发改委《美丽特色小（城）镇建设指导意见》（发改规划[2016]2125号）提出，特色小（城）镇包括特色小镇、小城镇两种形态。特色小城镇是指以传统行政区划为单元，特色产业鲜明、具有一定人口和经济规模的建制镇。特色小镇指聚焦特色产业和新兴产业，集聚发展要素，不同于行政建制镇和产业园区的创新创业平台。

从各地陆续公布的特色小镇名单来看，大部分特色小镇还是位于建制镇区、城市新区或者是新开发的城市建设用地。以2017年4月江苏省发改委公布的首批省级特色小镇为例，25个省级特色小镇中，有10个位于县或县级市，12个位于城市新区或开发区，仅3个位于地级市的城市中心区内。

位于镇区、城市新区或其他新建地块的特色小镇规划建设条件相对简单，也更容易获取城市土地。而在城市中心区的已建地区培育特色小镇需要面对更多的现实条件，协调小镇和周边用地的关系。在城市中心区培育特色小镇对于推动城市有机更新、产业转型升级具有非常重要的意义。

2. 西津渡旅游风情小镇培育背景

江苏省旅游风情小镇的创建培育工作正是在特色小镇发展的背景下展开的。《江苏省旅游风情小镇创建实施方案》提出到2020年，培育建设50~100个旅游风情小镇，为全省旅游业转型升级发挥示范带动作用。

旅游风情小镇是特色小镇概念的外延。以旅游为主导产业的特色小镇是国家特色小镇培育偏爱的一种类型。根据住建部发布的第一批中国特色小镇名单统计数据显示，旅游发展型和历史文化型的特色小镇居多，其中旅游发展型的特色小镇占据半壁江山。从这些数据来看，这两种类型的特色小镇一方面符合青山绿水就是金山银山的可持续发展理念，另一方面有利于历史文化的保护、合理开发和传承。

西津渡风情小镇是兼具历史文化和旅游发展两种类型的小镇。西津渡位于位于镇江市老城区，历史文化遗产丰富，是我国历史最悠久、规模最大、保存最完善的渡口历史街区。西津渡风情小镇以西津渡历史文化街区为核心，辐射周边历史文化街

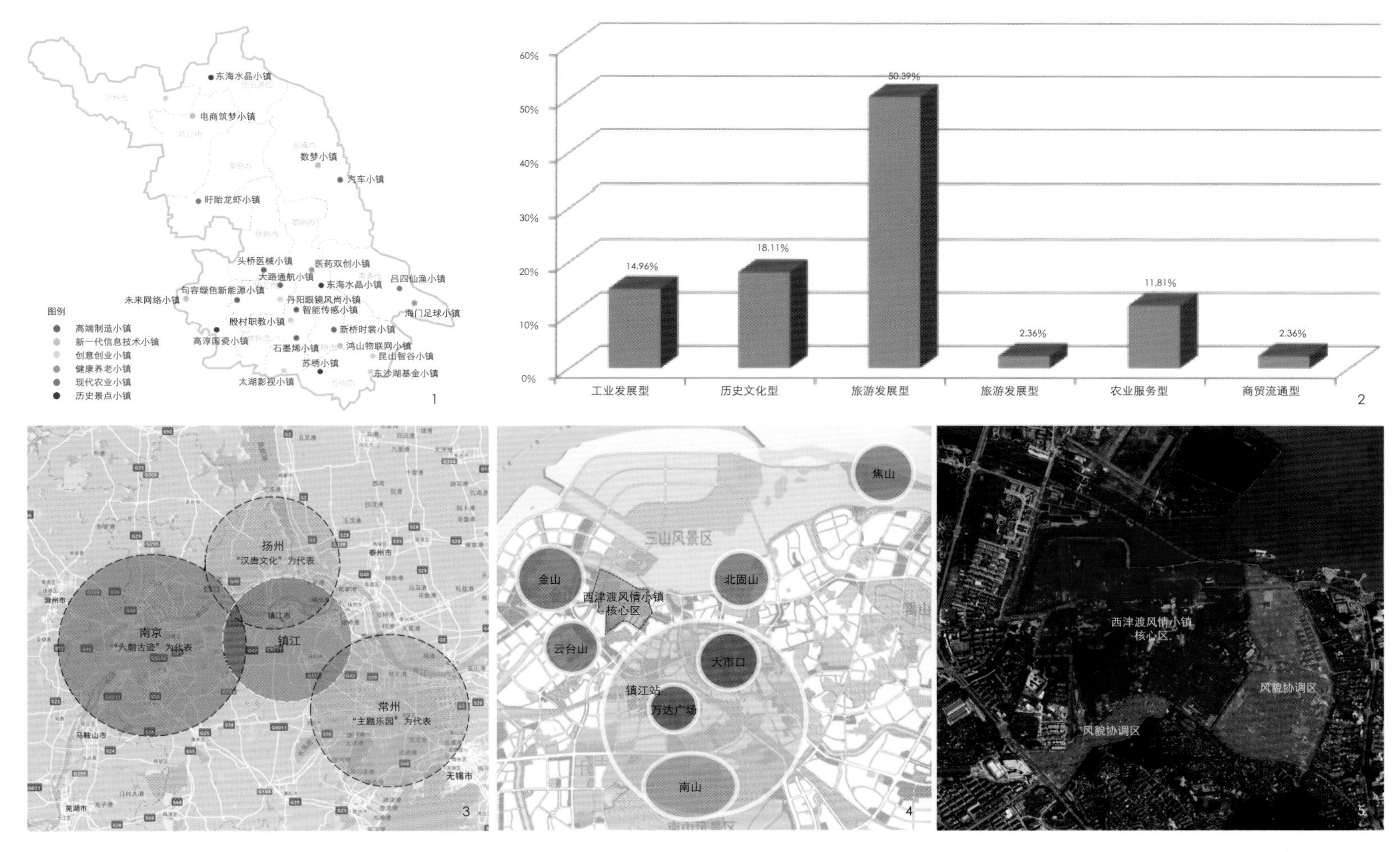

1.首批江苏特色小镇分布图
2.城市中心区特色小镇培育的探索
3.区域旅游环境分析
4.小镇在城市中的位置
5.规划范围

区、古城风貌区和滨水风光带。西津渡风情小镇的培育是推动镇江文化旅游产业发展和城市有机更新的重要动力。

二、西津渡风情小镇培育思路

1. 小镇概况

西津渡风情小镇位于镇江西部老城区，东起新河街，南至宝盖路，京畿路、西至云台山路、和平路，北到北部滨水区，规划面积1.7km^2。其中，核心区建设面积1km^2，涵盖西津渡历史文化街区、伯先路历史文化街区、大龙王巷历史文化街区，三大历史文化街区文脉相似，位置毗邻，风貌统一。

镇江市位于江苏省西南部，长江南岸，是长江三角洲北翼中心城市以及南京都市圈核心层城市。西津渡风情小镇的培育具有良好的地缘基础和交通条件。

2. 发展基础

（1）基础条件

西津渡风情小镇现状建设基础好，旅游资源丰厚，发展底蕴充足，已成功创建国家4A级旅游景区，具有良好的品牌基础。

①区域环境

区域城市经济水平高，城市休闲消费与旅游消费提升空间大，潜在旅游客源充足。镇江市积极联合区域旅游资源，塑造镇江城市品牌，为全省旅游业转型升级发挥示范带动作用。

近年来，镇江城市交通日益完善，在“宁镇扬一体化”大规划下，交通网络的进一步完善，必将带动整个镇江的人流、物流和商流发展，推动形成镇江又一新的商业、服务、文化、公共活动集聚中心。中心城区交通枢纽初步形成，西津渡风情小镇位于中心城区交通网络的核心地带和北部中心位置。

②历史文化

西津渡的发展是镇江的城市文脉、文化族谱，历史发展之缩影。西津渡自古以来便是兵家必争之地、长江之门户，是中国东西文化、南北文化的交汇融合处，中外商业经济交流之窗。西津渡历史文化遗产丰富，多元文化交相辉映，由“津渡文化”衍生的古渡文化、宗教文化、救生文化、建筑文化、西洋文化、商贾文化多元聚合，主题明确、独具特色。

③旅游资源

西津渡旅游资源丰富，发展底蕴充足。西津渡因渡而生，历史存续久远，风貌保存完整。传统建筑风貌保存基本完好，传统空间格局仍清晰可见。旅游资源能级高，西津渡历史文化街区核心资源保留了西津渡历史发展的大部分遗留建筑，其本身具有极高的历史还原度，具有极强的观赏价值、历史价值、文化价值和科学价值。通过定量评价，西津渡文化历史街区共评出五级旅游资源6处，四级旅游资源6处，三级旅游资源2处，二级旅游资源5处（详见表1）。

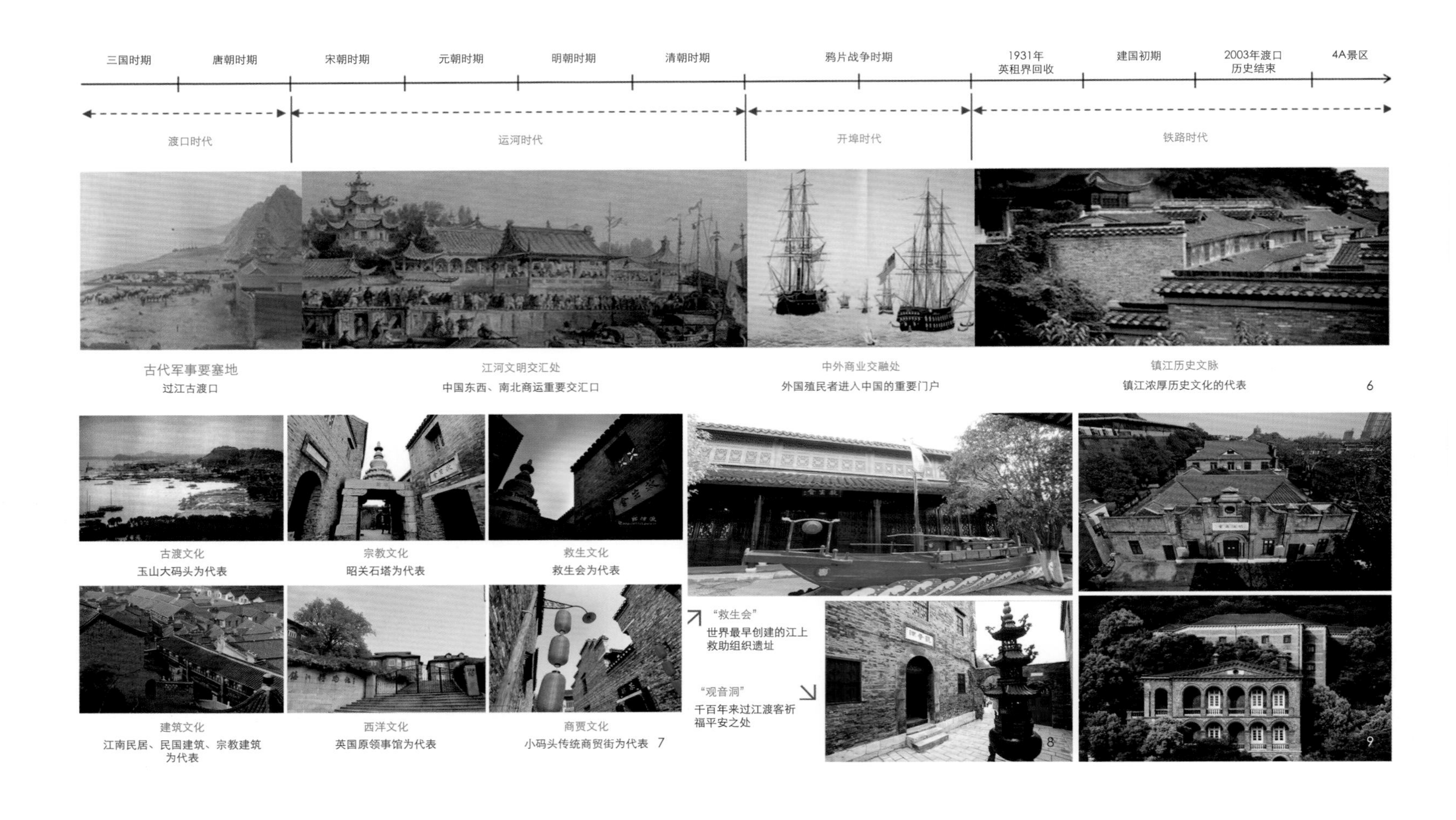

表2　　西津渡文化产业发展现状

	2012年	2013年	2014年	2015年	2016年
入驻企业	56	70	83	98	110
营业收入（万元）	21 537	23 679	30 260	35 600	40 000
利润（万元）	3 060	3 371	9 078	10 680	12 000
税收（万元）	88	181	2 270	2 670	3 000

表3　　重点项目建设计划

项目名称		实施主体	建设地址	主要建设内容及规模	开工时间（年/月）	竣工时间（年/月）	计划总投资（万元）
西津渡西入口建设		西津渡公司	新河路北侧，和平路东侧	占地$2hm^2$，西津渡景区主入口，包括超岸寺周边整治$800m^2$，及中国古渡博物馆1.7万m^2，和周边路网建设	2016.3	2017.12	22 000
镇屏山文化街区	镇屏山以东地块	西津渡公司	中华路以西	为西津渡旅游服务配套拓展项目，用地面积$7.62hm^2$，总建筑面积88 $200m^2$，包括商业街、酒店、餐饮、娱乐等一体的文化时尚街区	2016.12	2019.12	40 000
	镇屏山以西地块	西津渡公司	迎江路东侧	镇屏山以西部分包括音乐厅、西津剧场、演艺文化中心部分，该地块用地面积$2.49hm^2$，总建筑面积19 $212m^2$	2014.6	2017.9	60 000
西津湾		西津渡公司	长江路以北，新河桥以东	打造西津湾商务、文化旅游休闲等配套设施，A2地块3.58万m^2商业用房（地上2.58万m^2，地下1万m^2）；地下过街通道建设	2016.6	2018.12	120 000
环云台山功能提升项目		西津渡公司	环云台山	为环云台山区域内酒店装饰工程、5A基础设施提升配套项目	2016.1	2017.9	8 000
伯先路历史文化街区保护与更新工程		西津渡公司	东到小街，西至伯先路，南至宝盖路，北至大西路	总建筑面积约3.8万m^2，为伯先路历史文化街区和大龙王巷历史文化街区的交汇处，该项目规划定位以商住混合组团和景区旅游配套服务为主	2016.6	2018.12	80 000

表1　　西津渡旅游资源评价

级别	旅游资源
五级特品级旅游资源	小码头古街、领事馆楼群、英租界区建筑、民国建筑、昭关过街石塔、云台阁
四级优良级旅游资源	观音洞、救生会、铁柱宫、蒜山游园、洋行旧址、伯先公园
三级优良级旅游资源	老码头坑、“一眼望千年”考古坑
二级普通级旅游资源	五十三坡、五道券门、小山楼、教会旧址、待渡亭

④产业基础

西津渡产业需求旺盛，发展空间广阔，初步形成了设计创意、文艺演出、影视制作、动漫游戏研发制作等项目集群，聚集了40多家各类文化创意企业和机构；镇江博物馆、会展等资源进一步聚集，品牌效应逐步显现，知名度和影响力不断提升。随着大量高端高素质文化产业人才的入驻，区域就业人员层次不断提升，就业结构逐步优化。

⑤品牌基础

在品牌创建方面，深化“镇江西津渡，中国第一渡”品牌建设。全方位多角度宣传西津渡，成功创建“国家AAAA级旅游景区”，30集电视剧《西津渡》在中国教育电视台、江苏卫视等播映，获2012年度江苏电视“金凤凰”奖。

（2）现状问题

在西津渡风情小镇的开发建设中，一系列问题初现端倪。

①为保持原生态生活习惯和社区肌理，保护与更新的矛盾突出。

老城随着物质条件衰退的同时，城市活力也逐渐下降，小镇范围内几大历史文化街区面临更新改造。

历史街区的改造对周边居民产生极大的影响。巨大的车流量产生了很多噪音，历史街区本身的历史文化的厚重感也导致了附近民居外观复古，和现代城市生活有所差异。

②业态选择与布局有待完善，旅游势能未被激活，小镇活力提升空间大。

西津渡风情小镇现状保存着大量的文化古迹、历史古建，同时还蕴藏了大量的特色文化，但是这些旅游资源的开发研究依旧处在初级开发的阶段，旅游势能未被激活。

小镇现状旅游开发仍以观光旅游为主，深度游有待挖掘；已建区域内存在空置现象，且各单体较为封闭，缺少具有活力的公共空间；业态看起来很多，但是创新及文化挖掘均不足。

③现状街区内部交通组织不便，游览标识性弱，无法发挥产品业态组合优势。

西津渡的交通不便，游玩体验不够尽心。西津渡街区的入口缺乏标识性，街区内没有明确的人流导向标识，内部街区的格局以单一或多个单一动线编织而成，导致人流往来未能形成有效的人流回路，造成不能充分发挥产品业态组合优势。此外，对外交通方面也体现一定问题，外部交通对周边居民造成较大的影响。

④小镇与城市日益孤立，尚未成为对市民具有吸引力的城市活力中心。

西津渡风情小镇在市民心中的定位为风景区，且位于三山风景名胜区内，逐步与城市生活区域孤立，对市民缺乏吸引力。根据西津渡公司调查显示，西津渡游客中仅有17%是镇江本地人，西津渡风情小镇尚未成为城市的活力中心。

在镇江市民心中，大市口仍然是传统的老城中心，据调查，市民业余时间最爱去大市口、万达广场及南山休闲活动。此外，随着镇江中心城区进一步向

10

11

近期	中期	远期
2017—2019年 基础完善，亮点引爆	2020—2022年 产业建设，统筹开发	2023—2025年 区域运营，全面启动
主要内容： · 完善西津渡核心片区（西津渡+云台山）的工程建设和专项规划建设；完成核心片区的整体招商和商家落位工作 · 启动镇屏山片区和西津湾片区的工程建设 · 启动伯先路历史文化街区保护与更新工程	主要内容： · 完成镇屏山片区和西津湾片区的基础配套设施建设；根据市场情况，逐步推进镇屏山片区和西津湾片区的业态招商 · 根据市场情况，启动大龙王巷片区的旧城改造工程	主要内容： · 提升核心片区与镇屏山片区、西津湾片区的区域运营联动 · 启动风貌协调区的基础工程建设 · 根据市场情况逐步推进风貌协调区的商业建设 · 全面完成大龙王巷片区的旧城改造
目标：形成核心旅游圈，以旅游引爆人气	目标：形成核心产业链，以产业实现价值	目标：形成区域合力，实现大发展

12

6.西津渡的历史渊源
7.津渡文化
8.西津渡现状旅游资源
9.西津渡传统建筑风貌
10.规划结构
11.功能分区图
12.实施路径

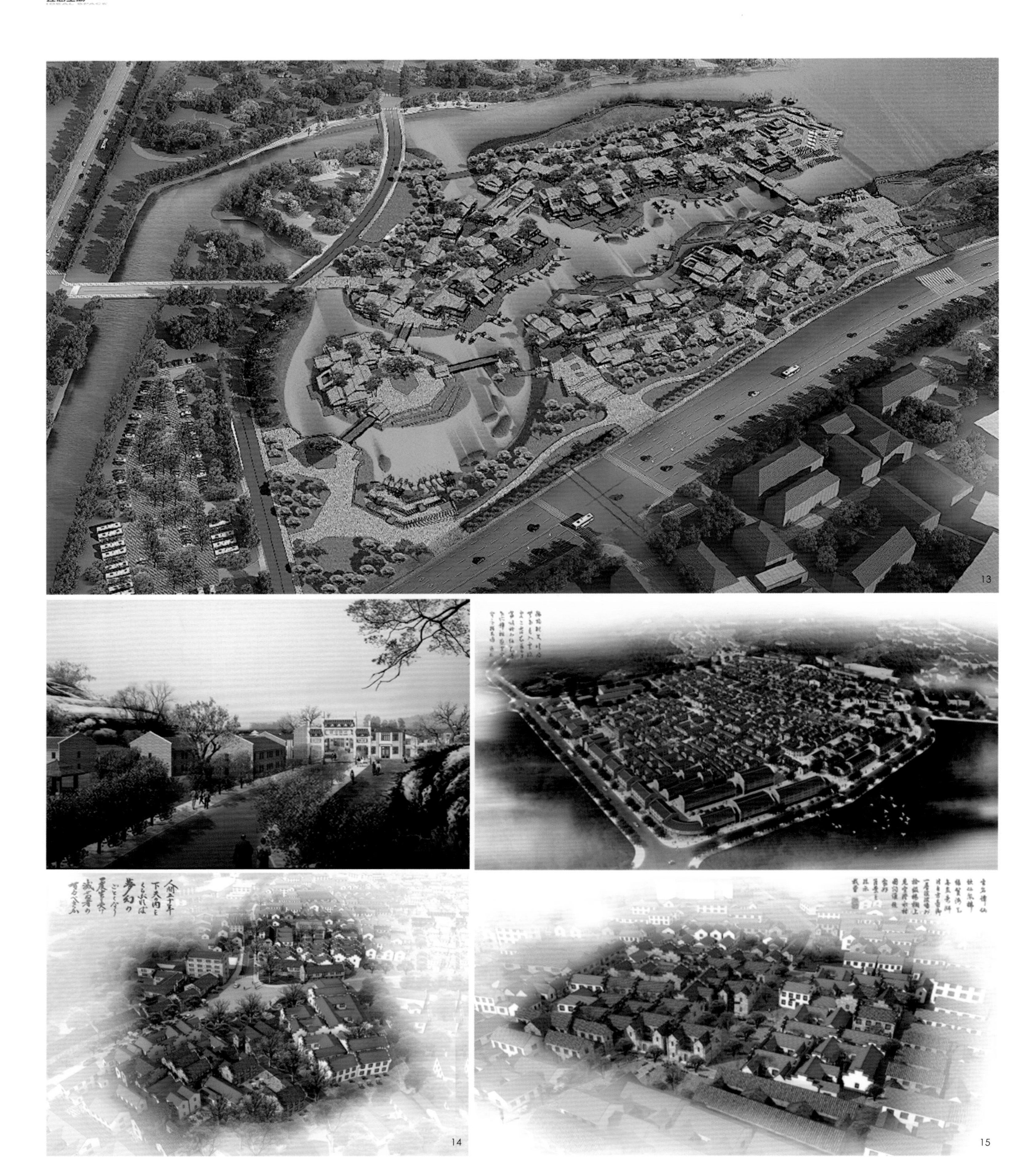

13.长江文化旅游体验区规划效果图
14.民国文化旅游体验区规划效果图
15.非遗文化创新区规划效果图
16.总平面图

南拓展，城市中心有向南移的趋势，西津渡风情小镇应加速融入城市中心。

3. 目标定位

（1）主题定位

深度挖掘渡口文化，在历史文化和现代产业的基础上，建设成为集宜居、宜游、宜商，传统历史文化与现代时尚文化和工业文明和谐共存、交相辉映、独具魅力的渡口文化风情小镇。

（2）功能定位

西津渡风情小镇功能定位为城市级特色旅游集散中心、镇江文化传承和体验中心、旅游城市夜消费中心、游客品质休闲中心以及产业集聚及公共服务中心。

（3）发展目标

以打造具有国际影响力的历史文化街区保护案例、国内著名景点（创建国家AAAAA级旅游景区）、现代服务业集聚区、国家文化产业示范基地、华东地区旅游度假目的地为发展目标，小镇计划引进入驻商家200家，形成5家以上在全省乃至全国有影响力的大型文化企业，年游客接待量达到450万人次，年交易额力争达10亿以上，实现利税3 000万元，从业人员2 000人。

4. 建设空间

（1）规划结构

规划形成“一山一湾一客厅、两码头三街区”

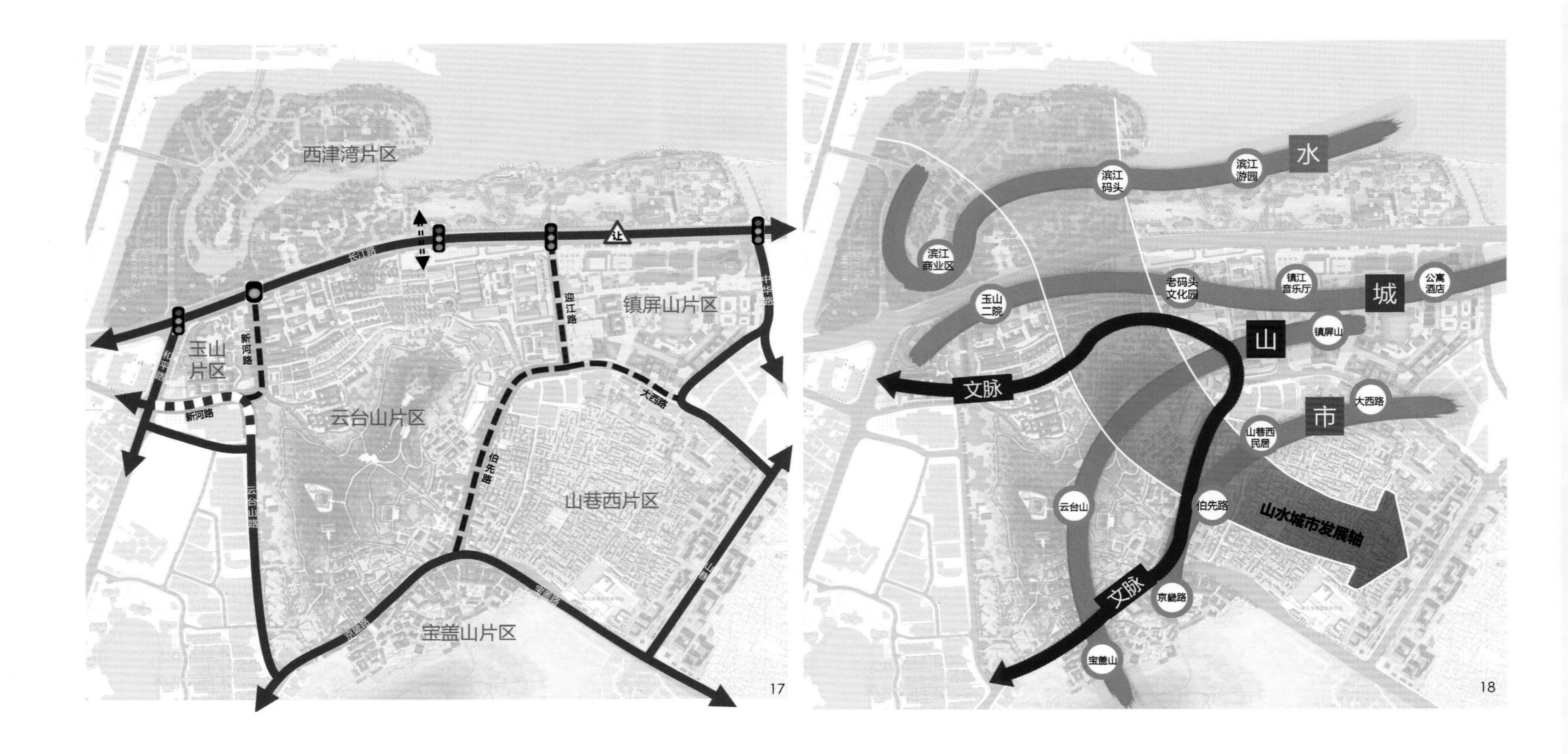

的核心区域空间布局框架。一山指云台山，是城市中的山林绿肺；一湾指西津湾，打造新生活休闲目的地；一客厅是体现特色风情的“小镇客厅”；两码头为救生小码头和玉山大码头，三街区包括西津渡历史文化街区、伯先路历史文化街区和大龙王巷历史文化街区。

（2）功能分区

全力营造“长江文化旅游体验区、民俗文化旅游体验区、生态健康旅游区、民国文化旅游体验区、现代休闲旅游体验区、非遗文化创新区”六大功能区。

①长江文化旅游体验区

长江文化旅游体验区包括西津湾旅游综合集散区和西津湾滨江娱乐休闲区。西津湾旅游综合集散区是西津渡迎接游客的门户，承担交通、信息输送、人群流转、特色商品购物等功能，以购物、住宿及餐饮等业态为主。西津湾滨江娱乐休闲区在现有基础上塑造娱乐休闲的氛围，以休闲娱乐产业为主，辅以滨江观光、餐饮及购物。

②民俗文化旅游体验区

即西津渡历史文化街区，包括码头遗址博物馆、文化展示馆、民俗体验、影视拍摄等。结合现有业态产品，融入特色亮点产品，打造集餐饮、休闲、娱乐、购物、住宿、文化体验等于一体的旅游体验区。

③民国文化旅游体验区

以伯先路历史文化街区为载体，包括民俗、民宿、博物馆等。结合现有业态产品及西津渡发展历史，融入特色亮点产品以保证其浓厚的文化体验氛围。充分利用西津渡现有老建筑，融入新的文化博览产业，打造环云台山博物馆群以及民国西津情景购物街。

④非遗文化创新区

以大龙王巷历史文化街区为载体打造非遗文化创新区。以文化创意产业为主，以休闲、购物、住宿、餐饮为辅，充分发挥西津渡深厚的文化价值，形成西津渡特色文化创意休闲区。

⑤生态健康旅游区

以云台山自然风光为基础，发展生态观光产业，充分发挥西津渡自然资源的价值。片区打造以生态观光为主，加入适当的游憩、文化体验等，将其打造成西津渡自然生态风光最好的片区。

⑥现代休闲旅游体验区

依托镇屏山片区特色精品商业区，结合现有业态产品及西津渡发展历史，融入特色亮点产品以发挥其精品商业的价值，保证其整体功能不变。业态分布中影视业、购物、文化体验占主导，适当融入配套的餐饮、住宿等，最终形成西津渡特色精品商业区。

（3）系统支撑

①道路交通规划

采用“一环四控双联”交通组织。“一环”指外部交通成环，实行人车“分流”，“四控”要求内部交通实现行游“合一”，“双联”指长江路南北过街交通设施互通“联接”。

②景观结构规划

形成“四带一脉”的景观结构。“四带”分别为山、水、城、市四大山水城市带，“一脉”是西津文脉。

③公共服务设施规划

打造5A级品质的游客中心，依托景区三级人气区，构建功能多元互补的九大服务圈。

5. 建设计划

（1）开发模式

西津渡风情小镇采用“一个平台，三种方式”的开发模式。西津渡的旅游开发以西津渡文化旅游发展有限责任公司为基础建立一个平台，并基于这个平台进行资源整合+招商引资+运营管理+营销发展。

针对不同片区采用不同开发运营方式。核心片区（包括西津渡和云台山）采用旅游+产业模式，基于现有初具规模的旅游为基础，构建、完善旅游产业，打造产业化的旅游集群；城市资产片区（西津湾+镇屏山片区）以市场化运作，与各企业商业相结

17.道路交通规划
18.景观结构规划
19.现代休闲旅游体验区规划效果图

合的方式进行开发；西津渡文化交流片区（伯先路+大龙王巷）采用政府引导、居民参与和市场运作的方式进行开发，以市场的运作来作为沟通居民利益与西津渡历史文化街区改造的纽带，平衡双方的利益诉求。

（2）实施路径

①市场导向，分区推进

每个景区的空间扩容都根据市场的饱和度来推进，始终保持市场需求大于现有产品容量。

②强化品牌，做大市场

高起点打造品牌，成就西津渡代表镇江的一个名片。让游客因为西津渡来镇江，因为镇江，知道镇江三山。

③以5A为标准，改善景区硬件

以5A为标准进行硬件的改善。完善景区的景观环境、核心区出入口、停车系统、重要休憩空间、服务配套、引导系统、游客游线等基础硬件。

（3）近期建设项目

未来三年内，计划建设重点项目5个，共计投资33亿元。

三、结语

因地制宜的规划设计仅仅是特色小镇培育的开始，建设运营、资金投入以及运行机制都是特色小镇创建的重点考察内容。以旅游风情小镇培育为例，综合效益、服务功能、安全管理、游客满意度等均是创建特色小镇的考核内容。

西津渡承担着复兴老城中心，引领镇江找回昔日荣耀与辉煌的重要使命。西津渡风情小镇的培育对于镇江有着相当重要的意义。传承历史文脉，留驻城市记忆，弘扬传统文化，西津渡的路还很长。

（文中规划设计资料由以西津渡文化旅游发展有限责任公司提供。）

作者简介

史慧劼，上海中森建筑与工程设计顾问有限公司，主任规划师；

汤　妮，上海中森建筑与工程设计顾问有限公司，景观设计师；

杨恒网，西津渡文化旅游发展有限责任公司，总经理；

陆　地，上海中森建筑与工程设计顾问有限公司，规划总监，国家注册城市规划师，高级工程师。

项目主要编制人员：陆地、薛娇、史慧劼、任瑞珊、魏亚亚、汤妮、张慧杰、赵梓铭等。

智慧物流型特色小镇规划思路探索
——以义乌市“云驿小镇”为例

Planning Research for Intelligent Logistics Town
—Case Study of Yunyi Town, Yiwu

余 波 刘 律 尹 俊
Yu Bo Liu Lv Yin Jun

[摘　要]　在浙江省大力推进特色小镇背景下，义乌市计划依托陆港新区公路港的快递物流产业集聚区创建云驿小镇，以体现义乌的物流特色。基地现状产业特色突出，然而对比特色小镇的创建要求，仍在产业、功能与空间三个方面存在差距。规划从“快”与“慢”这对矛盾的统一体出发，充分挖掘快递物流文化，并通过四港一坊、文化慢游、两街两区与货流快行四个设计策略，对云驿小镇的概念性城市设计进行探索，并在产业、功能、空间与交通四个方面形成了智慧物流型特色小镇的经验总结。

[关键词]　特色小镇；智慧物流；规划策略

[Abstract]　In the background of raising the distinctive town policy in Zhejiang Province,
Yiwu plans to build Yunyi Town in the highway port of Lugang New Area, which could reflect the characteristics of the logistics of Yiwu based by the highly gathering express logistics enterprises.The current situation of site has the distinctive industrial characteristics, however, compared with the requirements, there are still gaps in the industry, function and space. From the comparison of different characteristics for logistics and town, that is fast and slow, this paper fully taps the express logistics culture and form four strategies, that is “four port one neighbor”, “slow travel with culture”, “two streets two district” and “fast traffic for logistics”. By these strategies, this paper explores the planning experience of intelligent logistics town from four aspects, which are industry, function, space and traffic.

[Keywords]　Distinctive Town; Intelligent Logistics; Planning Strategy

[文章编号]　2017-77-P-084

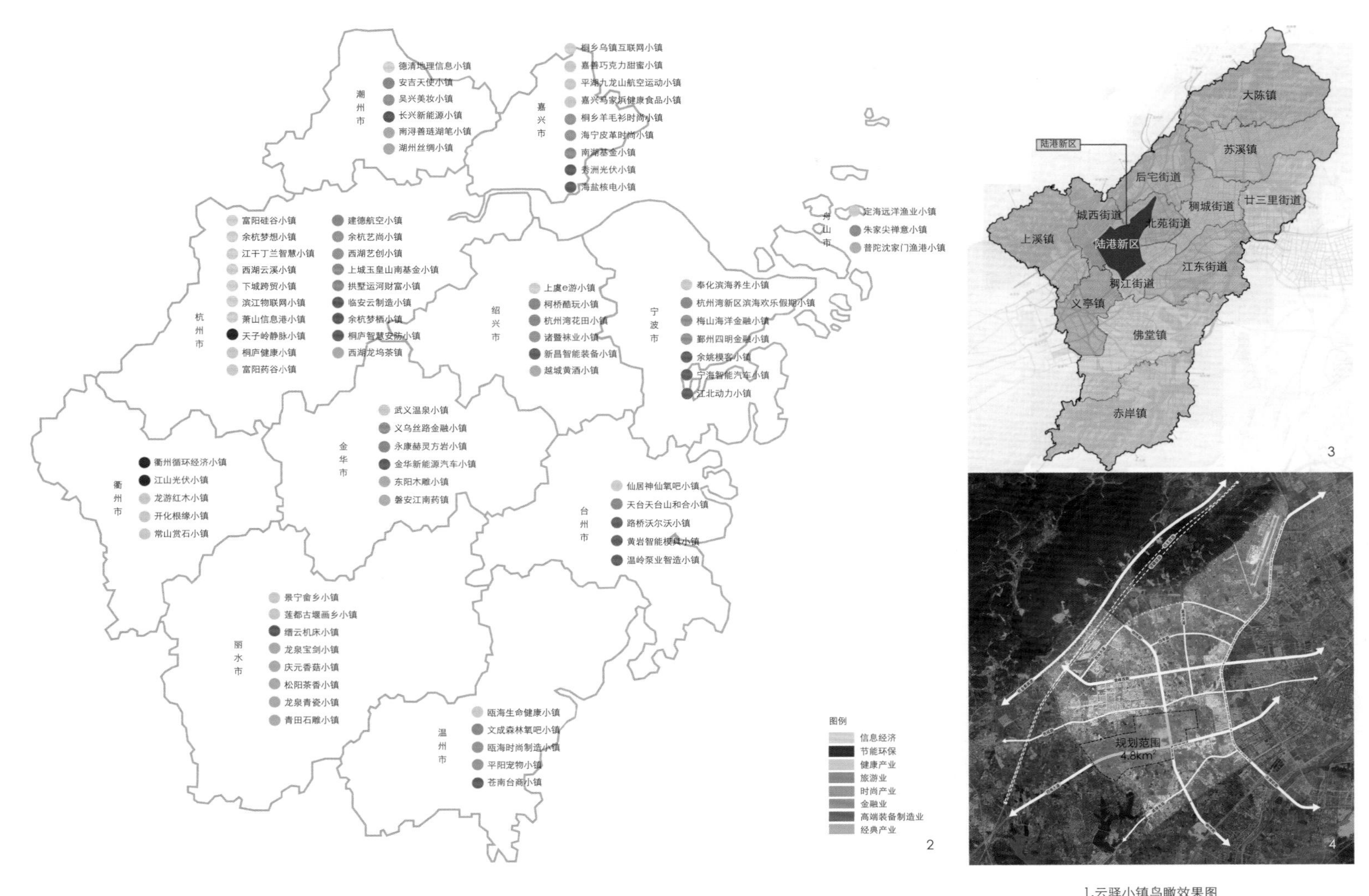

1.云驿小镇鸟瞰效果图
2.浙江省特色小镇分类及分布图
3-4.云驿小镇区位在义乌市、陆港新区区位图

特色小镇是浙江省委、省政府为推动全省经济转型升级、城乡统筹发展作出的一项重大决策，主要围绕信息经济、环保、健康、旅游、时尚、金融与高端装备制造七大万亿级主导产业和历史经典产业，构建“产、城、人、文”有机融合的重要平台。截至目前，浙江省已公布了两批共79个省级特色小镇创建名单，其中信息经济领域的特色小镇共计10个。本文研究的智慧物流型特色小镇属于信息经济领域中“探索新模式，发展‘互联网+’新业态”的“完善智慧物流体系”，现状名单中尚无该类型的特色小镇。因此，本文以义乌市云驿小镇概念性城市设计的编制为例，详细阐述智慧物流型特色小镇的创建优势、难点，以及具有针对性的规划思路与经验总结。

一、项目背景

义乌市因商而兴，伴随着“鸡毛换糖”到“五代市场”的商贸业演变，物流业也相存相依、共生共荣。目前，全市共有快递企业134家、国内物流企业1 460家、国际货代1 056家、航空货代100余家、跨境电子商务物流企业100余家，快递物流从业人员超过15万人。然而，在快速、自发的成长背景下，现状形成了运随市移、仓遍全城、货穿城区的物流布局特点。

为了改变这种低、小、散的布局模式，义乌市在陆港新区集聚发展国内物流、智能仓储、快递物流、铁路物流、空港物流、综合保税等功能。截止2016年末，陆港新区公路港已入驻了8家快递企业和普洛斯物流园，此外，还有8家已批未建的物流企业，义乌市希望借此创建云驿小镇，以展示其物流特色。考虑到特色小镇产业“特而强”、空间“精而美”、功能“聚而合”的创建要求，本次云驿小镇概念性城市设计面积约4.8km^2。

二、创建条件分析

1. 创建云驿小镇的优势

（1）显著的企业集聚优势

现状基地内已入驻8家快递企业和普洛斯物流园。其中，中邮跨境电商、中邮互换局主要从事国际快递业务，并且中邮互换局是国内县级市唯一一家国际互换局；申通、天天、韵达是浙中南区域分拨中心；中通是金丽衢区域中转中心；顺丰是金华市中转站；圆通是义乌转运中心；普洛斯物流园为浙中地区的知名电商、快递物流企业提供平台。此外，还有已批未建的8家物流企业。其中，1家是全国公路枢纽，即国内公路港物流中心；2家是总部基地，即红狮、东宇物流；其余5家为专业化物流企业。

（2）位居全国前列的业务量

国内快递业务方面，2015年义乌市业务量达6.1亿件，约占全国1/30、浙江省1/6。根据2015年全国

5.云驿小镇概念性规划与设计总平面图
6.云驿小镇规划策略示意图
7.云驿小镇空间结构图
8.云驿小镇规划项目布局示意图

快递业务收入前50位城市排名，义乌所在的金华市以9.7亿件的业务量排名全国第六，仅次于广州市、上海市、北京市、深圳市与杭州市。国际快递业务方面，义乌市拥有全球最大的小商品市场，市场外向度达65%以上，外贸网商密度仅次于深圳，排名全国第二，国际快递日均出货量超过40万票，排名全国第四。

（3）新技术、新业态的尝试

目前，基地内已有多项新技术的萌芽和尝试。如申通快递与浙江立镖机器人公司合作，研发了机器人分拣技术，并且已取得了技术专利；申通、圆通快递计划租用普洛斯物流园建设云仓，以提高发货速度；已批未建的国内公路港物流中心计划打造立体化交通的智慧园区等。

另外，已批未建的项目中还将出现若干快递物流新业态。如海南天豪冷链物流产业园是专注于生鲜水果的冷链物流，入驻后将打破义乌70%~80%的冷链仓库需要依托金华市的局面；顺丰快递在向电商、金融跨界延伸，开发顺丰优选、顺丰金融服务；杭州全麦跨境电子商务基地将依托义乌小商品市场，建立跨境电商的采购、仓储和分拨基地等。

2. 创建云驿小镇的难点

（1）产业由“特”到“强”的差距

现状基地产业特色突出，但仍存在以下两方面问题。第一，业态同质化，以低价竞争为主。除了顺丰快递采用直营制、以中高端服务为主，其他快递企业仍延续低成本加盟制，通过价格战追求量的扩张。目前，义乌市快递价格为国内最低，一票仅赚0.1~0.2元。第二，创新、创业资源集聚不足。快递的流程一般包括取件、分拨、运输、派件四个阶段，而现状技术创新仅集中在分拨环节，并且以半自动化分拨模式为主，智能化程度低。此外，基地内尚无创新、创业的空间与氛围，专业技术人才紧缺。可见，现状基地距离快递物流产业高地、创新创业集聚地还存在差距，需要实现产业由“特”到“强”的转变。

（2）有产无城到功能“聚而合”的差距

现状基地服务功能欠缺，需要加强人群需求分析和快递物流文化挖掘。一是满足人群的服务需求。目前，快递仍属于劳动密集型产业，就业人口密度约125人/hm^2，而现状缺乏配套设施，从业者存在吃饭难、购物难、娱乐难等问题。二是挖掘快递物流文化，构建文化展示载体。快递物流业是义乌传统商贸业的延续，调研发现，地方政府有建设快递博物馆的诉求，企业也有展示快递自动分拣的热情，但目前尚无游览参观的空间载体。

（3）大尺度物流园区到空间“精而美”的差距

相较于特色小镇空间“精而美”的要求，目前基地仍存在以下两方面矛盾。第一，快递物流产业集聚区以大尺度的分拣中心和仓储建筑为主，缺乏小尺度、高颜值的空间意向。因此，在产业配套生活区的设计中应加强“静而美”小镇空间的营造。第二，产业区快速货运交通与小镇慢行人流交通的矛盾。高效的货流集散是物流园区的首要要求，而特色小镇需要适宜人行的街区尺度，规划需要解决好人、货冲突，构建尺度适宜的小镇街区系统。

三、规划策略探索

现状云驿小镇产业基础好，并拥有显著的企业集聚优势、全国领先的业务量、新技术新业态的尝试等优势。然而，对比特色小镇的创建要求，基地还需要实现产业由“特”到“强”、有产无城到功能“聚而合”、大尺度物流园区到空间“精而美”的转变。结合现状创建优势、难点的分析，规划提出“智慧快驿、慢活小镇”的发展愿景，重点强调功能上的“快”与生活中的“慢”，将云驿小镇打造成为专业快递枢纽地、创新创业引领地、快递文化传承地、品质服务宜居地。并且，规划通过“四港一坊、文化慢游、两街两区、货流快行”四个设计策略，形成“两心一轴一带，四港一坊两区”的空间结构和规划方案。

1. 四港一坊，强化小镇产业基础

结合现状产业业态分析，基地内国内快递、公路物流类相对成熟；结合义乌市快递物流业现状特征及发展趋势分析，义乌市国际快递基础好，以冷链、医药、电商物流为代表的专业物流是重要发展方向；此外，云驿小镇距离义乌机场只有6km、15分钟车程，具有发展国际快递的交通区位优势。因此，规划在香溪路以西构建“四港”，即国内快递港、国际快递港、公路物流港和专业物流港。其中，依托已入驻的8家快递企业和普洛斯物流园构建国内快递港；依托已批红狮智慧物流、东宇物流、国内公路港物流中心3个项目构建公路物流

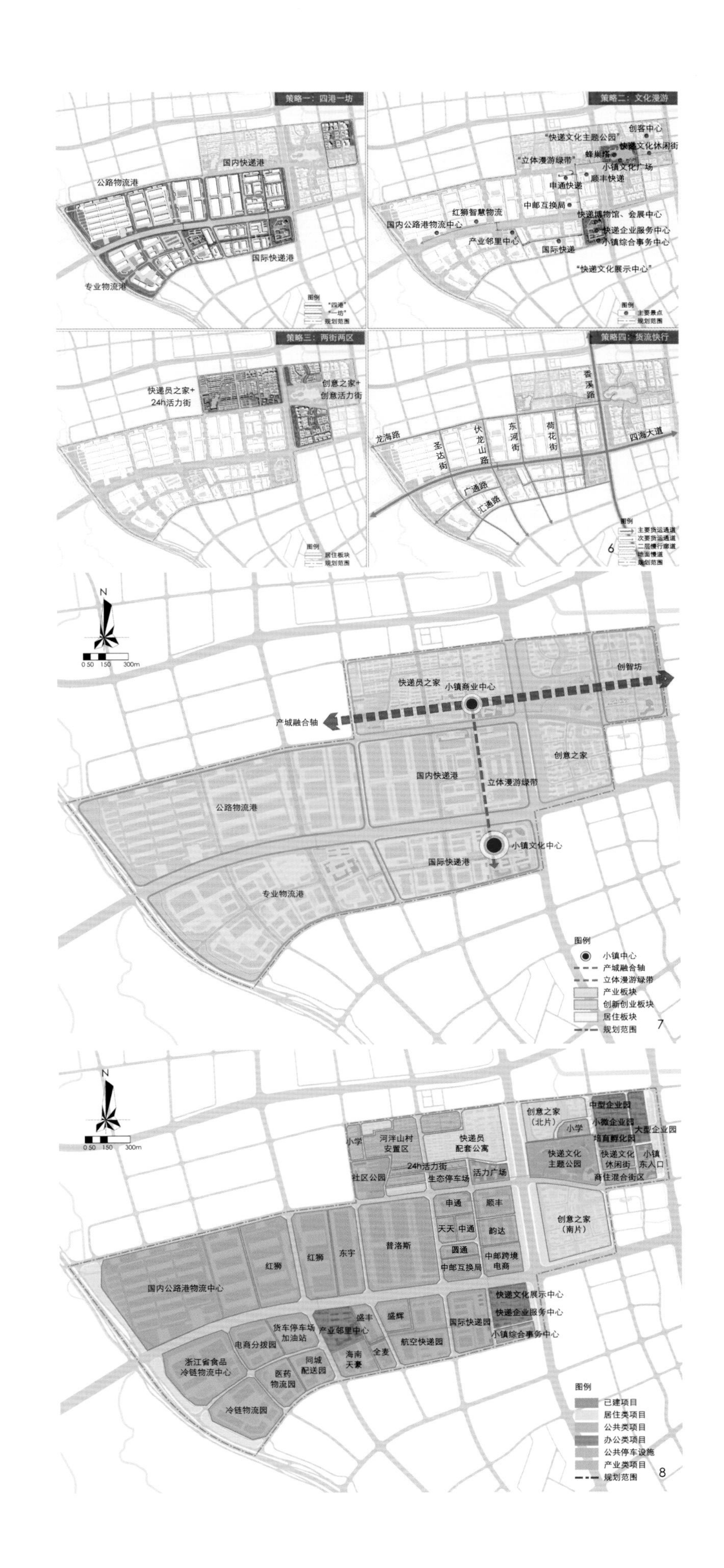

9.云驿小镇创智坊、创意之家鸟瞰图
10.云驿小镇快递文化休闲街效果图
11.云驿小镇快递文化主题公园效果图

港；结合义乌市国际快递基础、小镇交通区位优势构建国际快递港，并提供一体化通关、会议、会展、报关、法律、咨询、金融等服务；结合义乌市多元专业物流的发展趋势构建专业物流港，吸引冷链、医药、电商平台等专业性物流企业入驻。

另外，考虑特色小镇创新、创业的需求，规划在香溪路以东，结合陆港新区的国际陆港及物流产业服务核构建“一坊”，即创智坊。规划创智坊主要包括快递学院与人才实训基地、创客中心与创意孵化器、智慧供应链研究中心与快递技术研发中心、企业总部办公与生产性服务业四类功能，为企业提供从培育孵化、小微企业、中型企业到大型企业成长全过程的创新支持。

2. 文化慢游，彰显小镇文化特色

快递物流业历史悠久，商代的烽火传书是快递物流业的萌芽，秦代“急字文书”和“普通文书”的分化是快递业的开端，而信息时代的智慧物流则成为电商发展的重要支柱。在演变历程中，留下了丰富的故事传说、多彩的符号记忆以及创新的科学技术，这些都需要在云驿小镇中得以传承和彰显。

结合基地的空间、产业特征，规划形成“两心一带”的文化慢游结构，打造游在景区、游在镇区、游在厂区的多元文化体验。规划“两心”分别为快递文化展示中心、快递文化主题公园。其中，快递文化展示中心位于“四港”中的国际快递港，为了与周边大尺度仓储建筑融合，采用综合体建设模式，包括快递博物馆、会展中心、产业服务中心、小镇综合事务中心等多元功能。快递文化主题公园结合景观较好的蒋母塘水库布局，植入“蜂巢塔”文化地标、快递文化体验中心、小镇文化广场等设施，打造成为小镇的文化绿心和公共活动中心。规划“一带”为立体慢游绿带，基于人车分流考虑，包括二层步行廊道和地面慢道。其中，二层步行廊道连接“两心”，串联小镇重要的文化展示节点；地面慢道向西连接“四港”，延续快递物流产业观光功能，向东连接“一坊”，拓展科技创新观光功能。

3. 两街两区，满足小镇人群需求

结合规模预测，预计小镇的从业者约2.7万人。其中，“一坊”按照10m^2/人的标准，预计可承载就业人口约1.0万人；“四港”中的快递港按照100人/hm^{2}的标准，物流港按照30人/hm^{2}的标准，预计可承载就业人口约1.7万人。结合现状调研，快递物流从业者具有以下五方面特征。第一，快递是劳动密集型产业，投递员是其主要从业者，现状投递员、分拣员、货车司机、行政后勤人员的比例约为4：3：2：1；第二，从业者以年轻群体为主，50%以上的从业者年龄小于30岁；第三，从业者需要昼夜轮班、长时间工作，如投递员、分拣员、货车司机的工作时段分别为8：00~20：00、16：00~24：00、22：00~6：00；第四，从业者以流动人口为主，属于社会的弱势群体，缺乏社会保障；第五，未来快递物流业需要更多高层次的人才，如信息化人才、企业管理人才、国际化人才以及产业链延伸人才等。

为了满足人群需求，规划在云驿小镇内设置快递员之家、创意之家2个社区，并分别建设24h活力街、创意活力街2条街道，以满足人群的居住和服务需求。其中，快递员之家位于香溪路以西，结合现状

四层半农村社区与规划新社区集聚区布局，将延续义乌传统住宅建设模式，主要服务于“四港”的普通就业人群，建成一个集聚、集约的活力社区。在快递员之家内打造一条24h活力街，包括活力广场、夜市街、司机之家、社区公园等设施，满足日夜工作的快递物流员工生活需求。创意之家位于香溪路以东，毗邻环境优美的蒋母塘水库布局，将采用小尺度、开放街区的建设模式，主要服务于“一坊”的创新、创业人群，建成一个开放、包容的品质社区。在创意之家内打造一条创意活力街，包括沿街底商、文化活力街区、智慧社区中心等设施，满足小镇高端人群的生活需求。

4. 货流快行，高效集散小镇交通

云驿小镇具有明显的货流交通特征，白天通过小型货车在市区取件揽货，下午进行分拣，夜间通过大中型货车运出市域。根据交通总量预测，预计快递物流作业产生及吸引的交通量达6 000~7 000pcu/高峰小时，至少需要4条主干路或公路才能满足集散需求；根据产业类型及建筑面积，预计停车泊位需求总量约12 000个标准泊位，其中配建停车、社会停车场、路内停车的泊位比例约为75：20：5。

结合货流特征与交通预测，规划提出有序疏港、客货分流、微循环提速三个措施来保障货物的高效集散。第一，加快小镇内网格状路网的建设，有序组织进出港的货运交通。同时，建议对现状交通压力较大的四海大道进行高架处理，通过分离过境交通提高通行能力。第二，梳理快慢交通，实现客货分流。一方面，明确四海大道、香溪路为货运主通道，荷花街、东河街、伏龙山路、龙海路为货运次通道，其他道路禁止货车通行；另一方面，通过二层廊道、地面慢道形成慢行系统，满足小镇居民的日常出行。第三，改善微循环系统，提高货流速度。一是产业地块禁止直接向主干路直接开口，避免开口造成的交通流影响主干路通行能力；二是建议在面积较大的产业地块内设置单向环形辅路，起到停车、缓冲的作用，以保障主路的快速通行；三是建议与香溪路、四海大道交叉的道路采用禁左控制，降低交叉口冲突点，提升交叉口通行能力。

四、总结

对于义乌市、浙江省乃至全国而言，创建云驿小镇意义深远。一方面，创建云驿小镇与义乌的商贸精神高度契合，并将进一步推动义乌商贸业的发展；另一方面，国内目前尚无智慧物流型的特色小镇，如若创建成功，将成为引领快递创新创业、弘扬快递文化的重要载体。

通过本次云驿小镇概念性城市设计，对于特色小镇尤其是智慧物流型特色小镇的规划思路进行了探索，形成以下四方面的经验总结。第一，从产业上看，智慧物流型特色小镇产业基础好、特色突出，在创建过程中，应该更加注重业态转型升级、培育创新和创业，实现产业由“特”到“强”的转变。第二，从功能上看，智慧物流型特色小镇更加强调产城融合，需要着重考虑从业者的服务需求，且相较于其他类型的特色小镇，其从业者具有24h的服务需求。此外，智慧物流型特色小镇文化旅游功能相对较弱，甚至需要结合产业区进行挖掘、植入。第三，从空间上看，除了符合特色小镇空间结构集聚、简单、紧凑的特征以外，智慧物流型特色小镇的产业区以大尺度的物流仓储建筑为主，产业配套生活区应更加强调“精而美”小空间的营造，并需要通过主要轴线、节点进行大、小空间融合。第四，智慧物流型特色小镇除了产业、功能、空间上的特征以外，还应重点关注交通组织，强调快慢分离、客货分流以及货运交通的高效组织。

参考文献

[1]浙江省发展和改革委员会. 关于加快推进特色小镇建设规划编制工作的指导意见[Z]. 浙政发〔2015〕8号.

[2]浙江省发展和改革委员会. 浙江省特色小镇创建导则[Z].2015-10-23.

[3]费潇. 特色小镇建设实务[R]. 浙江省发展和改革研究所, 2016-04-13.

[4]刘堂福. 特色小镇的产业规划初探[R]. 浙江省发展规划研究院产业发展处, 2016-04-13.

[5]义乌市“十三五”现代物流业发展规划[R]. 义乌市陆港事务与口岸管理局, 北京中物联物流规划研究院, 2015-12.

[6]特色小镇是供给侧结构性改革的浙江探索：访全国人大代表、浙江省委副书记、省长李强[N]. 中国改革报, 2016-03-09.

[7]http://news.cnr.cn/native/city/20161022/t20161022_523213408.shtml

[8]http://www.chinabgao.com/stat/stats/43205.html

[9]http://hzdaily.hangzhou.com.cn/mrsb/html/2016-01/04/content_2167319.htm

作者简介

余　波，中国城市规划设计研究院上海分院，城市规划师；

刘　律，中国城市规划设计研究院上海分院，中级城市规划师；

尹　俊，中国城市规划设计研究院上海分院，中级城市规划师。

项目负责人：余波、刘律

主要参编人员：尹俊、潘晓栋、邹歆

1

从传统文化名村到现代艺术小镇
——宏村艺术小镇规划

From the Traditional Culture of the Village to the Town of Modern Art
—Hongcun Art Town Planning

张 静
Zhang Jing

[摘　要]　特色小镇自浙江而始，推广全国，是加快新型城镇化建设的一个重要突破口。宏村艺术小镇规划以产业转型升级为抓手，深入挖掘宏村艺术资源，协调产业发展和历史文化名村保护的关系，以传统艺术现代化、艺术成果产业化、艺术体验全程化为目标，提升文化艺术产业附加值，力求使宏村这个传统文化瑰宝在新时代焕发出新的生机。

[关键词]　传统艺术现代化；艺术成果产业化；艺术体验全程化

[Abstract]　Characteristics of the town since the beginning of Zhejiang, to promote the country. It is to accelerate the construction of new urbanization is an important breakthrough. Hongcun art town planning to industrial transformation and upgrading as the starting point, in-depth excavation Hongcun art resources, coordination of industrial development and historical and cultural village protection relationship to the traditional art of modernization, artistic achievement of industrialization, art experience as a whole goal, Enhance the cultural and artistic industry value-added, and strive to make Hongcun this traditional cultural treasures in the new era glow with a new life.

[Keywords]　Traditional art modernization; artistic achievement industrialization; artistic experience of the whole

[文章编号]　2017-77-P-090

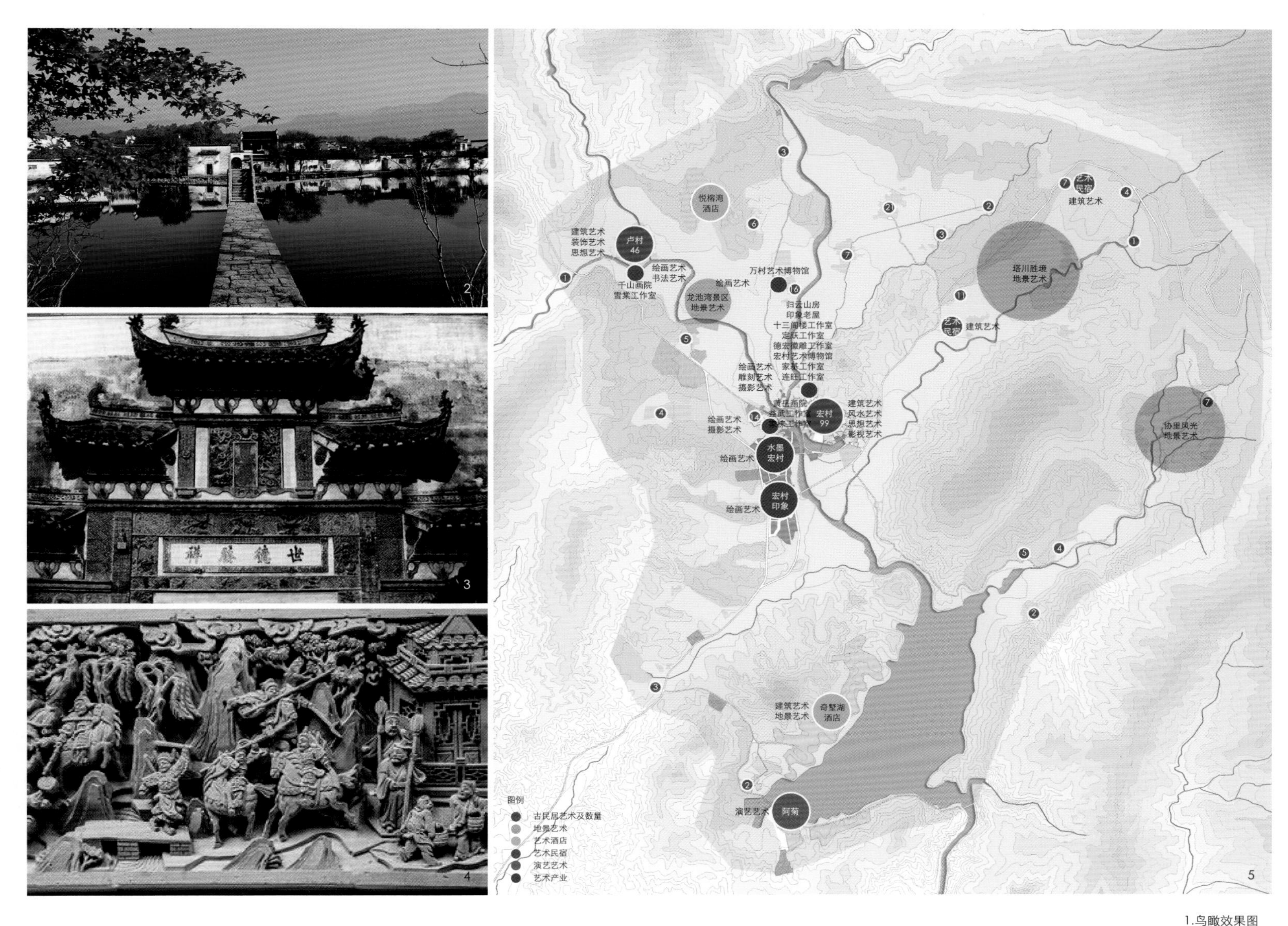

1.鸟瞰效果图
2.宏村景区
3.宏村建筑艺术
4.宏村雕刻艺术
5.现状艺术资源

一、项目缘起

宏村，作为徽文化的代表、国内外知名度极高的传统文化名村，千百年来凝聚了大量精彩而又丰富的传统文化精粹，如徽派建筑文化、徽商文化、以新安画派为代表的书画篆刻文化、以“徽州四雕”为代表的工匠文化、戏曲文化等。旅游业长盛不衰，2015年旅游接待量突破300万人次。特别是作为国内著名的摄影和绘画的写生基地，每年吸引上万人次从事艺术工作的人群，带来住宿、餐饮等可观的服务业收入。

但是，宏村也面临着传统旅游业转型升级的迫切需求。生态环境保护、历史遗产保护的压力巨大，景区容量已趋饱和，通过提高游客数量的方式提升旅游收入的空间已相当有限；旅游产品类型单一，缺乏原创性和艺术性，总体层次不高；艺术体验的深度和广度不够，对传统艺术精髓的挖掘不够；对艺术遗产的利用较为局限，在对待传统艺术的理念上呈现古董化倾向，缺乏大胆创新，与现代生活缺乏联系。

恰在此时，文化艺术产业迎来了爆发式发展的历史机遇。2011年中共第十七届六中全会提出了“文化强国战略”，表明中央政府要以政策之力保障文化产业成长为国家战略性支柱产业；同时，当前社会富足，流动性充裕，社会资本和普通民众对于艺术消费的热情普遍高涨，文化艺术产业的经济基础扎实，市场反应积极。而文化艺术产业本身内涵丰富、体量巨大，有着不可限量的发展前景。

综上所述，宏村传统产业转型升级的根本出路是艺术品质的提升，是传统艺术现代化、艺术成果产业化、艺术体验全程化的过程。提升艺术内涵不仅是创新体质的重要内容，更是灵魂所在。

二、目标定位

因此，规划目标打造集“人文、艺术、品质、生态”于一体，文化、旅游和经济社会协调发展，传统文化与现代文明共生融合，国际化与本土化交相辉映的宏村艺术小镇。以艺术创作、艺术交流和艺术体验为三大主导功能，以世界文化遗产地宏村为小镇核心，辐射带动卢村、塔川、木坑等区域，形成艺术创作、交流、体验的全产业链，打造“文化+艺术+生态+旅游”的新型交互社区。

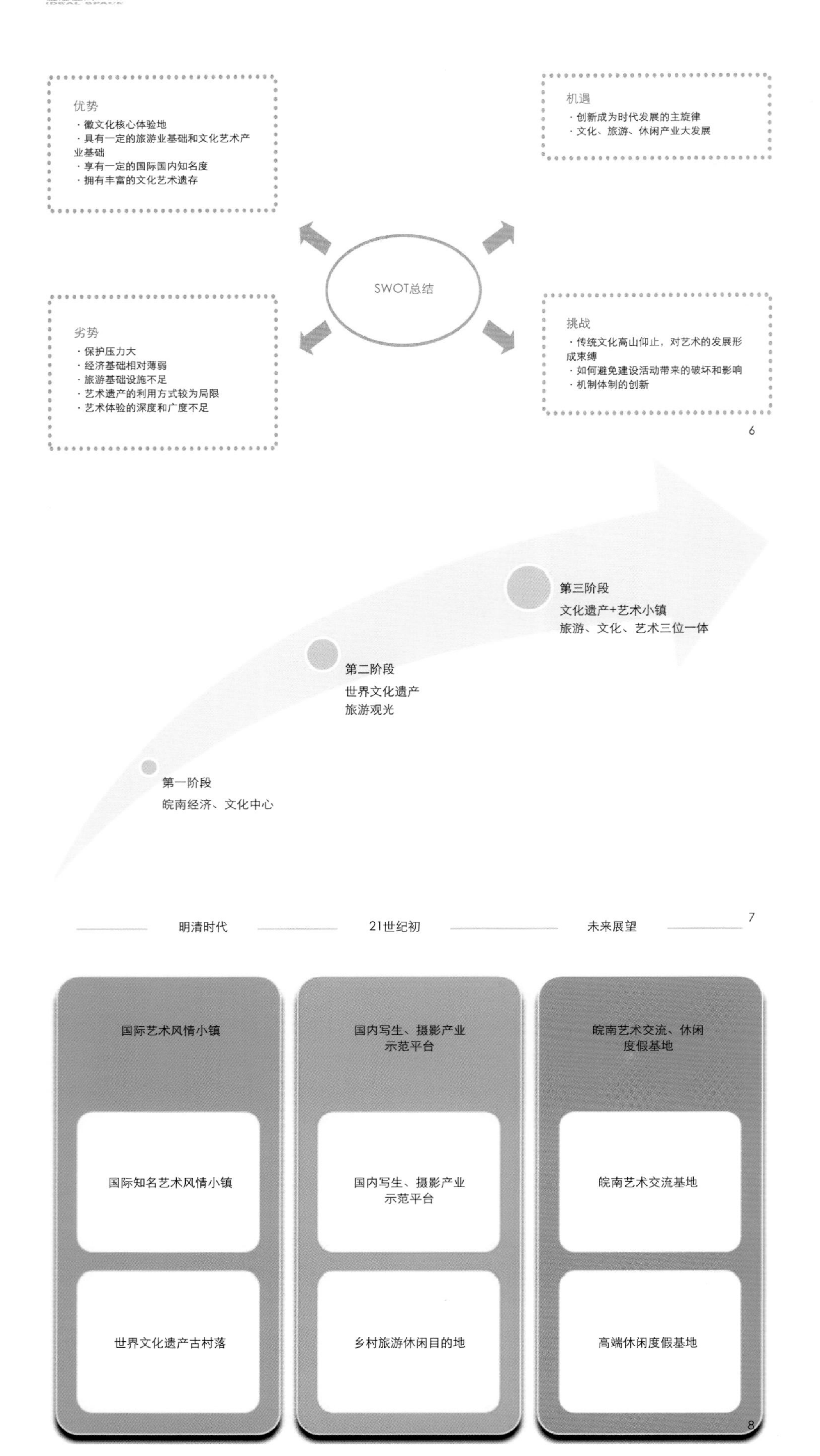

三、规划策略

规划提出四大策略，分别从功能、交通、空间和景观四个方面提出优化和提升措施。

1. 功能策略

新增摄影写生文化产业园和小镇客厅两大板块，支撑艺术小镇核心功能。打造田园风光和现代徽派建筑相融合的，摄影影视、写生艺术创作、教育、交流等功能为主的艺术殿堂和开放、生态、自由、活力的艺术交流平台。

2. 交通策略

分流过境车辆，构建绿色交通体系。联通宏儒公路和黟太公路，将过境交通疏解至核心区以外；设置景区公交线，串联主要景点；构建环形加放射形慢行交通系统，将艺术体验延伸至整个镇区；选取观景条件优越的点建设驿站，兼具服务功能；布置换乘中心，实现多种交通方式无缝接驳。

3. 空间策略

融入山形地貌，挖掘存量空间。继承徽派风水理论中“天人合一”的思想，充分研究地形，在保护山川田园肌理的基础上，谨慎选取建设用地，探索点状供地，使之达到田园交错、生态和谐的建设意向。探索政策创新，盘活闲置集体工业用地、闲置宅基地等存量空间进行功能置换，改造为艺术酒店、艺术民宿。

4. 景观策略

强调精品化设计，打造艺术地景。对所有建设活动进行艺术化设计，除建筑以外，还包括公路、绿道、小品、公园、广场等，提高设计机构准入门槛，严格设计评审，要求“无处不设计”。鼓励发展景观农业，保护、补种乌桕等景观树种，保留和维护现有自然村，原则上不再进行村庄撤并。统一风貌、提升环境卫生品质，清洁水体，完善垃圾直运系统等。

四、产业发展规划

提升产业是打造特色小镇的核心任务，本规划以“艺术+”“旅游+”为主线，以“写生和摄影”为主导产业，以“艺术体验和休闲度假”为建设主题打造产业生态圈，布局“2+X”产业体系。

探索与名校名师的合作机制，创设艺术学院、培训中心、名家学堂等，尝试引进国际级国家级艺术大师定期开设讲座，开展艺术高考定向培训和高端艺术培训，打造具有国内顶尖水平的艺术学习、交流、创作圣地；开展高规格评比活动，打造艺术品交易中心，引入国内外具有较高影响力的艺术经纪人和艺术品交易公司，开展艺术品展卖、竞拍活动，提升青年艺术家知名度和作品价值；鼓励传统艺术继承人大胆尝试、积极创新，在继承传统艺术精髓的基础上有所突破，使之更贴近现代生活，促进传统艺术现代化。并与旅游经济相结合，推进艺术成果产业化，形成具有徽文化特色和较高艺术性的艺术产品；发展艺术化的现代服务业，提升现有酒店的艺术品质，利用存量空间建设小型艺术酒店和艺术民宿，提升服务设施品质。进行全域景观化打造，拓展艺术体验空间，实现艺术体验全程化。

五、应对措施

1. 深入研究市场需求，空间规划与项目策划相结合

规划设计最终需要落实到项目上，体现在效益上。通过邀请艺术大师座谈、探访本地特色技艺传承人、沟通中国美院等艺术院校等方式，规划较为充分的研究了当前艺术市场和艺术人才对于空间规划的需求。在此基础上，规划策划了四大类三十余个建设项目，并进行了相应的空间布局。其中，大师工作室、艺术代理公司、艺术民宿等项目已在积极接洽中。

2. 特色风貌分区引导，推进全域景区化

根据功能特点和景观风貌特征，将整个宏村艺术小镇分为七大景观风貌区，包括：历史遗产风貌区、田园村落风貌区、旅游度假风貌区、环湖景观风貌区、艺术商业风貌区、艺术产业风貌区以及城镇生活风貌区。针对各个景观风貌区，分别界定了范围，提出整体风貌空间要求。如田园村落风貌区，规划界定为沿河流、山谷地的自然田园区域。要求以育为主，体现自然田园风光，构造山水田园景观风貌。对于嵌入田园的村落可局部改造利用为旅游接待设施（如民宿），但需严格控制建筑的体量、空间形态和建筑风格。又如艺术产业风貌区，规划界定为黟太公路西侧的摄影写生文化产业园区域，要求以依托自然地形的组团式、院落式空间为主，建筑风格体现现代中式或现代徽派风格。

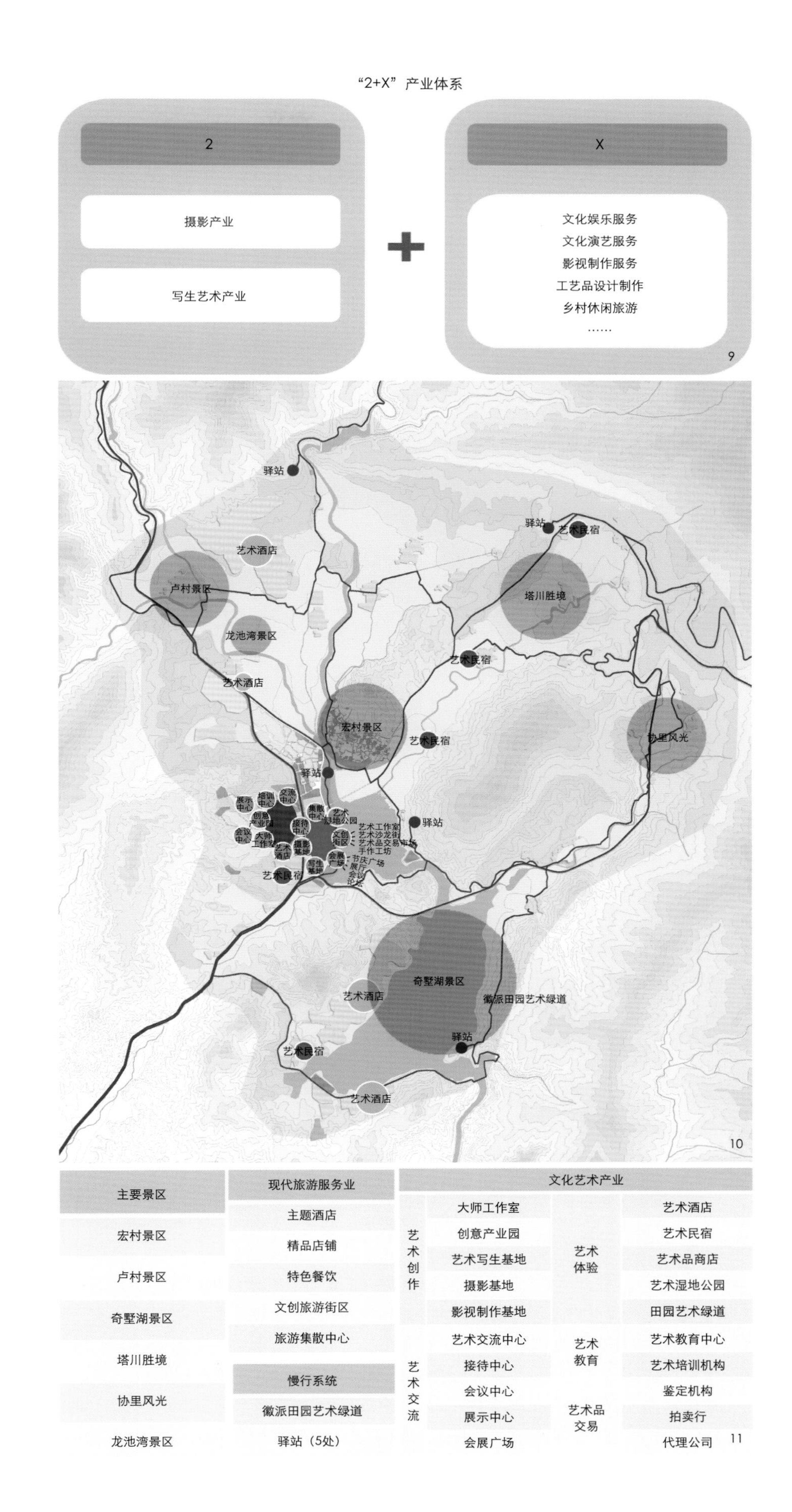

主要景区	现代旅游服务业	文化艺术产业			
宏村景区	主题酒店	艺术创作	大师工作室	艺术体验	艺术酒店
卢村景区	精品店铺		创意产业园		艺术民宿
奇墅湖景区	特色餐饮		艺术写生基地		艺术品商店
塔川胜境	文创旅游街区		摄影基地		艺术湿地公园
协里风光	旅游集散中心		影视制作基地		田园艺术绿道
龙池湾景区	慢行系统	艺术交流	艺术交流中心	艺术教育	艺术教育中心
	徽派田园艺术绿道		接待中心		艺术培训机构
	驿站（5处）		会议中心	艺术品交易	鉴定机构
			展示中心		拍卖行
			会展广场		代理公司

6.宏村文化艺术产业发展的swot分析总结
7.发展阶段示意
8.宏村艺术小镇目标定位
9.“2+X”产业体系
10-11.主要项目策划及分布图

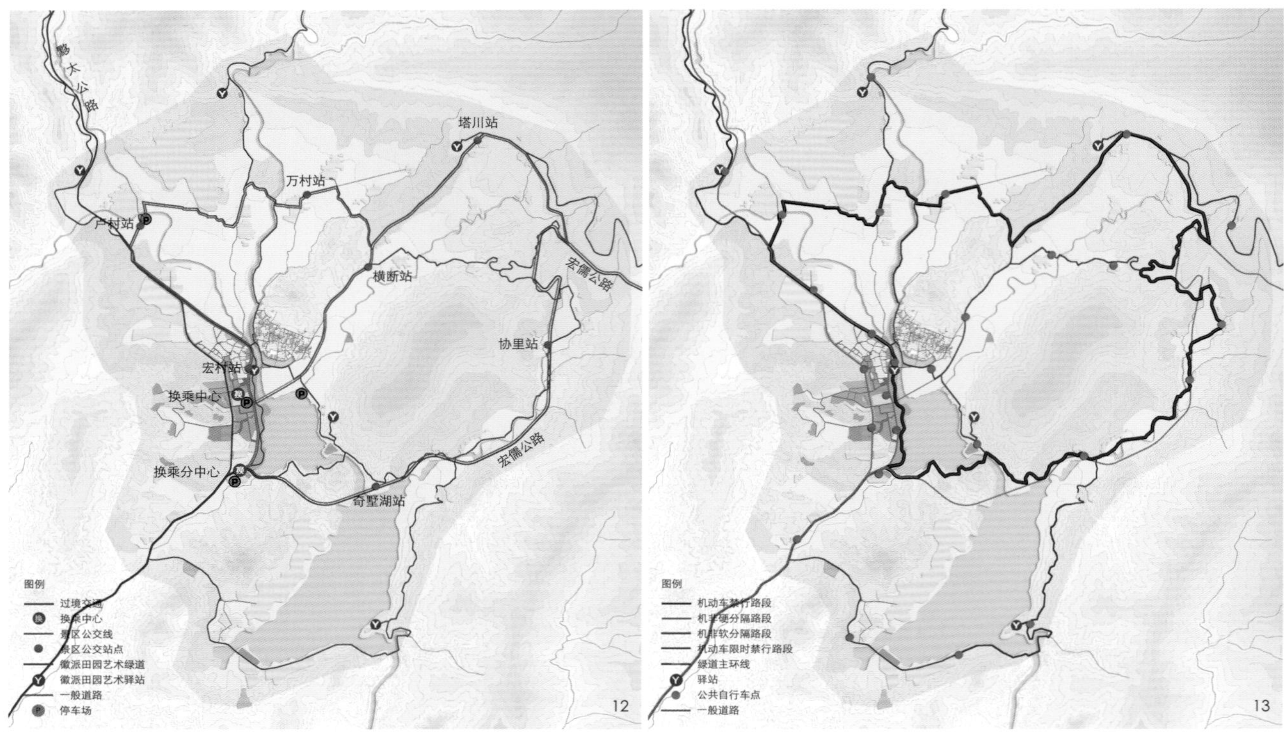

原奇墅路和黟太公路北段进行现状整修，修补沥青路面，增设弯道警示、凸面镜等安全设施及机动车禁行标志等。

湿地公园内部路段和新建滨水路段采用沿地形蜿蜒伸展的线形，尽量减少降坡和堆填，保持原生植被。

主环线上其余路段在原乡村道路基础上改造，建议布置双侧非机动车道，以沥青材质为佳，宽度1.5~2.0m。建议保留现状行道树，沿路布置艺术景观小品。14

12.交通改善措施
13.慢行系统
14.慢行系统设置
15.艺术小镇核心区城市设计平面图

3. 精细化慢行系统设计，串点成线

将慢行系统划分为四类路段，分别是机动车禁行路段、机非硬分隔路段、机非软分隔路段和机动车限时禁行路段，采取不同的断面形式、路面材质和交通管控措施。如奇墅路和黟太公路北段选取更为平顺的线形新修之后，原线形可作为非机动车专用线，禁止机动车通行；黟太公路南段和宏村路北段，可在原道路基础上拓宽，保留行道树作为机非交通的硬分隔，提高绿道安全性；北部部分路段可在旺季的早晨5：00~6：00，晚上的21：00~22：00等时段，实行机动车禁行，为自行车爱好者提供安全的骑行时间。规划由机动车禁行路段、机非硬分隔路段和机动车限时禁行路段组成绿道主环线，全长16.87km。沿途分布多个公共自行车点，可提供公共自行车异地租还服务，小镇核心区分布较为密集，外围主要结合驿站和村庄布局。

4. 布置摄影写生文化产业园，集聚艺术功能

利用北侧山谷地形成摄影写生文化产业园的北部区域，主要由会议展示中心、摄影写生培训中心、多功能影棚/个性工作室、摄影写生书吧四大部分组成，是摄影写生文化产业园的核心功能所在，整体拟打造一处文化艺术学院；利用南侧两个较小的山谷地形成摄影写生文化产业园的南部区域，主要由文化艺术衍生产品区、文化艺术交易拍卖平台、精品主题酒店三大功能组成，是园区面向市场的重要产业衍生功能；利用中部低丘缓坡地形，依山就势规划五组十处艺术大师工作室，形成艺术大师艺术创作、艺术交流的艺术村落；每组艺术大师工作室可有大师自行设计建造，建筑面积控制在500~1 000m²不等，每处艺术家工作室又与周边环境融合在一体。

5. 建设环湿地湖公园

环湿地湖区域构建以原生态自然景观和摄影写生目的地为主题的湿地观赏游憩公园；建设环湖木栈道，划定游赏区域；打造进入宏村核心景区的南侧景观入口区和与小镇客厅相连接的湿地公园入口区域；在景观较好的区域设置观景平台和游憩驿站。

6. 改造艺术广场

创新性的提炼皖南文化符号，通过现代的艺术表现手法，借助现代的结构形式，表现徽文化素雅、深邃的文化气质；合理分区，满足展示、交流、接待、游览等多种功能要求。将广场分为艺术街入口区、下沉式活动区、会展入口区和安静独立的树阵小广场等几个功能分区，为艺术广场的多种使用功能提供舒适空间；增加精心设计的艺术假面，化解消极立面。艺术广场原本的功能为停车场，因此周边建筑立面均为建筑背立面，未经重点设计。本次改造增加精心设计的艺术假面，与原有建筑之间形成内庭院，将消极立面转化为积极立面；通过浮雕、小品等形式展示经典艺术文化，将宏村经典的承志堂的平面、卢村木雕楼的典型木雕等，用石质浮雕的形式呈现在艺术广场上，增加广场的艺术趣味。

六、开发建设路径

1. 第一阶段：引入艺术氛围

至2016年底，完成艺术广场改造和宏村映象艺术街区的招商工作，完成停车场改造，建设部分绿道设施。以浓厚的艺术氛围、优惠的艺术政策扩大在艺术从业人群中的知名度。总投资0.23亿元。

2. 第二阶段：打造艺术产业链

至2017年底，建设完成摄影写生文化产业园核心区，主要包括摄影写生作品展示中心、综合会议中心、摄影写生教育培训中心和大师工作室服务中心，引入市场专业化的艺术教育培训机构，举办艺术品评比活动，积极推进与艺术大师的联系，为艺术人才集

聚做准备。

至2018年底，积极招商，引入市场力量建设文化艺术衍生产品区、文化艺术交易拍卖平台和精品酒店，继续完善市政基础设施和绿道体系建设。完成大师工作室、摄影写生书吧等用地的土地出让或租赁工作。初步形成艺术产业链，为艺术机构入驻提供政策和设施。

3. 第三阶段：艺术产业链的健全和提升

至2019年底，建设环湖湿地公园和绿道系统，引导社会力量建设完成艺术大师工作室等艺术设施。引进专业的艺术经纪公司和艺术品交易公司，形成在国内有重要影响力的艺术评比活动。

至2020年底，建设完成绿道系统，引导社会力量建设完成摄影写生书吧、多功能影棚等艺术设施。健全艺术品评比、鉴赏、交易平台，提升徽文化艺术大师的知名度和作品价值，艺术产业的经济效益逐渐显现。形成传统与现代共生融合，艺术产业蓬勃兴盛的艺术小镇和体验文化遗产魅力，亲近艺术、自然生活的富足乡村。

七、实施政策建议

1. 开发机制引导

采用“政府主导、市场合作”的开发模式。政府的资源控制力、要素引导力和环境驾驭力是其他市场主体难以比拟的，政府通过制定相关政策，引导特色景区、文化艺术产业发展需要的各类高端资源聚集；并建立多元化的投融资机制，鼓励和支持社会资金投向宏村艺术小镇的建设，以PPP模式承担开发初期的小镇客厅、艺术学院、环湿地湖公园等大型公共项目的建设。

2. 运行平台搭建

采用“龙头企业、知名艺术大师带动、第三方平台搭建、中小企业、艺术家为主体、行业协会组织推动、政府提供配套服务”的运作模式；依托艺术交流、艺术品交易、艺术培训等第三方平台，整合区内众多的艺术机构、艺术大师、艺术家创作团队、培训机构、相关艺术品生产机构及学校资源，在运作模式上形成以龙头企业、知名艺术大师带头，中小企业、艺术家团体为主体，各类艺术行业协会组织推动的运作模式。

3. 管理机制创新

设置专门机构指导小镇的建设管理，特事特办。建立信息联动管理平台，实现涵盖所有项目审批部门的统一业务协同平台，提升行政效率，加快项目实施的推进，确保各项工作按照时间节点和计划要求

N
0 5 10 20m
图例
1 停车场
2 连廊
3 艺术街入口景观
4 艺术街入口大门
5 内庭院
6 行道树乌桕
7 承志堂平面石雕
8 卢村木雕复制
9 T型舞台
10 下沉式广场
11 艺术广场主景墙
12 景观树
13 艺术展厅主流线
14 艺术雕塑广场
15 艺术展厅主入口
16 室外茶室
宏村路
宏
村
艺术小镇

16

17

18

规范有序推进。

4. 公共政策保障

从黄山市、黟县两个层面制定具体政策措施，整合优化政策资源，从特色服务和政策扶持激励两个方面建立系统的政策保障机制，给予特色小镇建设强有力的政策支持。

5. 实施考核应对

针对市政府对特色小镇土地和财政方面支持，制定土地开发利用、固定资产投入、具体项目的分期实施计划，并建立季度通报和年底考核的自查机制，确保宏村艺术小镇能够按时顺利完成考核。

八、结语

宏村，是中国传统文化的一张金名片。在这个规划的过程中，我们既感到荣幸之至，又时刻提醒自己责任重大。我们一直在思考，宏村这样深厚的传统文化底蕴，如何能开出现代艺术之花？这艺术之花又能结出怎样的果实？规划在其中能起到什么样的作用？我们认为，建设宏村艺术小镇的目标是多方面的，包括经济效益、社会影响、艺术成果等。尤其是只有能够产生可观的经济效益，小镇建设才能进入良性发展的轨道，才能在政府的推动和扶持下，产生内生驱动力，持续健康地发展下去。因此，我们将产业规划作为本次规划的重点内容，在明晰政府与市场的责权划分和公共政策等方面进行了创新性的探索。

本次规划的范围主要针对宏村遗产保护缓冲区和协调区，不涉及遗产保护核心区。所有规划措施均完全符合宏村、卢村、塔川等传统村落保护规划的要求。

作者简介

张　静，浙江省城乡规划设计研究院，高级工程师、注册规划师、一级注册建筑师。

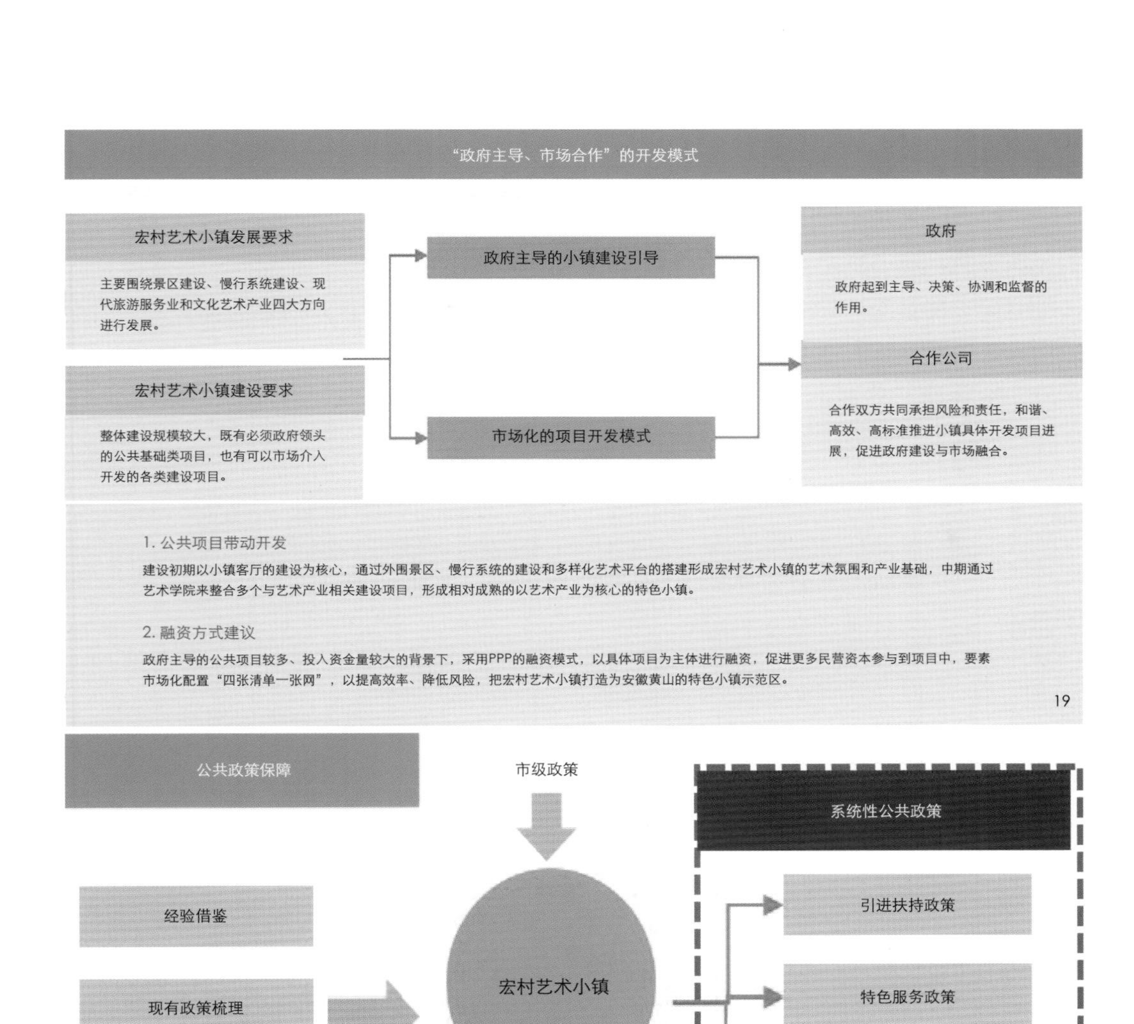

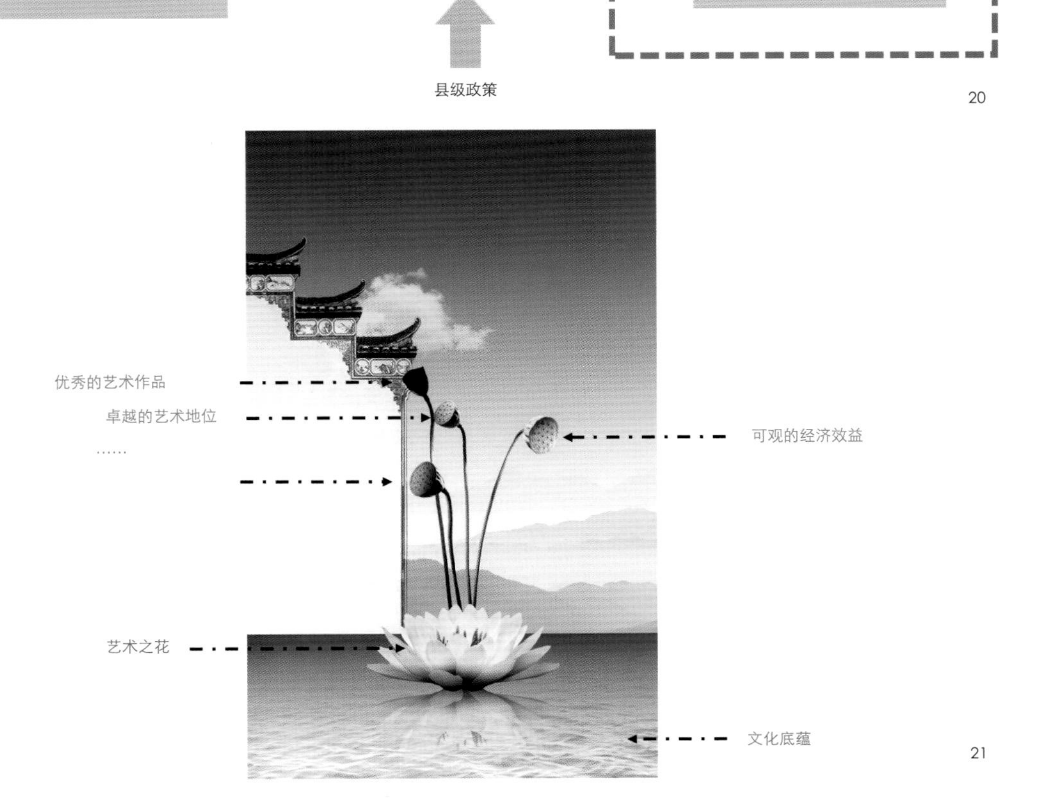

16.广场设计
17-18.艺术广场效果图
19.开发模式示意图
20.公共政策保障
21.宏村意象图

特色小镇规划实践之从规划到行动计划
——以武汉道观特色旅游小镇规划为例

From Planning to Action Plans
—Illustrated by the Example of Ecological Town in Wuhan

艾 昕 黄 河 郭玖玖
Ai Xin Huang He Guo Jiujiu

[摘　要]　特色小镇作为新型城镇化进程中重要的环节，在政策引导、规划方法、实施策略、融资方式等多方面将进行多项创新的尝试。本文以特色旅游小镇规划为例，以传统规划的程序方法为基础，尝试将指导实施的行动计划与发展策划、空间规划相结合，制定更有针对性的规划目标与实施对策，通过空间体系将其落实到实施主体的分阶段项目计划中，为特色小镇的实施主体提供更有效的实施策略与路径。

[关键词]　特色旅游小镇；渐进规划；行动计划

[Abstract]　Being the key point of the Chinese urbanization process, Characteristic Town is attracting more attention. A great deal of attempt based on the policies, urban planning, strategies and investment is being made. The connection among the action plan, development scheme and space plan would be helpful for the clients taking steps to develop the characteristic town.

[Keywords]　Characteristic town; incremental planning; action plan

[文章编号]　2017-77-P-098

城乡规划的各个阶段往往侧重于解决战略发展目标与空间功能布局之间的关联性，并通过相关系统性规划以解决各个专项层面的文通。其中以建设为导向的规划，则更为注重如何将规划转换成行动计划，按照各阶段的计划目标，制定具体实施措施与编制项目库，以对于实施建设过程中，对于建设主体明确方向及步骤，协调各个相关部门及领域专业人员，进行有效的协调与合作。

这一思路及方法来源于“渐进规划”的思想，“渐进规划的思想，是对规划面临的所有问题进行分解，并分解到不能再分解的成分，然后对这些分解的问题进行各个击破式的解决……渐进色相承继了实用主义不依赖于现有的理论，强调从效用出发来解决问题的思路”。

一、基本概况

道观河风景旅游度假区（以下简称“风景旅游区”）是在2004年由湖北省批复，在武汉市保留的18家开发区之一。风景旅游区位于湖北省武汉市新洲区东北部，紧邻大别山，属于江汉平原与大别山山脉交接地带，风景旅游度假区围绕道观水库，形成以山水自然资源与宗教、乡村文化资源的特色景区，景区总面积为16.84km^2，现状总人口为5 103人，由道观河风景旅游区管委会管理

道观镇位于风景旅游区的西侧，镇区所在地是王家河村。是武汉市新洲区“1234”战略中，“两轴”中城镇发展轴上“三片”西北生态旅游片区中的重要核心节点，也是新洲区近年着力打造的特色旅游小镇。目前，中心镇区现有人口约1 000人，现用地面积为7.87hm^2。

二、不同发展阶段的目标确立

在全域新洲的规划中，将全区推进城镇化按照区位与产业特征分别划分为三大片区，分别是：南部以阳逻为核心的临港与新型工业片区，中部以邾城为核心的新兴经济的片区，北部以道观、旧街为核心的生态、旅游、文化产业为核心的片区。

因此，道观镇的发展，不仅承担风景旅游区的本身的集散与服务接待功能，更是作为新洲西北片区的重要门户，联动周边街镇，作为新洲西北部片区的旅游中心节点。

在多项上位规划中，道观镇的这两项核心功能定位始终成为核心：

（1）道观河风景旅游区的政治、经济、文化和旅游服务中心；

（2）新洲区东北部宗教文化、户外休闲和养生度假为特色的风景旅游区；

（3）武汉市知名的旅游目的地。

围绕推进“旅游发展与城镇化”两项任务，“以旅促镇，以城带村”成为道观镇发展规划及实施的主要抓手。在发展规划中，通过实地调研与多项数据分析，依据相关上位规划与发展现状，将以上两项目标进行分解，明确设定道观镇总体发展目标为：

（1）旅游发展层面

可为每年160万人次游客（2030年）（数据来源：《武汉市新洲区道观河风景旅游度假区总体规划（2016—2020）》，上海同济城市规划设计研究院）提供高品质的综合旅游服务的休闲小镇。

（2）城镇化发展层面

城镇人口规模达到8 500人，建设幸福宜居小镇。

（3）文化特色构建层面

田园文化与时尚创意文化、禅宗主题文化相结合的美丽小镇。

按照总体目标的要求，道观镇在未来十五年的发展过程中，不仅要成为整个风景区旅游度假区年160万人次的接待服务中心，还要为现有道观河及整个新洲西北部片区的城镇化提供公共服务配套设施及集聚中心，同时，还要成为新洲区乃至武汉市具有文化旅游示范效应的特色小镇。

在发展规划中，通过对目标的内在关联性的分析，通过对进一步将其分解成三个实施维度，按照人口特征、文化载体、空间功能，将整体目标分解成三个维度：

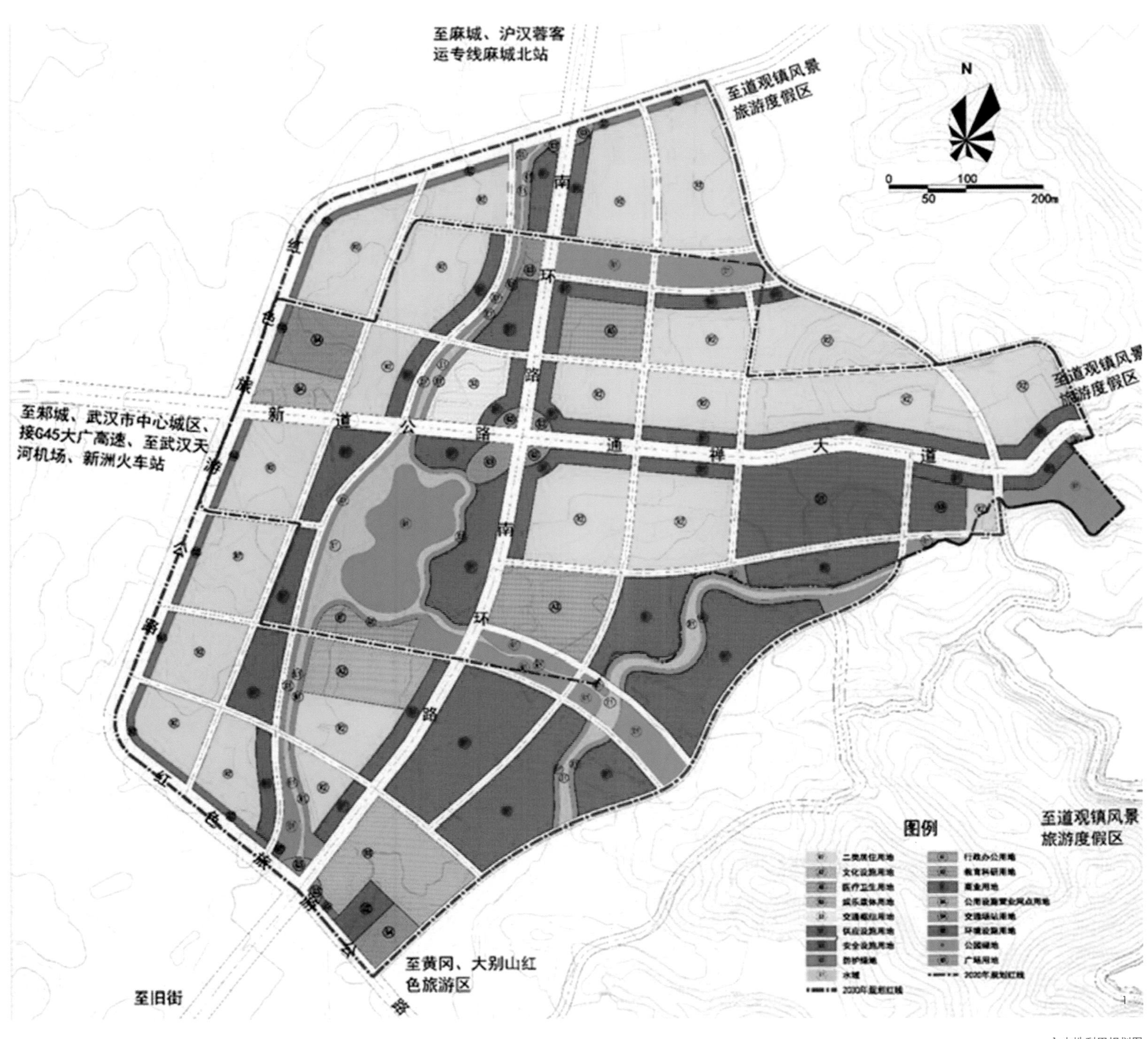

1.土地利用规划图

（1）城镇化建设与旅游产业发展的维度；

（2）宜居生活环境的整治与文化休闲环境的营造；

（3）空间拓张维度（涉及原生空间与外入需求空间）。

围绕内生发展与外入推动展开，则对道观镇整体发展划分为三个发展阶段，分别为：魅力社区、美化家园、乐活新镇。三个发展阶段的划分则进一步分解了最终目标，使得每一阶段都成为每个五年行动计划的抓手，为下一个阶段的发展夯实基础，最终实现整体的发展目标。

三、分阶段目标与行动计划

1. 第一阶段：魅力社区

由于新洲西北部片区历来生态环境良好，但产业基础相对较为落后，城镇化进程相对周边地区明显滞后，公共服务等配套及基础设施仍然处于初级阶段，有待进一步完善与优化，居民对于旅游发展的整体意识较差。因此，道观镇要依托生态文化来推动旅游发展，必须先有效推进城镇化。修炼内功，完善自身成为道观镇发展的第一要务。

（1）“魅力社区”阶段总目标

①启动道观镇城镇化建设，完善社区公共服务

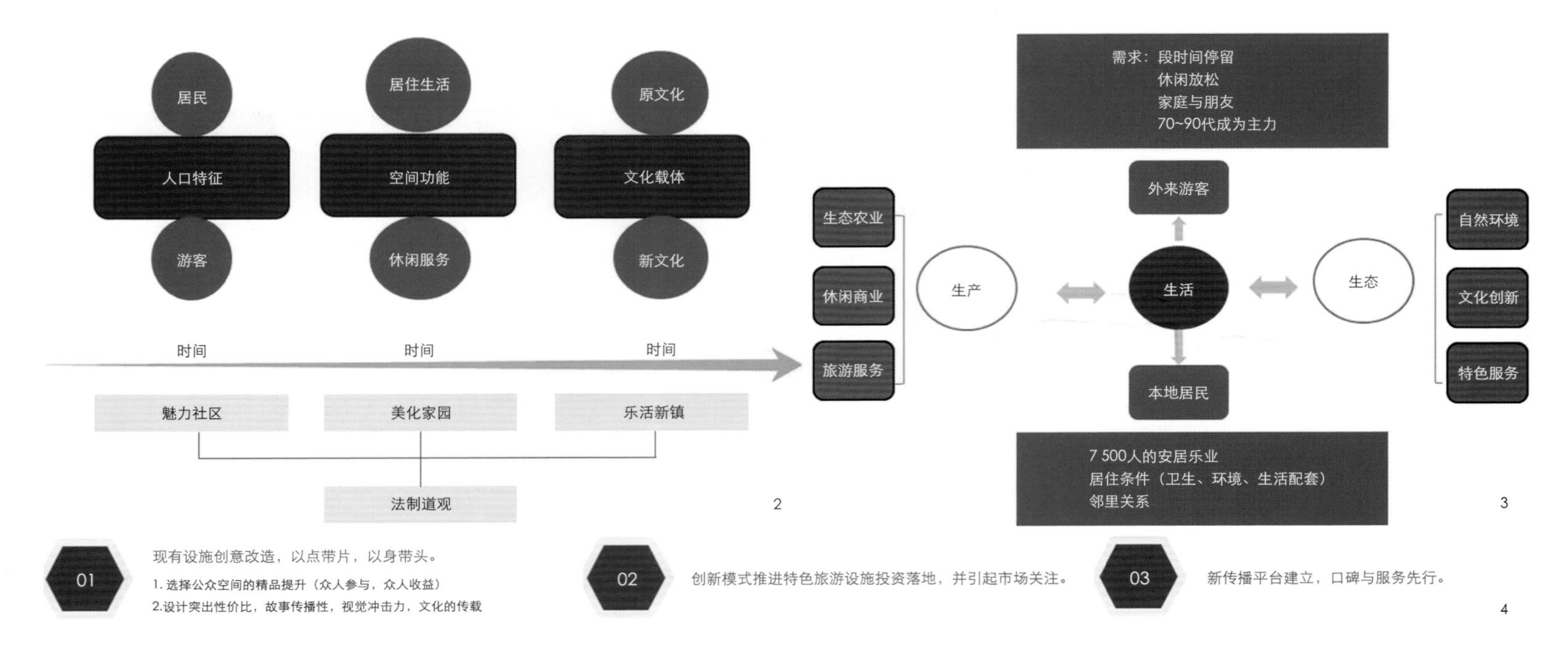

2.规划维度与目标分解图
3.三生关联分析图
4.社区文化运动
5.空间形态规划图

配套设施与市政基础设施建设；

②初步构建道观旅游服务系统，引导道观产业向旅游服务业转型。

（2）“魅力社区”阶段目标分解目标

①实现山区村民的城镇化，完成镇区新农村建设1 000~2 000人的净流入；

②通过改善与提升旅游服务接待设施，创造直接就业岗位500~600个；

③实现游客量70万~80万人次/年，初步形成规模旅游接待服务能力。

（3）“魅力社区”阶段行动计划

①社区公共服务配套设施建设

充分利用省市推进“城乡一体化”的专项资金，以及结合ppp模式，通过融资平台，重点完善小镇的公共服务配套设施。

建设道观镇社区管理服务中心（主要职能：行政管理、社会治安、社区生活服务等）；完善社区公共服务设施配套。

完善社区公共服务设施配套：道观镇文化休闲公园（小型图书馆或阅览室、康体室（棋牌、乒乓等）、小型教室、户外康体（老年门球、篮球场等）、儿童游乐区、小型绿化园等）；道观镇教育设施（小学、幼儿园）医疗卫生（镇中心医院）。

推进城镇商业功能的基本集聚：道观镇农贸小市集（含室内及室外小广场）；道观镇商业街（日常用品，超市、餐饮、特色小吃特产销售等）。

相关市政基础设施（垃圾转运站、变电站）。

②旅游服务设施建设

综合类：旅游服务中心、镇公共交通车站；

餐饮类：特色美食餐馆、休闲美食店、大众餐厅等；

住宿类：民宿、特色酒店等；

文化游憩景观类：主题街区景点、特色建筑、公共功能文化改造（部分服务设施可相互融合既为镇民服务也成为游客体验点（如道观镇文化休闲公园、农贸有机小集市、本地特色小吃、镇民居住社区也可成为景点）。

2. 第二阶段：美化家园

在完成第一阶段“魅力家园”的各项工作任务，推进道观镇城镇化的良性发展，将加强道观镇对于新洲区西北部片区的辐射影响力，为道观镇进一步完善旅游服务接待的能力与发展旅游产业将夯实基础。接下来，则是为旅游产业的发展助力加速。

（1）“美化家园”阶段总目标

①基本完成道观镇城镇化改造；

②将道观镇建设成为武汉特色旅游目的地及宗教文化胜地、新洲北部旅游中心服务区。

（2）“美化家园”阶段目标分解目标

①实现游客量120万~130万人次/年，形成较为完备旅游接待服务体系；

②基本完成城镇化建设，再实现2 000~4 000人口的净流入；

③创造或提供600~800个直接就业岗位，同时鼓励自主创业；

④ 构建旅游服务业在道观镇经济发展中的支柱地位，使其占道观镇GDP总量的50%以上。（道观河旅游风景区景点服务、道观镇旅游配套服务、商贸物流、文化展示交流等）。

（3）“美化家园”阶段行动计划

①社区公共服务配套设施建设

道观镇综合商业中心；

道观镇文化设施进一步完善，增加电影院、音乐厅文化活动中心等，并定期举办道观文化活动节；

进一步完善街道绿化环境主题型设计。

②旅游服务设施建设

综合类：旅游服务中心、停车空间旅游停车场、交通组织；

休闲餐饮类：特色美食餐馆、休闲美食酒吧街、主题餐厅等；

住宿类：特色民宿、特色度假酒店等；

文化游憩景观类：主题街区景点、特色建筑、公共功能文化改造、户外休闲空间（增加艺术主题，在服务功能上增加艺术美感或者创意展示）；

道路交通：将南环路改造为文化商业步行街，

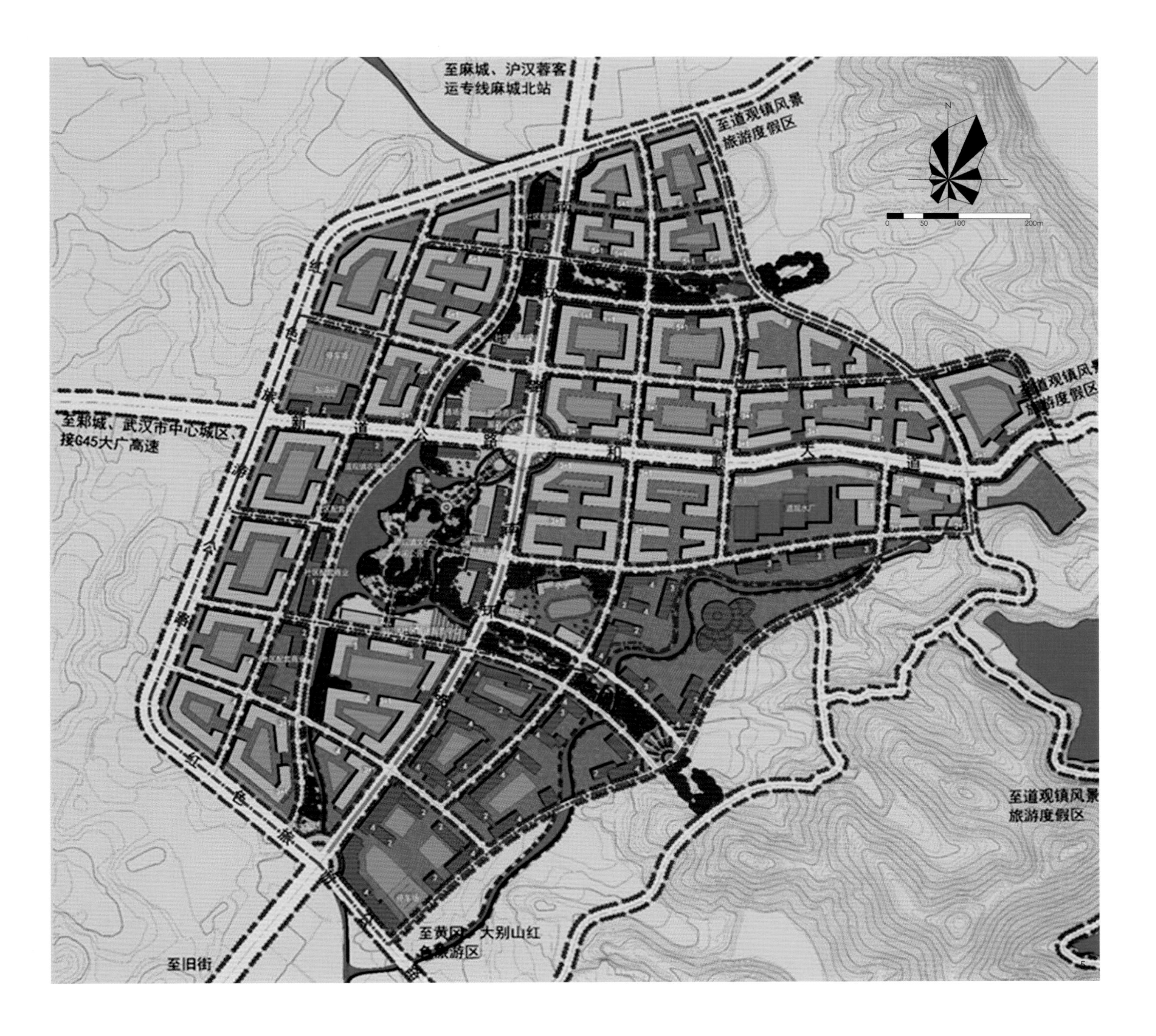

原机动过境交通通过建设为西侧环路疏导。

3. 第三阶段：乐活新镇

在道观镇基本完成城镇化进程与旅游特色产业的基本体系后，道观镇的发展进入第三阶段“乐活新镇”，在进一步巩固前期城镇化与旅游发展的成果的同时，则须进一步深入发展特色旅游，推动特色旅游小镇的形成，并起到示范效应。

（1）“乐活新镇”阶段总目标

鄂东知名的旅游新城镇，新洲旅游文化集散中心区。

（2）“乐活新镇”阶段目标分解目标

①实现150万~160万人次/年的旅游接待服务能力；

②实现新增1 000人口（村民、艺术人士、市区等）的导入；

③创造或提供500个旅游及相关就业岗位，同时鼓励自主创业。

（3）“乐活新镇”阶段行动计划

①以完善旅游配套设施为主，特别是停留过夜的服务设施上；

②提高旅游服务品质，形成中高定位档次的服务体系；

③镇民居住环境进一步美化；

按照每户（3.5人）120m²计，根据地块测算还迁建设量约为7.67万m²，可容纳居民数约为2 237人。

镇区配套项目：

- 社区配套商业建筑面积约6 300m²
- 道观镇文化休闲公园，建筑面积约5.7hm²
- 镇中心医院，建筑面积约2 000m²
- 道观镇农贸集市，建筑面积约3 400m²
- 道观小学和幼儿园，建筑面积约4 200m²
- 社区管理服务中心，建筑面积约2 800m²
- 道观水厂，占地约2.5hm²
- 污水泵站，占地约0.03hm²
- 消防站，占地约0.48hm²

旅游配套项目：

- 道观镇商业街，建筑面积约16 400m²
- 小型旅游咨询中心，建筑面积约200m²
- 公共停车场，占地约0.75hm²
- 旅游度假酒店，共提供约91个床位（旅馆床位25个，中档旅馆床位37个，低档旅馆床位29个）
- 长途客运站一座，占地约0.73hm²
- 加油站，占地约0.54hm²

6

建筑立面整治

道路环境整治

公共空间整治

旅游设施整治

商业街作为游客到道观镇的第一印象触点，首先必须站在视觉角度对商业街的立面、招牌、店门处、道路环境、公共空间及旅游导示进行整治建议（风情效果，成本可控，商家参与）：

1. 从色彩上进行设计（相对统一，点、线、片交错）
2. 招牌设计及店遮篷设计优先
3. 店门绿化、小品的统一
4. 道路平整加小创意
5. 公共休憩及设施统一
6. 指示标牌的创意及统一

7

8

④增加特色文化场所的导入和建设。

四、运营与管理的措施

三个分步实施阶段，将分别落实到空间体系规划与运营体系规划，并再按照两大体系编制实施项目库，落实到三个阶段中的具体任务中。

1. 空间体系规划

（1）功能结构规划

道观镇区规划形成“一核、一环、三片”的空间结构。

①一核：综合开放服务核，以规划文化休闲公园为核心，周围规划发展公共管理与公共服务中心、综合商业中心、旅游接待集散中心等为社区与旅游服务的核心设施；

②一环：沿河道发展的商业服务社区，并分别在南北两片向道观河旅游度假区延伸，连接旅游度假区的北部汉子山旅游片区与南部的禅修度假片区；

③三片：分别形成“道观居住及商业片区、回迁安置居民片区、道观度假休闲文化片区”。

（2）土地利用规划

按照功能空间布局，土地利用规划中结合近中期土地政策，逐步增加旅游商业服务与居住用地供给。

（3）道路交通规划

①保留原有新道公路，进一步完善及美化道路两侧设施，形成主要入口的景观通道。

②规划将原有过境通道由穿越镇区的南环路调整到镇区外侧，分别连接红色旅游公路。既有利于减少过境交通对镇区的干扰，同时也形成镇区有效的控制边界。

（4）城镇风貌规划

①对于新建社区，城镇风貌规划中主要涉及建筑风格与城镇环境的特色营造。建筑风格上则采用鄂东传统建筑风貌结合现代简约抽象的风格。在强调传统地域特色传承的同时，也适度反应时代特征。

②对于原有社区，则分别从“建筑立

面修整、道路环境美化、公共空间环境优化、游览设施亮化”等四个方面开展。分别对原有社区的空间环境中的色彩、店招、绿化小品、道路标识、公共指导设施进行规划整治。

2. 运营体系规划

（1）旅游服务体系规划

针对道观镇当前旅游服务设施散乱、无序的情况，规划提出 “有序餐饮、规范住宿、特色引导、整洁环境”等四个方面改善和提升道观镇的旅游服务层级。

（2）社区参与

①社区文化运动

将社区中心，社区公园、社区街道等外部空间进行主题美化，举办书法、花艺等活动，同时通过“亮彩阳台、庭院”的主题活动，引导居民参与文化活动，从而带动社区卫生，环境的提升。

②社区参与设计

以镇区（道观镇周边旅游）为载体，结合科技及互联网的运用，围绕“道观。美丽田园”为主题，通过设置“户户美化互助” “道观微笑长廊”等活动和设施，让游客与居民、与道观美化环境互动起来。

五、小结

在道观镇的发展规划工作中，通过我们的尝试，将传统规划中的规范语言与客户所需的计划相结合，从而有效地将战略目标与行政实施目标、空间规划与项目实施计划的有效结合，对于实施主体在发展特色小镇的过程中，如何分期分阶段有效地推进招商、建设、管理、运营等工作提供具有指导意义的规划。

参考文献

[1]孙施文. 现代城市规划理论[M]. 北京：中国建筑工业出版社, 2007. 03.

作者简介

艾　昕，博士研究生，弈机构（上海）投资咨询&规划设计有限公司，总经理，特聘教授；

黄　河，武汉市新洲区国土资源和规划局，副局长，高级规划师；

郭玖玖，硕士，国家注册规划师。

表1　第一阶段（2015—2020年）建设内容

序号	建设项目	用地面积（hm^2）	建筑面积（m^2）	备注
1	村民回迁住宅	5.20	76 700	每户（3.5人）120m^2
2	社区配套商业	0.79	6 300	
3	道观镇美食商业街	2.16	16 400	对现有道观镇沿街商业进行以餐饮为主的改造
4	道观镇农贸集市	0.41	3 400	
5	镇中心医院	1.21	2 000	
6	道观镇文化休闲公园	5.70	700	包含公园管理用房、公园茶室等
7	道观小学和幼儿园	1.40	4 200	
8	社区管理服务中心	0.48	2 800	
9	道观水厂	2.50	2 700	
10	污水泵站	0.03	100	
11	旅游咨询服务中心	0.22	200	
12	旅游度假宾馆	1.32	10 200	提供约91间客房，其中高档旅馆床位25个，中档旅馆床位37个，低档旅馆床位29个
13	停车场	0.75	400	可提供约250个车位
14	加油站	0.54	400	
15	消防站	0.48	1650	
总计		22.71	167 750	

6.第一阶段行动计划
7.原有社区整治措施
8.社区公园效果图

特色小镇发展理念下老城边缘地区存量空间的活化利用
——以杭州玉皇山南基金小镇为例

The Activation of the Stock Space in Marginal Area of the Old City Under the Concept of Characteristic Town
—Take Hangzhou Yuhuang Shannan Fund Town for Example

穆 吟 华 芳
Mu Yin Hua Fang

[摘　要]　老城边缘地区往往呈现出居住环境简陋、产出效率落后和景观风貌杂乱等特征，在持续扩张的城市建设、愈加严格的文物保护要求和不断高涨的拆迁成本等多重城镇化压力下，迫切需要为老城边缘地区寻求转型发展路径，挖掘释放稀缺地段价值。特色小镇发展理念倡导盘活存量用地以解决产业转型升级的需要，因此，城市新型产业培育与老城边缘地区低效存量空间激活利用的对接，对城市空间布局优化和产业转型升级而言具有重要的现实意义。本文以玉皇山南基金小镇十年规划建设历程为例，从文脉传承、生态恢复、产业升级、配套定制和利益协调等五个方面深入探讨老城边缘地区活化利用的规划实践。

[关键词]　特色小镇；活化利用；老城边缘地区；存量空间；基金小镇

[Abstract]　The marginal area of the old city often presents features of poor living environment, backward output efficiency, and cluttered landscape. It is an urgent need for the marginal area of the old city to find a path of transformation, and dig and release the value of scarce lot, under the pressure of urbanization like continuous expansion of urban construction, more and more stringent requirements for cultural relic's protection, and the rising cost of demolition. The development concept of characteristic town addresses the revitalization of the stock space to meet the needs of industrial transformation. Therefore, it has a great practical significance for the optimization of urban space and industrial transformation when the city's new industrial cultivation and the inefficient use of stock space joint together. This paper takes the ten years planning and construction process of Yuhuang Shannan Fund Town as an example, discussing the planning practice of the revitalization of the marginal area of old city from five aspects of cultural inheritance, ecological restoration, industrial upgrading, supporting facilities customization and coordination of interests.

[Keywords]　characteristic town; revitalization; marginal area of old city; stock space; fund town

[文章编号]　2017-77-P-104

特色小镇是浙江省重点打造的创新发展、经济发展新模式，旨在充分激发浙江省内块状经济和浙商民营企业的优势资源，通过建设一批产业特色鲜明、人文气息浓厚、生态环境优美、兼具旅游与社区功能的特色产业小镇，刺激有效投资，推动城乡空间重组优化与产业转型升级，促进经济新常态下浙江省的区域创新发展。

作为以城乡一体化为目标的新型城镇化进程有力抓手，浙江省特色小镇概念明确要求小镇创建于城乡接合部，即城市边缘地区。对于杭州这座历史文化名城而言，在历代城池演变的进程中，留存下了建制城区以外的边缘地带。由于各朝城池边界的扩张和叠加，这些老城边缘地区往往蕴含复杂而深厚的历史文化底蕴，并且距离城市中心区并不遥远。然而，在城市产业迭代更替、城市空间品质不断提升的过程中，这些传统老城边缘地区受制于较为严格的文物保护要求和昂贵的拆迁成本，正面临着产业低端落后、居住环境堪忧、房屋质量老旧、城市面貌杂乱、聚居人群复杂等诸多城市问题，亟待寻求合适的发展机遇和转型动力。

特色小镇理念的提出，对老城边缘地区而言是一次难得的发展机遇。老城边缘地区特有的便利区位条件、齐全生活配套和丰富文化内涵等发展基础，构筑了三生融合发展的雏形，使得这一类地区成为最适合特色小镇生长的土壤之一。

“老城边缘地区”与“城市边缘带”“城乡接合部”等概念具有相近之处，均关注被城镇化所边缘化的地区，但“老城边缘地区”更强调通过识别传统老城的边界来界定研究区域，是指向性更为明确的概念。“城市边缘带”和“城乡接合部”是研究关注度较高的两大领域，然而，目前尚未有文献关注老城边缘地区的探索与实践，缺乏对老城边缘地区社会、经济、空间特征的归纳总结。本文以杭州玉皇山南基金小镇为例，借助特色小镇建设热潮中的总结与反思，探讨在新型城镇化进程中老城边缘地区存量空间转型发展、活化利用的可能性。

一、老城边缘地区的定义及特征

我国大部分大中城市的老城区建设于新中国成立初期，部分历史文化名城的老城区建设年代更久远。目前老城区的土地开发强度、人口密集程度和环境承载能力已远远超过当初建设规划的设计标准。

本文所指的老城边缘地区是指较完整地保留着历史城市建制的老城区的外围边缘地带。与“城市边缘带”“城乡接合部”等相近概念强调城市建成区与乡村纯农业腹地的过渡性地域相比，“老城边缘地区”往往位于城市建成区内老城区与新城区的交界地带，其区位价值稀缺性决定了这些地区将直面新城开发与旧城改造的利益拉锯。

老城边缘地区在共同的城市化发展背景下，呈现出以下共性特征。

1. 文化资源密集但历史文化保护要求高

老城区内各时期的历史遗存呈现高密度集聚的特

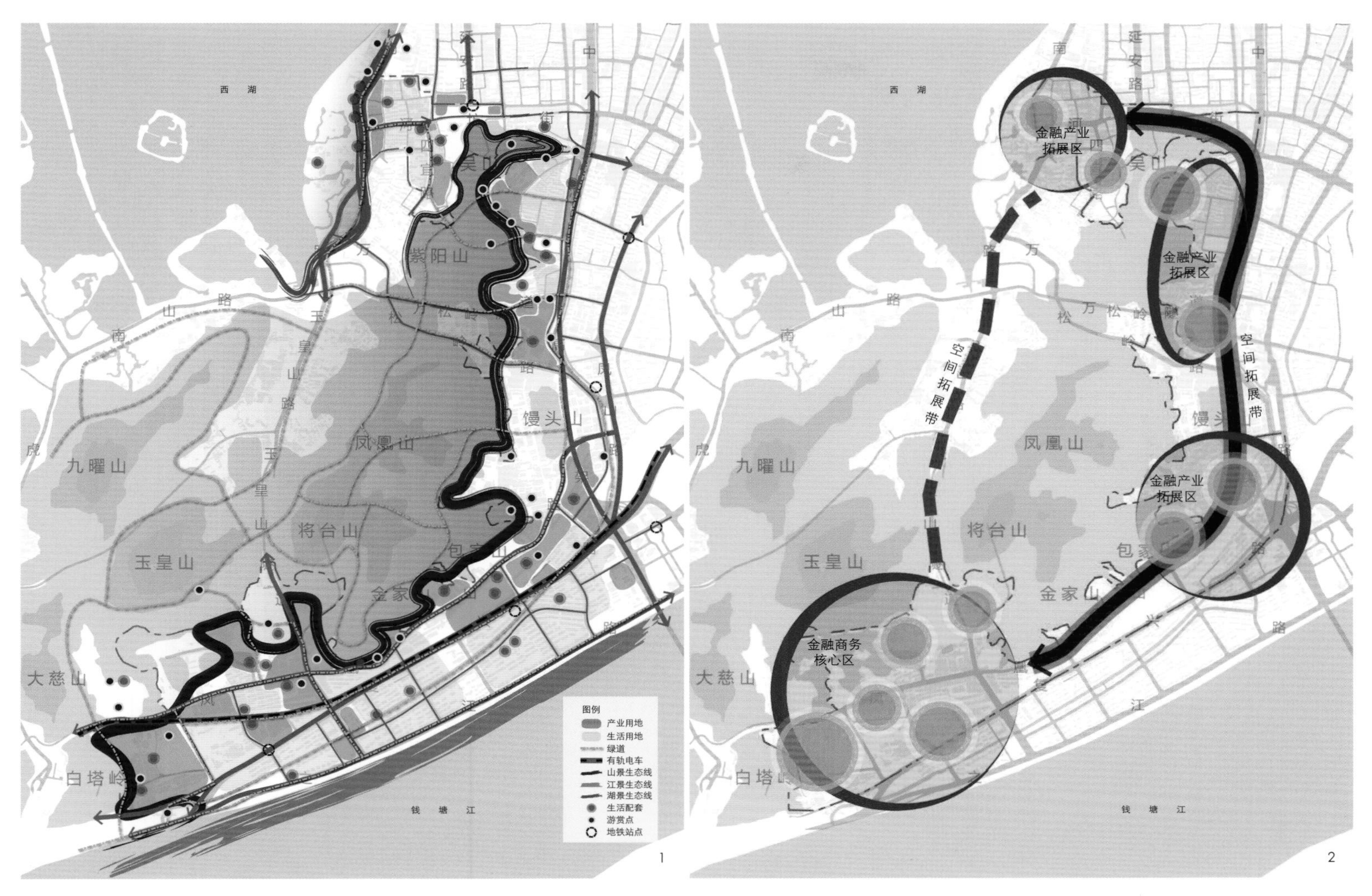

1.功能布局规划图
2.空间结构规划图

点，是城市历史文化遗迹最为丰富和集中的区域，也是展现城市多层次的历史轨迹和文化断面的区域。然而，老城边缘地区往往受到文保单位、历史街区、地下文物埋藏区、景区等多方管控要求的共同制约，对建筑限高、景观控制、风貌协调等方面提出了较高要求，历史文化资源的保护措施和利用方式尤为重要。

2. 房屋质量老旧环境景观堪忧但拆迁成本高昂

老城区内的民居建筑，普遍建筑质量差、厨卫设施欠缺、违章建筑丛生，房屋缺乏有效维护，居民生活质量低下。老城边缘地区居住人口密度较大，城市景观面貌与城市中心区以及周边新城区形成较大反差，亟待提升改善。但是，在紧张的地方财政和高昂的拆迁成本制约之下，老城边缘地区城市生活品质与景观环境提升困难重重、进展缓慢。

3. 产业低端落后但地段价值稀缺

老城边缘地区一般靠近城市中心区，交通便利，但由于相较周边地区，地价较便宜、租金较低廉，因此往往集聚了仓储、市场、工业等由中心城区外溢的传统低端产业功能，土地开发模式较为粗放传统，地均产出效率与其所处的优越区位条件不相符，土地价值未充分发挥。

4. 地籍权属复杂但土地政策趋紧

受到高速城镇化进程的冲击影响，老城边缘地区呈现出复杂的土地权属局面，集体土地和国有土地交错并存，土地现状较为零乱。随着我国土地政策的趋紧，土地集约节约利用日益受到重视，老城边缘地区存量土地的高效集约利用对提升城市土地利用效率至关重要。

二、杭州老城边缘地区转型发展的诉求

杭州的老城区是指自唐建城，经吴越、南宋，至元明清各朝代城垣及重要功能区所覆盖的城区范围。中国古代传统村镇城市选址偏好负阴抱阳、背山面水之处，杭州就是座典型的以山水为魂建造的城市，杭州的老城区群山环抱、背山望水，风水极佳。

由于山水环境和历史保护的限制，杭州的老城区内至今仍有部分区域难以实行更新改造。尤其是环绕吴山、凤凰山、玉皇山山麓的沿山地区，属于现有老城的边缘地带，现状居住密度高，配套设施缺乏，产能落后效益低，但却是南宋临安城城址的核心区域，是杭州山水资源禀赋极佳的区域。沿山地区传统老城格局完整清晰，至今仍留存有南宋皇城遗址、南宋皇家籍田——八卦田、十五奎巷历史街区等众多南宋文化的印证。

沿山地区作为杭州老城的价值沉睡区域，存在更新改造的空间挖掘与资金筹措双重压力，如何融入城市产业转型、提升土地产出效益，如何兼顾文化景观保护和利用、体现自然人文资源的独特价值，如何提升城市生活品质、使更新改造惠泽民生等众多老城边缘地区的转型发展诉求亟待破解。

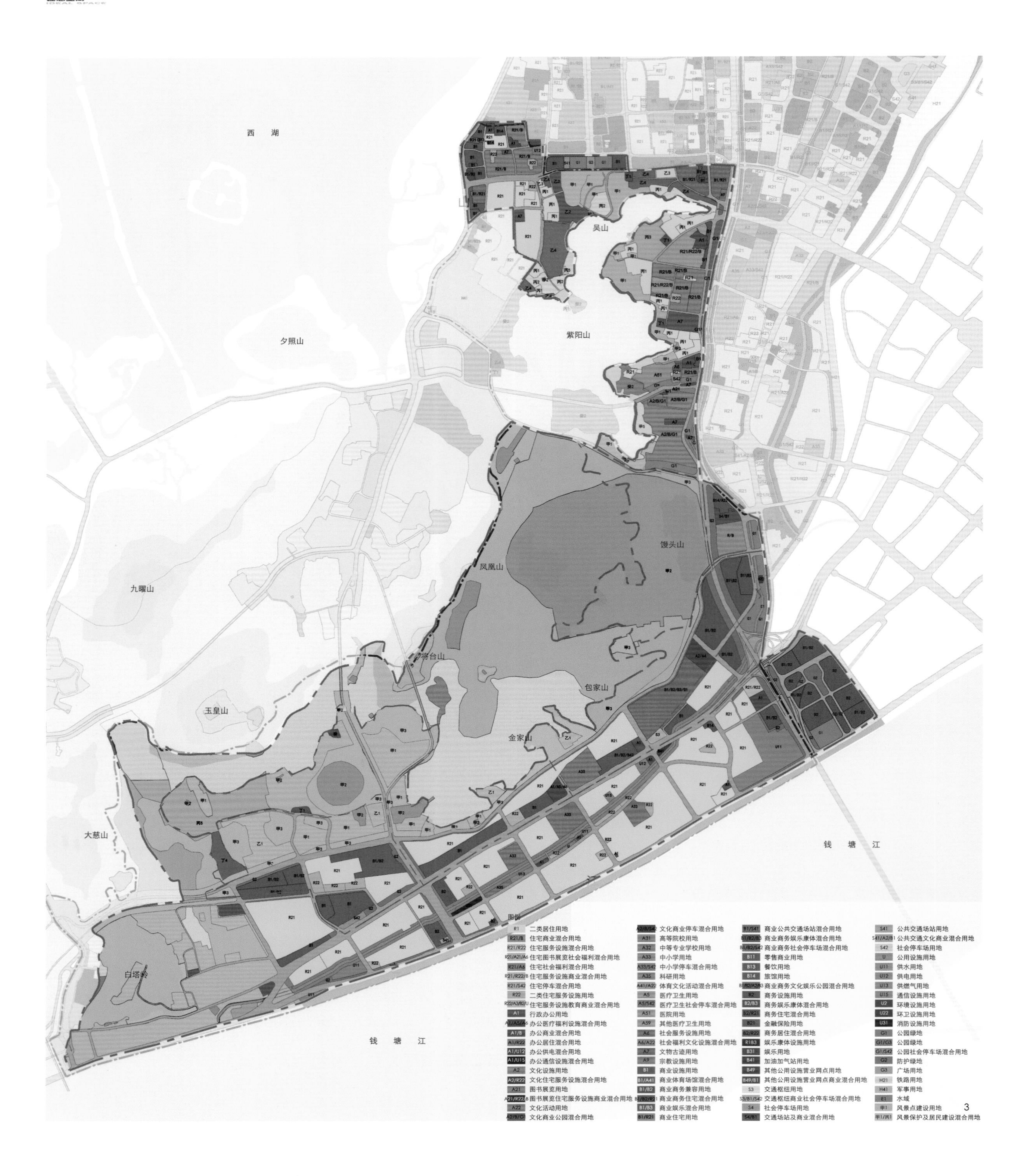
西 湖
吴山
紫阳山
夕照山
馒头山
凤凰山
九曜山
将台山
包家山
玉皇山
金家山
大慈山
白塔岭
钱 塘 江
钱 塘 江
图例
R1 二类居住用地
R21/B 住宅商业混合用地
R21/R22 住宅服务设施混合用地
R21/A21/A6 住宅图书展览社会福利混合用地
R21/A6 住宅社会福利混合用地
R21/R22/B 住宅服务设施商业混合用地
R21/S42 住宅停车混合用地
R22 二类住宅服务设施用地
R22/A3/B2/U 住宅服务设施教育商业混合用地
A1 行政办公用地
A1/A5/A6 办公医疗福利设施混合用地
A1/B 办公商业混合用地
A1/R22 办公居住混合用地
A1/U12 办公供电混合用地
A1/U15 办公通信设施混合用地
A2 文化设施用地
A2/R22 文化住宅服务设施混合用地
A21 图书展览用地
A21/R22/B 图书展览住宅服务设施商业混合用地
A22 文化活动用地
A2/B/G1 文化商业公园混合用地
A2/B/S42 文化商业停车混合用地
A31 高等院校用地
A32 中等专业学校用地
A33 中小学用地
A33/S42 中小学停车混合用地
A35 科研用地
A41/A22 体育文化活动混合用地
A5 医疗卫生用地
A5/S42 医疗卫生社会停车混合用地
A51 医院用地
A59 其他医疗卫生用地
A6 社会服务设施用地
A6/A22 社会福利文化设施混合用地
A7 文物古迹用地
A9 宗教设施用地
B1 商业设施用地
B1/A41 商业体育场馆混合用地
B1/B2 商业商务兼容用地
B1/B2/R21 商业商务住宅混合用地
B1/B3 商业娱乐混合用地
B1/R21 商业住宅用地
B1/S41 商业公共交通场站混合用地
B1/B2/B3 商业商务娱乐康体混合用地
B1/B2/S42 商业商务社会停车场混合用地
B11 零售商业用地
B13 餐饮用地
B14 旅馆用地
B1/B2/A2/B3 商业商务文化娱乐公园混合用地
B2 商务设施用地
B2/B3 商务娱乐康体混合用地
B2/R21 商务住宅混合用地
B21 金融保险用地
B2/R22 商务居住混合用地
R1B3 娱乐康体设施用地
B31 娱乐用地
B41 加油加气站用地
B49 其他公用设施营业网点用地
B49/B1 其他公用设施营业网点商业混合用地
S3 交通枢纽用地
S3/B1/S42 交通枢纽商业社会停车场混合用地
S4 社会停车场用地
S4/B1 交通场站及商业混合用地
S41 公共交通场站用地
S41/A2/B1 公共交通文化商业混合用地
S42 社会停车场用地
U 公用设施用地
U11 供水用地
U12 供电用地
U13 供燃气用地
U15 通信设施用地
U2 环境设施用地
U22 环卫设施用地
U31 消防设施用地
G1 公园绿地
G1/G3 公园绿地
G1/S42 公园社会停车场混合用地
G2 防护绿地
G3 广场用地
H21 铁路用地
H41 军事用地
E1 水域
甲1 风景点建设用地
甲1/丙1 风景保护及居民建设混合用地
3

3.用地规划图
4.总平面图

三、基金小镇老城空间活化利用的规划实践

基金小镇位于沿山地区的核心区块，是典型的老城边缘地区。十年前，这里是华东陶瓷品市场仓库、安家塘历史地段和铁路机务段，产能粗放落后，环境脏乱。2006年政府组织编制了《杭州市玉皇山南综合整治修建性详细规划》，十年来，在政府的整治决心和规划的先行保障下，这里原本粗放落后的产能逐渐开始转型升级。2009年，原陶瓷品市场废旧的仓库改造成了山南国际文化创意产业园，在皇城根下极具个性的创作空间吸引了众多文创企业纷纷进驻园区，实现了这一地区产业的第一次转型升级。2010年，为解决文创产业资金问题，浙江赛伯乐基金进驻产业园区，为文创企业提供资本对接。随后，一些私募机构、银行及券商陆续跟进，并进一步吸引了敦和资产、联创投资、永安期货等国内领先的金融机构入驻，形成了基金产业的初步集聚，基金小镇应运而生。2015年6月，玉皇山南基金小镇被列入浙江省首批37个省级特色小镇创建名单。为解决小镇发展空间拓展、配套设施完善等实际问题，2015年底小镇管委会组织编制了“杭州山南基金小镇空间发展规划”，站在新起点，面对新问题，依然坚持保护与发展并重的原则，力求实现基金小镇在产业领衔、文化彰显和旅游品牌上的示范作用，更好实践绿水青山就是金山银山。至2016年底，基金小镇已累计入驻金融机构1 010余家，资管规模达5 800亿元，税收10.1亿余元，同比增长200%左右。

玉皇山南基金小镇从文化价值挖掘、生态景观恢复、高附加值产业引入、管理创新合作等方面入手，激活衰败闲置的老城存量空间，为老城边缘地区的转型发展提供了示范样本。

1. 以文化价值挖掘促动区域价值提升

基金小镇的规划及建设中，明确并贯彻了“保护第一”的原则。

一方面，确保玉皇山南吴越、南宋等历史文化资源与江、池、山等自然风景景观资源的绝对保护。预留空间展示白塔、天龙寺造像、吴汉月墓、八卦田遗址、南宋官窑等众多历史文化资源，营造吴越与南宋文化繁盛交融的历史环境。

另一方面，紧盯存量空间的提效利用，以最小介入，最大化价值展示的手段提升区域文化价值。除

了保持文保建筑和历史建筑的原真性以外，对风貌典型、质量较好但尚未列入文物保护体系内的青砖民居、宿舍、仓库等反映时代烙印的建筑采取结构不动、局部修缮、内部现代化改造的保护利用方式，调整建筑使用功能为发展所用，并最大限度体现建筑本体和外部空间的纪念和历史价值。

2. 以生态景观恢复聚集人气提升名气

确立“生态优先”原则，以生态景观环境的修复为前提，在生态、社会、经济“三个效益”之间寻找最佳平衡点，实现“三个效益”的最大化。

规划明确了采石场搬迁、仓库铁路功能外迁、八卦田遗址展示、水系贯通、山体游步道贯通等多项生态景观修复工程，恢复玉皇山南地区“云雀屋檐下，踏阶入林屋”的生态景观特质，将旅游开发利用控制在生态环境容量之内，成为西湖综合保护工程的收官之作。

3. 以高附加值产业推动存量空间有机更新

坐落于老城边缘地区的基金小镇可谓寸土寸金，可利用的发展空间只有存量空间，而高居住密度、高建筑密度的现状使得存量空间更新改造的成本巨大。基金小镇的前身——山南国际文化创意园，是存量空间有机更新的第一次尝试，将建筑的空间价值和区域的文化价值转化为文创产业的生产动力，提升了区域产业层级和氛围，并催生出了存量空间的第二次有机更新实践——玉皇山南基金小镇，以无可比拟的区位优势和生态资源优势吸引了价值链更高端的金融产业，实现了老城边缘地区产业的高端化更替，大大提升了地均产出效率。

4. 以规划创新合作共赢打破界限藩篱

基金小镇处于上城区和西湖风景名胜区的交界地带，被铁路浙赣线穿越，地上地下叠合有国省市各级各类文保单位，又涉及铁路单位、部队单位、城市居民、村民、村集体等多个利益主体，各方诉求不一，协调难度很大。十年间的一系列规划均将“三个关系”的处理放在首要位置，以形成可落地的规划，这包括：

（1）处理好城区与景区的关系，变互为限制为互为促动。使周边城区的土地因拥有景区文化和自然双重资源而更显价值，周边城区的开发也促使景区加快保护建设的步伐。

（2）处理好保护与利用的关系。通过深挖亩产倍增、创新型产业用地、特色小镇等政策潜力，实现省市各类创新制度的叠加效应，在保护第一的不变原则下，为基金小镇的发展争取更多潜在空间。

（3）处理好传统文化与现代文化的共生关系。使现代金融文化积极融入南宋文化、铁路文化、文创文化，使现代文化与传统文化交相辉映。

5. 为新业新人新需求谋划特色新空间

深入了解基金从业人员高资产、年轻化、压力大、注重私密性等特征，从基金企业空间诉求与从业

5.公共交通设施规划图
6.休闲绿道系统规划图
7-10.保留农居整治利用效果图

人群生活配套需求两方面，谋划定制化配套空间。

在建筑空间方面，设计独门独院、精致优雅的办公环境，满足企业私密性；在市政设施方面，确保毫秒级的通信光缆，配备专门的备用电力系统。在道路公交方面，将铁路改造成有轨电车线，增设小镇内部公共电瓶车线路，建立高效、成环成网化的绿色化公交出行体系；在教育文体方面，增加国际幼儿园、国际标准小学等高品质教育设施，补足心理诊所、健身中心等优质文体设施，为产业人才和小镇居民提供高品质公共场所；在健身休闲方面，贯通10km成环成网的绿景减压廊道，增加公共空间和绿地，优化健身休闲空间，为人才和居民提供沿江、环山、登山等多种休憩体验的休闲绿道；在文化旅游方面，构建“山、水、城”三游一体的网络，形成沿山十景、四大游览主题，十条特色游览线路，并重点强化打造金融文化游线。

四、结语

老城边缘地区既是城市宝贵的历史文化价值区域，又是集合了复杂城市问题的边缘区域。对老城边缘地区的发展规划应保持对城市产业转型升级的高度敏感，紧密结合城市产业发展导向，积极发挥自身文化、生态等方面的独特价值，扩大对新业新人的吸引力。玉皇山南基金小镇在规划建设过程中始终重视文脉的传承利用，重视新型产业需求的空间对接，重视存量空间的创新利用，重视国土、规划、城市管理等多部门的协调机制创新和多级政策的叠合效应，协同构建了以山湖江景为特色，以国际化高品质生活配套为亮点的金融特色小镇，为老城边缘地区的转型发展提供了鲜活实践样本。

参考文献

[1]马红瀚, 高铭. 大中城市老城区转型发展的个案研究[J]. 经济纵横, 2013(11): 89-92.

[2]华芳, 王沈玉. 老城区保护与更新规划设计导则编制探索：以杭州老城区为例[J]. 城市规划, 2013(6): 89-96.

[3]钱江晚报. 杭州已成为私募基金创新之城[EB/OL]. 2016-11-15. http://qjwb.zjol.com.cn/html/2016-11/15/content_3436862.htm?div=-1

作者简介

穆　吟，杭州市城市规划设计研究院工程师；

华　芳，杭州市城市规划设计研究院副总工程师，城市发展与历史保护研究所所长。

特色小镇旅游公共服务体系建设路径探索
——以淳安县姜家特色小镇旅游公共服务体系专项规划为例

An Exploration on the Constructing of Public Service System of Tourism for Characteristic Towns
—A Case of the Subject Plan for Jiangjia Town in Chun'an County

陈天运 汤少忠
Chen Tianyun Tang Shaozhong

[摘　要]　特色小镇，生于浙江，兴于浙江，如今正从浙江迈向全国。为构建一个既能通过景区化标准考核，同时能顺应国家层面指导思想的小镇公共服务体系，整体思路将以国家旅游局最新发布的《旅游景区质量等级评定与划分》评定细则为基础，同时围绕《"十三五"全国旅游公共服务规划》中心思想进行展开。

[关键词]　特色小镇；旅游公共服务；景区化；IP化理念；硬件设施；软性服务；重点；亮点；分年度

[Abstract]　Characteristic town, originally started from Zhejiang Province, has witnessed a period of great prosperity in China. In order to build a public service system of the town, which not only pass the criteria set by the scenic spot, but also being adapted to the guiding ideology on the country level, our general thoughts should be based on the "Standard of rating for quality of tourist attractions" recently released by China National Tourism Administration. At the same time, taking reference from the "13th Five-Year Plan for National Tourism Public Services", we still need to go further.

[Keywords]　characteristic town; tourism public services; "scenic space" phenomenon; the concept of IP; hardware facilities; service; focal points; highlights; annual

[文章编号]　2017-77-P-110

一、特色小镇公共服务体系建设背景与重要性

1. 建设背景

2015年4月，浙江省人民政府出台《关于加快特色小镇规划建设的指导意见》文件，指出未来三年里，浙江将重点培育100个特色小镇。

2016年7月，住房城乡建设部、国家发展改革委、财政部联合下发《关于开展特色小镇培育工作的通知》文件，要求到2020年，全国将培育1 000个左右特色小镇。

特色小镇，生于浙江，兴于浙江，如今正从浙江迈向全国。

《浙江省人民政府关于加快特色小镇规划建设的指导意见》（浙政发〔2015〕8号）文件明确指

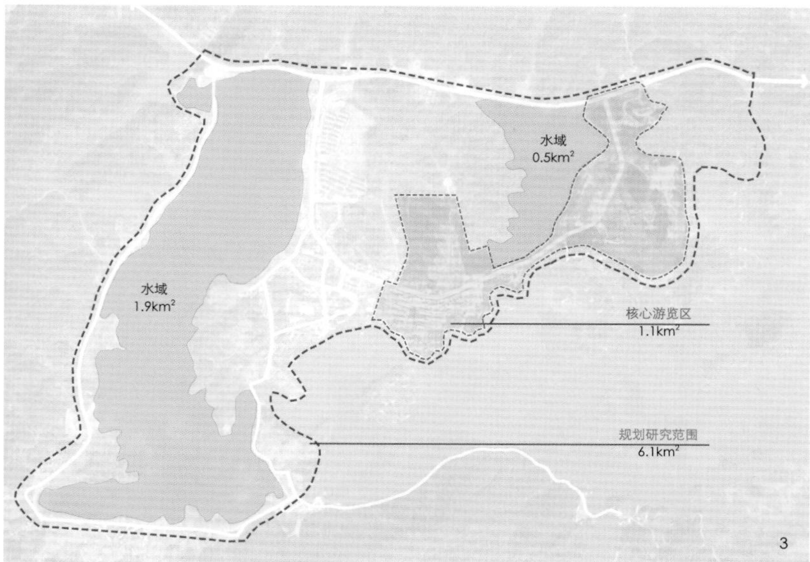

1.姜家风情小镇夜景实景图
2.集散中心功能布局图
3.姜家小镇范围图

出：所有特色小镇要建设成为3A级以上景区，旅游产业类特色小镇要按5A级标准建设。可以看出，特色小镇景区化是小镇建设的重要方面，而在总分为1 000分的《旅游景区质量等级评定与划分》国家标准细则中，涉及旅游公共服务内容占到810分，可见，旅游公共服务的建设在特色小镇创建工作中意义重大。

2. 建设重要性

（1）从市场端看，旅游公共服务体系是特色小镇稳定运营的重要保障

随着大众休闲时代的到来，自助游、自驾游已经成为主流，作为微旅游目的地的特色小镇，市场反馈则显得尤为重要。旅游环境卫生不达标，运营管理机制不完善，预防保障服务体系不健全，必然会影响游客旅行体验，阻碍特色小镇稳定发展。旅游公共服务体系是维持特色小镇产品有效供给的先决条件，是保证特色小镇良性发展的重要因素，加快完善旅游公共服务建设、提升旅游公共服务水平成为特色小镇稳定运营的稳固基石。

（2）从政府端看，旅游公共服务体系是政府建设特色小镇的重要抓手

特色小镇坚持“政府引导、企业为主”的建设方式，强调“服务型政府”的政府角色，小镇旅游公共服务的提供应是政府的主要职能。特色小镇是“主客共享”的和谐空间，旅游公共服务与生活公共服务交叉互融，旅游公共服务设施即是旅游公共产品，服务于游客的同时也服务于本地居民，因此，小镇旅游公共服务体系的建设是政府提升本地民居生活水平、优化外来游客旅行体验的有力抓手。

二、特色小镇公共服务体系建设思路与路径

1. 建设思路

特色小镇是景区，更是推动国家旅游发展的新引擎。为构建一个既能通过景区化标准考核，同时能顺应国家层面指导思想的小镇公共服务体系，整体思路将以国家旅游局最新发布的《旅游景区质量等级评定与划分》评定细则为基础，同时围绕《“十三五”全国旅游公共服务规划》中心思想进行展开。

根据《旅游景区质量等级评定与划分》文件细则一（下简称《细则》）章节，特色小镇要达到3A级景区以上建设标准，必须在大分值项即“游览服务、综合管理、资源环境保护、卫生设施、旅游交通”尽可能得到高分，其他分值项得到较好评分。

遵循《“十三五”全国旅游公共服务规划》中心思想，特色小镇应构建特色鲜明、以人为本、便捷高效、绿色生态、集约共享的旅游公共服务体系。

2. 建设路径

（1）第一步：软硬件体系分离

将《细则》内容按硬件、软件归类重组，总结出一般特色小镇公共服务的“5+3”体系（具体项目可能会更聚焦）。

①5大硬件设施

a.小镇交通便捷服务设施：外部公共交通、通景交通、停车场等；

b.小镇标识标牌服务设施：外部交通标识、内部景点指示牌、警示牌、关怀牌等；

c.小镇环境卫生服务设施：旅游厕所、垃圾箱（站）、污水站（厂）、吸烟区等；

d.小镇信息咨询服务设施：旅游信息咨询中心、咨询亭、咨询点等；

e.小镇游览服务设施：特色交通服务设施、游憩设施、旅游配套设施、安全保障设施等。

②3大软性服务

a.小镇接待综合服务：智慧咨询服务及餐饮、住宿、购物系统标准的建立等；

b.小镇安全保障服务：安全救护措施、市场监管措施、旅游保险制度、流量监控机制等；

c.小镇行政管理服务：投诉平台及机制、小镇宣传措施、旅游培训机制、志愿者招募机制等。

（2）第二步：重亮点项目明确

①重点：分析得出特色小镇目前缺失且近期亟需的设施（一般为停车设施、信息咨询点、标示标牌、公厕），进而在规划中强化。

②亮点：从特色小镇总体定位和形象定位出

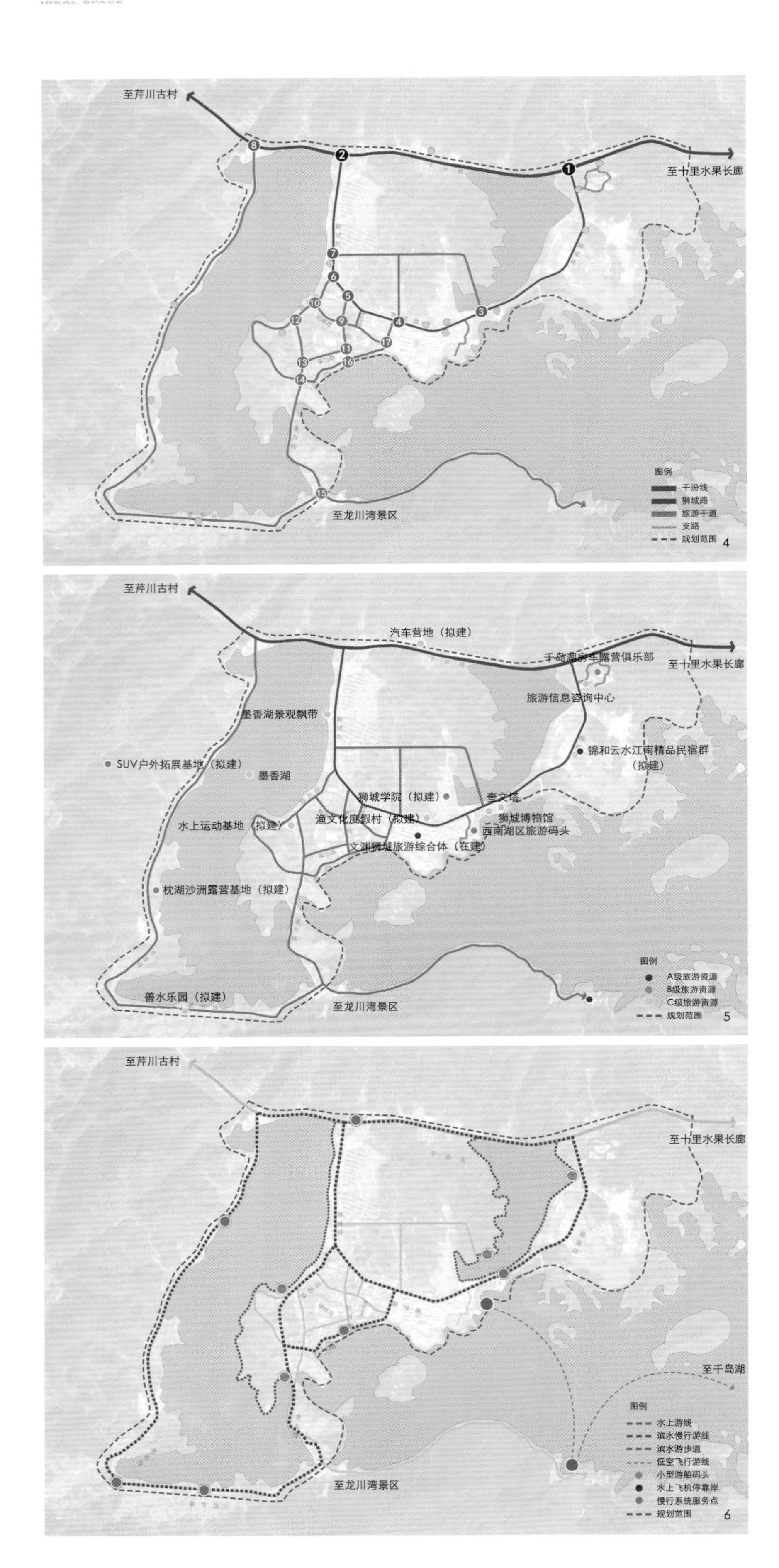

发，分析得出最能呼应小镇特色的公共服务设施板块，并创意性打造。

（3）第三步：分年度制定计划

特色小镇一般创建期为5年，故旅游公共服务体系实施计划需精确到年，循序渐进，稳步开发。

三、特色小镇公共服务体系规划理念

1. IP化理念

IP即特色，特色小镇的公共服务体系最重要的是“特色化”的思维，简单概括就是“私人订制”，规划应当深度挖掘当地文化、生态元素，提炼属于基地的独有IP，放大此IP，融入公共服务设施中，使公共服务设施具有鲜明地域特色，具有一定景观性、文化性，与基地旅游环境氛围相融合。

2. 人性化理念

特色小镇的公共服务一定要以游客为本，从游客体验角度出发，全面考虑不同人群旅游需求，把“爱”融入公共产品和服务，打造便民惠民旅游公共服务设施，提供细致舒心的旅游公共服务，提升游客满意度。

3. 智慧化理念

特色小镇的公共服务体系同时也要便捷高效，运用互联网、云计算等高科技技术手段，对接游客的智慧旅行方式，提供智慧化设施与服务，实现便民、高效、优质和创新。

4. 生态化理念

特色小镇的公共服务体系不同于城市建设，尽可能运用生态材料打造生态化旅游公共服务设施，与当地生态环境融为一体。

5. 实用化理念

特色小镇的公共服务体系既需遵循适度超前的原则，又要充分考虑游客规模打造旅游公共服务设施，提高公共服务设施的利用率，避免贪大求洋的浪费现象。

四、特色小镇公共服务体系项目实践

在《淳安县姜家特色小镇旅游公共服务体系专项规划》（下简称《规划》）项目实践中，经过背景及现状分析，淳安县姜家特色小镇建设正处于起步阶段，旅游公共服务体系各方面建设尚属空白。《规划》从建设的全面性，提出了“5大硬件设施+3大软性服务”的规划思路；从建设的紧迫性和特色性，提出了“3大重点+4大亮点”的建设建议；从建设的节奏，制定了分年度实施目标及建设内容。

1.“软硬兼施”，全面覆盖

（1）5大硬件设施规划

①交通便捷服务设施：近期建议集散中心选址为原西南湖区码头及周边区块，建成集停车集散、游客咨询、特色交通体验、宣传推介、投诉建议等功能为一体的大型集散中心，远期拓展千汾线北面现状沙场及邻近水塘区块，作为小镇过境交通集散地；小镇近期以停车场A~D地块为主，新增车位约510个，中远期协调E~H地块，作为停车预留地，新增车位约520个。

②信息咨询服务设施：保留原有千岛湖旅游咨询服务中心（姜家点），为呼应“水”特色，新增滨水墨香湖驿站旅游咨询点、西南湖区旅游码头咨询点（旅游集散中心）、狮城博物馆旅游咨询点、远期拓展千汾线北侧现状沙场及水塘区块为旅游咨询中心。

③标示标牌服务设施：在外部交通干道交叉口设置交通指示牌，引导进入小镇；小镇内部交通干道设置交通指示牌，标识小镇各个景点方位及距离，通过旅游资源分级—路口分级—资源路口对应，得出小镇旅游标示标牌布局图，标识牌样式要求按照国家《道路交通标志和标线规范》及《长三角地区旅游景区(点)道路交通指引标志设置规范》要求进行设计；除去内外交通指示牌，对接《浙江省淳安县千岛湖环湖旅游标识系统设计》，在小镇内部景点指示牌设计上融合“水下狮城+水形”的元素，凸显“水”IP。

④环境卫生服务设施：依据5A级景区公厕建设标准，修建3A级公厕5处，2A级公厕2处，A级公厕2处，垃圾集中处理站1处。

⑤小镇游览服务设施：呼应乐水小镇特色，增设滨水区域食住购等业态，形成小镇滨水综合服务环；此外，围绕“水”特色，规划水上游线、水上飞机、滨水游步道、滨水骑行线路、旅游观光巴士等特色游览设施，构建“水陆空”的全栖游览体系。

（2）3大软性服务提升

①接待综合服务：以狮城文化品牌建设为引领，以特色旅游商品研发为核心，以多元渠道为突破，建设姜家特色购物集聚区为主体的购物体系；以标准化推动餐饮诚信环境建设、形成姜家的旅游餐饮放心店认证体系，构建旅游餐饮诚信环境；以主题度假酒店、经济型酒店为主体，以特色民宿等为补充，建设多层级的立体住宿服务系统；建设“互联网、移动网、电话网、物联网”四网合一的信息平台。

②安全保障服务：包括完善安全保障规范、旅游消费安全环境建设、旅游强制综合保险制度建设、景点流量控制机制的制定、医疗救护应急措施等。

③行政管理服务：包括食住行各产业要素标制定、完善投诉平台及机制建设、姜家乐水小镇营销宣传、志愿者招募、旅游从业人员培训等。

2. 做出“亮点”，突出“重点”

对接上位规划《杭州市千岛湖乐水小镇概念规划》提出的“狮城文化+水主题”的功能定位，凝练“水”为IP，以“IP思维”为引领，明确重点项目和亮点项目。

（1）《规划》近期重点实施的“三大工程”

①集散中心选址及布局，停车设施布局及建议：集散中心选址为西南湖区码头及周边区块，近期以停车场 A-E 地块为主，新增车位约1 100个；

②旅游交通指示牌、旅游景点指示牌建设：按照国家标准设置小镇旅游交通指示牌及旅游景点指示牌；

③旅游公厕选址及规模建议：提升3A级公厕3个，新建3A级2个，提升2A级公厕2个，新增A级2个。

（2）《规划》呼应乐水特色的“四大亮点”

①全栖游览体系：围绕乐水主题，规划“漫步游线、慢行游线、下湖游、低空飞行游”四种特色游线，形成与水的立体接触；

②低空飞行项目：引入水上飞机，以低空飞行项目为契机，切入大千岛湖旅游格局，引爆乐水小镇旅游；

③标示标牌系统：严格遵循国家标准布局并设计旅游交通标识牌，以“乐水姜家、水下狮城”为背景设计视觉导视系统；

④滨水综合服务环：设置滨水综合服务环，保证滨水游览必需的旅游公共服务设施，辐射腹地的其他游览节点。

3. 分阶段制定“目标”

由于旅游小镇的创建周期为5年，《规划》明确了此次公共体系规划的分年度目标。

（1）第一阶段：构建完善的旅游服务系统

实施思路：实施近期的三项重点工程（停车场、标识牌、公厕），保证游客进入小镇最基本的游览服务功能，同时推进旅游项目的开发建设。

（2）第二阶段：塑造环千岛湖旅游公共服务示范，推进“千岛湖旅游副中心”建设

实施思路：结束第一阶段工程，同时全面启动所有硬件工程和软件服务建设，打造“全体系、全地域”覆盖的旅游公共服务体系，形成环千岛湖公共服务体系的标杆工程。

（3）第三阶段：特色化打造旅游公共服务体系，建成国家5A级景区标准的省级特色小镇

实施思路：结束第二阶段工程，同时突出“乐水”主题的凸显，重点推进四项亮点工程的建设，形成“有亮点、有重点、体系全”的旅游公共服务体系。

（4）第四阶段：构筑浙赣皖闽旅游集散重要中继站

实施思路：结束第三阶段工程，同时强化与外界在交通串联、游线协作、合作营销等方面的合作，形成区域旅游重要集散地。

作者简介

陈天运，上海奇创旅游景观设计有限公司旅游产业咨询中心，项目经理；

汤少忠，上海奇创旅游景观设计有限公司旅游产业咨询中心，副总经理。

4.姜家小镇路口分级图
5.姜家小镇旅游资源分级图
6.姜家小镇特色交通规划图

探索国内全新开放式住区的规划实践
——以"宜宾·莱茵河畔"住区规划为例

Planning Exploration for New Open Communities in China
—A Case Study on Rhine River, Yibin

梁思清
Liang Siqing

[摘　要]　"国内全新开放式住区"的成功案例，借鉴中世纪德国南部莱茵河畔众多欧洲小镇的风貌与格局，营造一个全新的开放式的新型居住社区。通过引用欧洲居住区的规划手法，突破常规居住社区模式，强化"宜居、活力、健康和生态"的城市意向，从而打造极富环境与人文魅力的新宜宾。

[关键词]　开放式住区；新都市主义理论；住区规划；规划实践

[Abstract]　The new open area success stories, have been completed and the development is from medieval southern Germany Rhine many European town style and pattern, to create a new and open a new residential community. By citing the European residential planning practices to break through the conventional residential community model, in order to strengthen the "livable, vitality, health and ecology" of the city, so as to create a highly environmental and cultural charm of the new Yibin.

[Keywords]　open community; new urbanism; residential planning; planning practice

[文章编号]　2017-77-P-114

2016年2月21日，新华社发布《中共中央国务院关于进一步加强城市规划建设管理工作的若干意见》，提出"新建住宅要推广街区制，原则上不再建设封闭住宅小区。已建成的住宅小区和单位大院要逐步打开，实现内部道路公共化，解决交通路网布局问题，促进土地节约利用"。一时间，"小区开放"话题迅速引爆舆论漩涡，连续多日在社交网络呈现霸屏之势；直到3月5日"两会"开幕时，关于如何推广街区制的政策争论仍在持续发酵之中。

与时俱进，本文拟结合"宜宾·莱茵河畔"的成功案例，探索国内建设全新开放式居住小区的规划之路。

一、新都市主义与开放式住区的理论基础

起源于19世纪末至20世纪初、以工业革命为背景的现代主义设计思潮，崇尚简单、反装饰以及强调功能、理性化、系统化的设计思路，应用在规划领域所倡导的"功能分区原则"却割裂了城市空间与住区生活——在规划师们对各种城市组团进行机械式的功能布局时，原本充满活力的城市就被人为分割成相互独立的各种功能分区，而"封闭式住区"正是这种设计思潮在住区规划方面的产物。

1. 封闭式住区的弊端

相对而言，封闭式住区将城市喧嚣和潜在威胁隔离于围墙之外，但这种"独善其身"做法却对城市空间的整体素质存在着消极影响，而在面对严峻的自身管理问题同时也面临一系列的新矛盾：

（1）住区封闭，使得城市空间的分异和隔离进一步加剧。而这种"高级别墅、公寓"和"普通安居、解困房"在居住空间的分层和隔离现象，如果不能被控制在合理范围内，势必加剧社会分化、破坏城市整体的人居环境。

（2）住区封闭，对于城市交通的合理发展产生不利影响——限制步行和公共交通发展，刺激居民依赖私人小汽车为主要交通工具，降低城市公共交通工具的效率，从而极大加重了城市交通压力、造成城市交通的恶性循环。

（3）住区封闭，对于城市空间的安全产生不利影响——原本建筑对于城市街道的监视作用被封闭，道路和住区之间的互补和包容关系被隔断，街道就成为无人理睬、犯罪滋生的场所。

（4）住区封闭，对于城市公共配套的良性运营产生不利影响。这些公建配套设施因各自为政的封闭管理而不能有效互通，从而导致重复配置、资源浪费。

2. 新都市主义的兴起

自20世纪80年代开始，在美国悄然兴起一种创造和复兴城镇社区的新方法——新都市主义（New Urbanism）。在借鉴二战前城市住区发展经验的基础上，新都市主义力图使现代生活的各部分重新成为一个整体，即居住、工作、商业和娱乐相结合，塑造一种具有城镇生活氛围、紧凑和适宜步行的混合使用的新型社区。

新都市主义提出的两大主要内容：首先是功能混合，针对《雅典宪章》的"功能分离"提出"功能混合"；其次是服务半径，混居区中的各种功能应更便捷地让所有人享用。新都市主义的核心内容就是开放。因为只有封闭才能"功能分离"，若要"功能混合"就必须开放。同时，新都市主义更关注开放的精神层面问题。

新都市主义关于邻里与社区的组织方式，主要包括两种发展模式：

（1）"传统邻里开发模式"（Traditional Neighborhood Development，简称TND模式）

"传统邻里住区"具备以下特征：半径约400m（或5分钟的步行距离）；街道间距70~100m；邻里内包含多类型的住宅和居民；土地使用多样化；公建布置在人流集散地；住宅后巷作为邻里之间的社交活

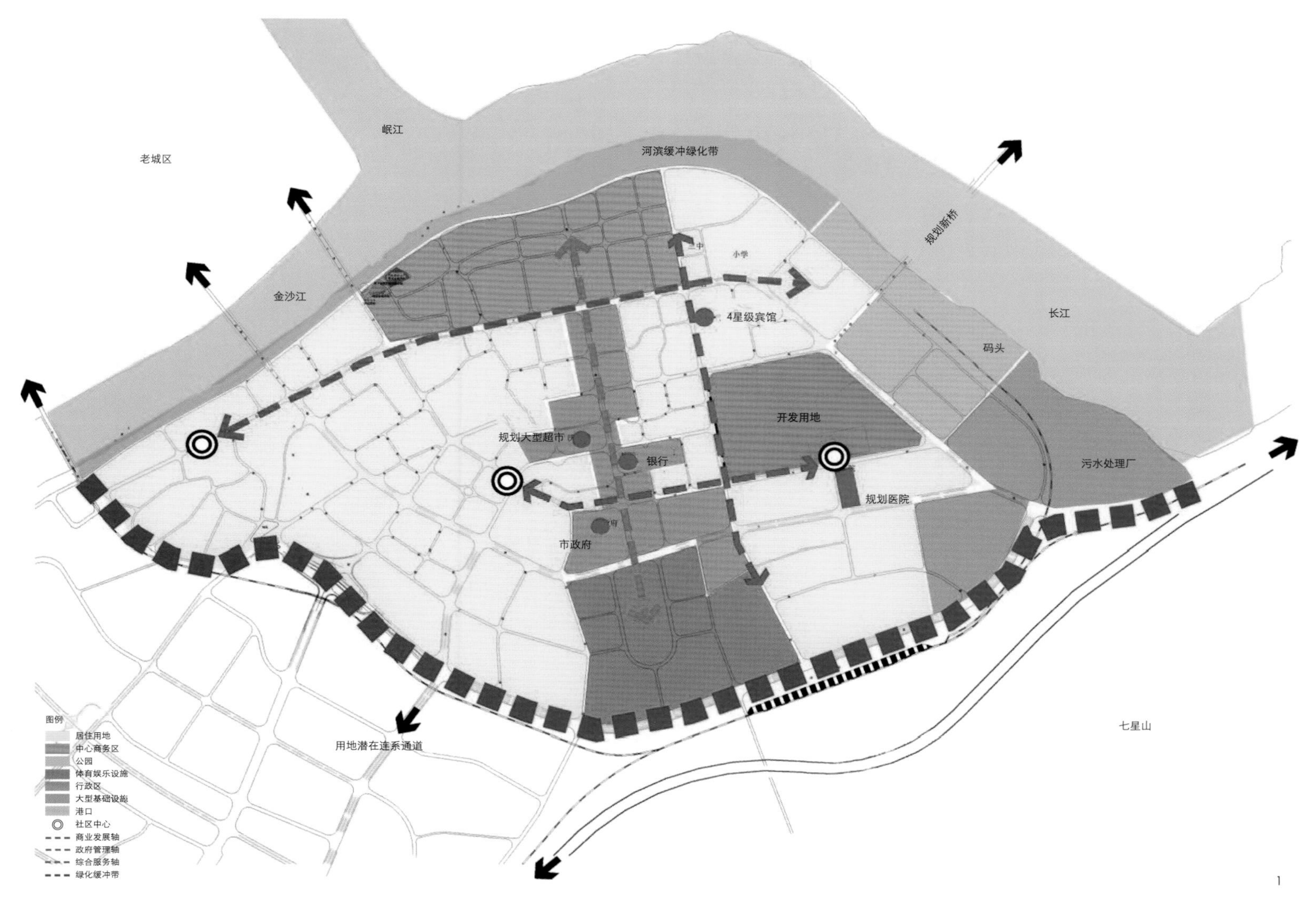

1.区位分析图

动场所。其代表作的城镇建设特点：传统高密度、小尺度和亲近行人的建筑空间。

（2）“交通导向开发模式”（Transit-oriented development，简称TOD模式）

TOD模式由“步行街区”发展而来，同样强调混合土地使用、并以公共交通为规划原则：从核心区域到社区边界不超过600m的步行距离；将居住、商业、办公和公共空间组织在一个步行环境中，并方便居民使用轨道交通；各个TOD社区之间保留大量的绿化开敞空间。

上述两种发展模式虽然设计侧重点有所不同，但两者的着眼点和出发点基本一致——即从工业革命前的城市规划和设计中发掘灵感，在城市中建立公共中心、形成以步行距离为尺度的居住社区。

3. 对我国住区建设的启示

诚然，美国新都市主义所构建的小城镇社区，与我国当前大力发展的小城镇处于完全不同的经济发展阶段、两者所需解决的迫切问题也各不相同，但是新都市主义设计理念所体现的“以人为本”的精神乃是人类住区建设的共同追求，因此它的许多设计手法仍然值得我们借鉴：

（1）在社区设计中，明确的社区边界是塑造领域感和归属感必不可少的；

（2）适度的社区规模和具有明显特征的社区中心，是创造可识别性场所的关键；

（3）居住、就业、商业的多功能混合和提供多种类型的住宅，是创造丰富多彩社区生活的关键；

（4）以公共交通为导向、以行人为基本尺度的道路系统，应该构成社区的基本网络结构；

（5）公众参与作为社区设计必不可少的重要环节，以保证社区真正成为人们心目中的理想家园。

综上所述，新都市主义理论及实践，在交通组织、邻里空间塑造、公共设施共享配置等方面，都为开放式住区建设打下了坚实的理论基础。

二、上海合乐在“宜宾·莱茵河畔”的规划实践

1. 规划背景

宜宾，作为“长江源头第一城、国家历史文化名城、名酒之都、生态型山水园林城市、成渝经济带次区域中心”，本项目的规划目标就是宜宾南岸东区

图例
城市级商住用地
社区级商住用地
街坊级商住用地
纯居住用地
配套服务设施用地
公共绿地与广场用地
2
图例
大型城市绿地
街角城市绿地
城市绿带
小区集中绿地
组团集中绿地
水体
城市广场
开放式社区广场
私密式社区广场
3

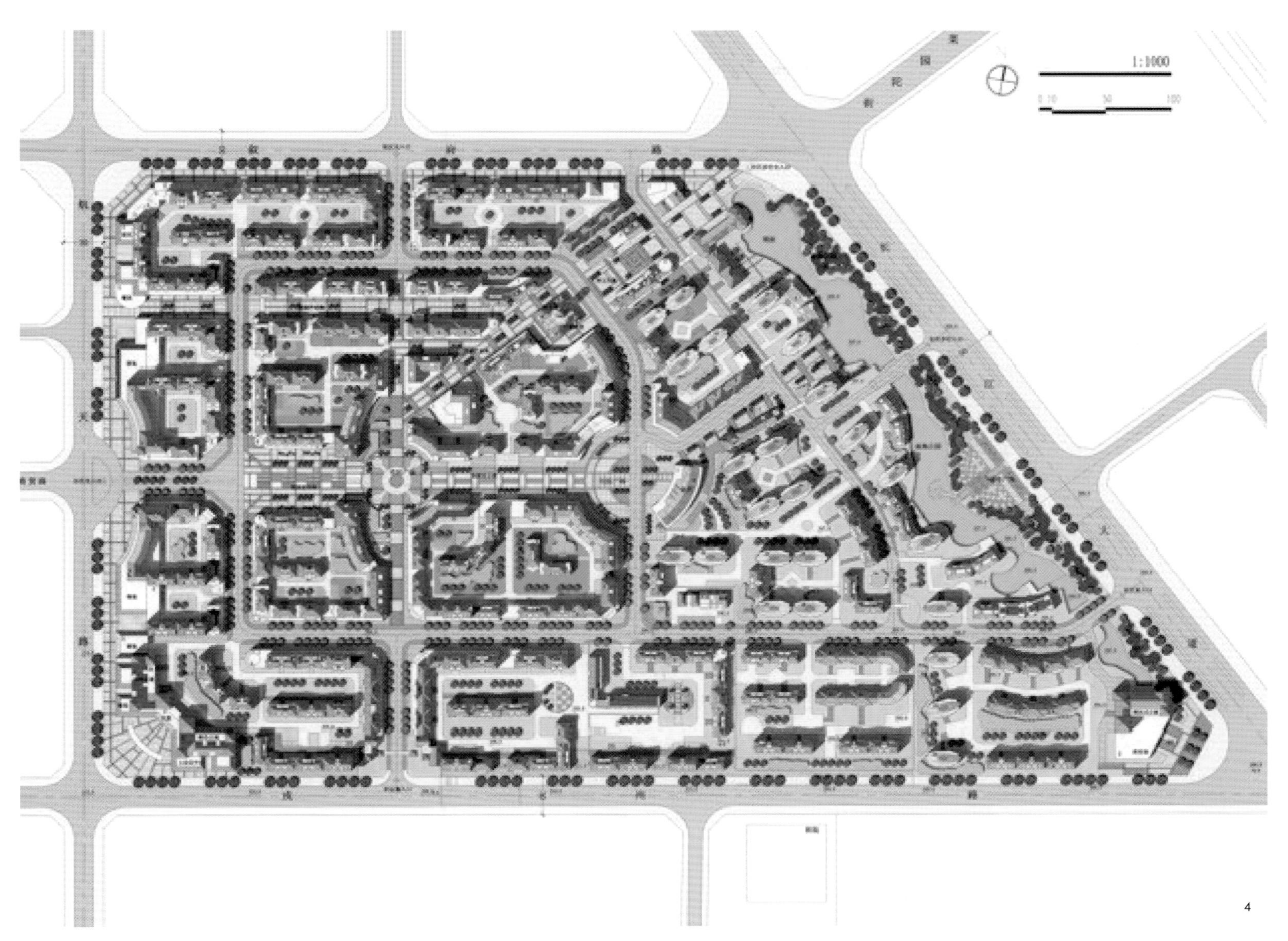

4

2.土地利用规划图
3.景观及公共空间规划
4.总平面图

一个经典的居住社区、城市整体文脉的突出亮点。经过精心设计和多年打造，“宜宾•莱茵河畔”已成为“宜居宜宾、活力宜宾、生态宜宾、魅力宜宾”的著名城市地标。因为我们坚信：人们给城市一个诗意的创造，城市将还给人们一种诗意的生态。

2. 区位特征

宜宾是长江的源头城市，目前老城区的城市密度已经相当高，人口需要被疏散到长江南岸，以缓解中心城区的人口密度。本项目位于四川省宜宾市的南岸，规划用地总面积32.3hm^2，约485亩。

该地块具备良好的地理区位，靠近政府行政区、并位于商业发展轴，正对长江和七星山，风景视野极佳；但是，港口阻挡了通往长江的良好视线，高压线穿越并隔离了地块的东南侧区域，业主还拟定在该区建造0.6hm^2的市场，可谓机遇与挑战并存。

3. 发展目标

本项目作为宜宾市“宜居、活力、生态、魅力”等四大城市意向的重要体现：

（1）提供一个安居乐业自豪归属的居住场所；

（2）引导人们生活、工作、休息、娱乐等行为模式的变革；

（3）让更多的人能够分享小区资源，全力营造和谐社会；

（4）为城市的科学建设打造一个生动范本；

（5）以一定的利益牺牲为城市形象做出贡献；

（6）有节制地引入异国风情，丰富城市文化的多样性。

4. 居住模式与建筑风貌定位

本项目选址的南岸东区是一个新兴的城区，有别于老城区，其风貌整体偏于现代特色。我们注意到宜宾除却川南风格之外，亦有很多外来文化的痕迹，一些经典建筑更多体现的是云南、伊斯兰等外来文化。因此，以川南文化为主体、多种文化有机融合协调共处，既是现状、也是未来的发展方向。

相比于引用欧式现代风格的建筑立面，我们更注重借鉴欧洲莱茵河畔小城规划的空间组织、功能架构和形态布局，以及由此生成有别于国内常规的居住模式，以更深层次地营造宜宾的城市魅力。

5. 总体规划方案的演进

（1）初期方案

优点：

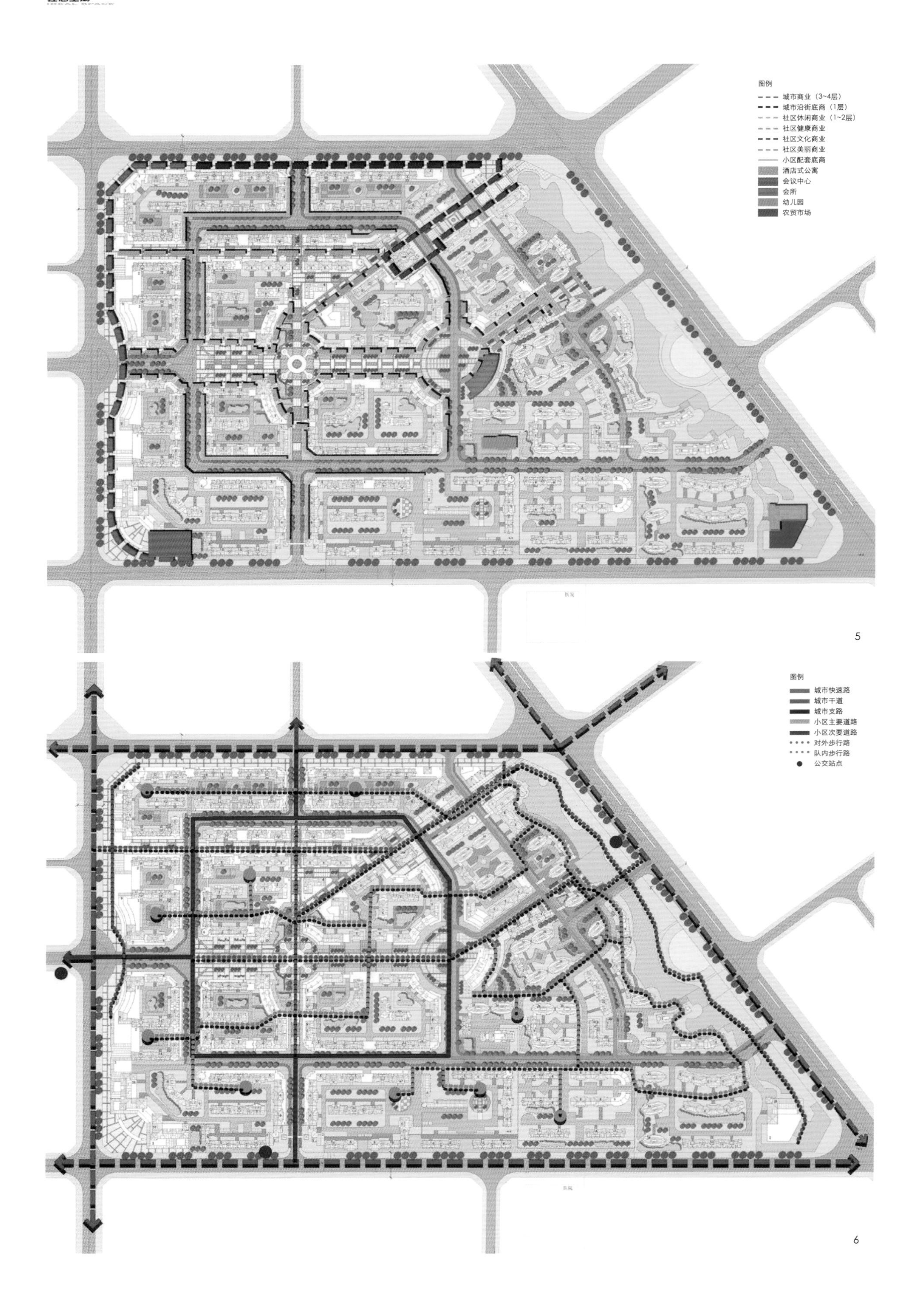
图例
城市商业（3~4层）
城市沿街底商（1层）
社区休闲商业（1~2层）
社区健康商业
社区文化商业
社区美丽商业
小区配套底商
酒店式公寓
会议中心
会所
幼儿园
农贸市场
5
图例
城市快速路
城市干道
城市支路
小区主要道路
小区次要道路
对外步行路
队内步行路
公交站点
6

①半开放社区带来生活方式的革新；
②湿地公园的创意具有多赢价值；
③对文化遗迹的回忆成为城市地标；
④景观系统规划优秀；
⑤空间组织建筑形态特色丰富；
⑥活力充足，体现“以人为本”。
缺点：
①东区建筑容量过低；
②没有考虑江景资源的利用。
（2）中期方案
优点：
①整体提高了容积率；
②强化了东北角入口空间的处理；
③建筑形态更具住宅特性。
缺点：规划可实施性略显不足。
（3）最终方案
优点：
①提高建筑容量至合理数值；
②竖向规划更明确。
缺点：东区建筑布局的丰富性略差。

6. 规划特色与创新

本项目是宜宾市首个纯欧式风情的居住区，集住宅、商业、公建配套于一体的大型欧式复合项目，宜宾市区一流的高尚生活社区，同时也是宜宾城区地标性的建筑群落。

“宜宾·莱茵河畔”更多借鉴欧洲小镇规划的精髓，着重由多向街道交汇成多个广场节点、并形成由街道围合的封闭组团，从而整合成为一个开放与封闭相结合、动静相宜的城市格局。经过合理设计，化地形限制为机遇，也一定程度上形成了现在开放式社区的居住风貌。

（1）混合的居住模式

一方面，住区规划并非采用单一的住宅产品组合模式，而是充分考虑公建商业设施的配套，其功能以服务居民日常生活为主、并兼有城市型公共服务设施的属性。

另一方面，在住宅产品的设计中，也充分考虑到多样性——为迎合不同层次客户的品位、需求和购买力，居住单元分为许多不同种类。而多种居住形态的组合，成就了多元化的居民构成。

（2）开放的路网结构

规划通过将市政道路、小区级道路和住区街道多层次的综合考量，完善了开放的住区路网体系。

规划将部分道路设计为人行道，并结合建筑底层的社区服务设施，以提升社区公共活动中心地位，创造性完成了市政道路的社区化改造。

规划将道路交通组织纳入住区环境设计。道路交通的组织不仅应满足居民对出行便捷的要求，还应作为住区环境构成的一部分。规划以塑造街区特色为目标，将道路、绿化和沿街建筑作为一个整体进行考虑。

规划尝试建立城镇型的住区空间格局，强调居住环境的人性化——强化以住宅街坊为单元，将组团级道路公共化，并将住宅底层商业作为区内服务设施布局的主要形式，着力营造人性化的街道氛围、打造开放性的住区形象。

（3）递进的空间层次

规划始终贯彻“空间层层递进”的原则。根据空间性质不同，将住区空间划分为公共空间、半公共空间和私密空间三个层次。规划中，三种层次空间逐层递进，既保障了住区空间的开放互通，又顾及了住区空间的完整体验和住区心理的安全感受。

首先，公共空间层次上，市政道路沿线布置城市公建带，并沿入口主轴设计一定规模的住区商业、文化中心，住区公园和滨河岸线都规划为公共景观空间，以满足居民的日常交往需求；其次，在半公共空间中，通过道路的自然分割形成规模相仿的各个住区组团，组团中心绿地和组团道路周边点状分布公建配套，营造出生动又惬意的半公共氛围；最后，院落空间作为最贴近居民生活的隐私空间，原则上没有公共服务功能的介入、规模也严格控制，从而保证了宁静的居家环境需求。

（4）院落式住区街坊

以院落为单元，对每个街坊进行单独设计、不套用标准房型，街坊内包含多种不同的住宅户型进行组合——从形态上而言，院落结构明确、空间利用充分，构成个性鲜明的独立街坊，成功塑造了街道环境；而对于开发活动而言，此类街坊充分利用基地面积，并在一个街坊内提供多种房型，从而有利于塑造街坊的丰富建筑形象，也可扩大市场接受度、降低开发风险。

（5）共享的公建设施

由于开放性的布局，在住区的公建设施配套上以充分共享为规划原则。

开放的住区商业空间规划，实现了城市界面向住区生活的转换。规划住区商业分为两个层次——首先，住区中心层次的商业，相对具备一定的规模，集中沿市政道路和入口主轴布置，与规划中的城市广场统一设置；其次，住区街坊层次的商业，沿着住区步行系统，设置在住宅底层且布点灵活。

在公建设施配套原则上，也结合开放的规划路网结构，沿住区主要道路布局，从而摆脱了传统封闭住区的内向型公建模式。共享性的商业公建规划，培育了开放的公共服务设施，营造出具有场所感的街区氛围以及可感知的住区城市生活。

三、结语：关于开放式住区建设的质疑

“宜宾·莱茵河畔”被评为“四川十大最美街道”（名列第二，排在成都春熙路之后），然而针对“莱茵河畔”是否开放式住区的争论还在持续。

我们认为，鉴于目前国内尚未达到住区全开放的城市条件，“宜宾·莱茵河畔”应可作为半开放式住区建设的“范本”——整个地块由8条特色内街、10个主题广场、10个围合组团等组成，其中开放部分主要包括内街、主题广场等，基本实现了“街区开放与城市共享、而居住组团保持私密”；而物业管理过程中，由于开放式区域需要配置更多的岗位和人员、而相应增加了人力成本，但物管公司通过增加收入、减少支出、降低成本、开展多种经营活动等形式，也已经达到盈利水平。

参考文献

[1]桂丹、毛其智. 美国新城市主义思潮的发展及其对中国城市设计的借鉴[J]. 世界建筑, 2000(10)：26-30.

[2]钟波涛. 城市封闭住区研究[J]. 建筑学报, 2003(9)：14-16.

[3]王学军. 走向新住区[D]. 北京：清华大学建筑系, 2004.

[4]陈敏. 开放式住区的实践研究[D]. 上海：同济大学建筑城规学院, 2006.

[5]万科建筑研究中心. 万科的主张(1988—2004)[M]. 南京：东南大学出版社, 2004.

作者简介

梁思清，上海合乐工程咨询有限公司，总规划师。

5.商业与公建分布图
6.道路交通系统图

基于综合谋划视角下的特色小镇规划探索
——以“大泗中药养生特色小镇概念规划”为例

Based on the Exploration of Characteristic Town Planning
—Such as "the Concept Plan of Dasi, Chinese Traditional Medicine Specticalized Town"

薛 娇
Xue Jiao

[摘　要]　我国经济发展进入新常态，产业亟需转型升级，特色小镇正逐步成为我国产业转型升级的重要抓手。特色小镇建设的关键在于小镇的综合谋划，大泗中药养生特色小镇从项目策划及概念规划的层面着手，提出小镇的整体运营框架和构思，明确小镇的发展定位及产业选择，并围绕特色产业和特色文化，坚持产业、文化、旅游“三位一体”，生产、生活、生态“三生融合”发展，打造形态精致环境宜人的的精美小镇。

[关键词]　产业转型；经济增长点；新型城镇化；发展定位；绿色生态

[Abstract]　China's economic development has entered a new normal, industries need to be upgraded,the characteristic town is becoming a grip of China's industrial transformation and upgrading. The key to the town building is the combination of the town,chinese traditional medicine health town in Dasi begins at project planning and conceptual planning, put forward the town's overall operational framework and ideas ,to define the location of the town and the selection of the industry. Around distinctive industries and distinctive cultures, adhere to one-piece development of “Industry, Culture, Tourism” and third integration development of “Production, Life, Ecology”,to build form delicate and pleasant environment beautiful town.

[Keywords]　Industrial transformation; Economic growth point; A new type of urbanization; Development localization; Green ecological

[文章编号]　2017-77-P-120

1.规划总平面图

一、特色小镇建设背景

我国经济发展进入新常态，增长持续放缓，结构性的有效供给不足，产业亟需转型升级。《住房城乡建设部 国家发展改革委 财政部 关于开展特色小镇培育工作的通知》，到2020年，中国将培育1 000个左右特色小镇，因地制宜、突出特色，充分发挥市场主体作用，创新建设理念，转变发展方式，通过培育特色鲜明、产业发展、绿色生态、美丽宜居的特色小镇。特色小镇、小城镇建设对经济转型升级、新型城镇化建设，具有重要意义，正逐步成为我国产业转型升级的重要抓手。

二、特色小镇建设的关键在于小镇的综合谋划

特色小镇建设本质上是一个产业问题，小镇的规划和建设，关键在于产业的科学谋划，逻辑起点在于产业的选择、在于经济的发展，一个产业基础扎实、方向定位明确、发展路径清晰、政策措施有力的特色小镇，才能有生命力。特色小镇只有根据区域要素禀赋和比较优势，挖掘本地最有基础、最具潜力、最能成长的特色产业，还要注重对地域文化的挖掘与传承，将文化元素植入小镇风貌建设的各个方面，并集聚创新资源、激活创新资源、转化创新成果，实现产业发展从资源要素驱动向创新发展驱动转变。

三、大泗中药养生特色小镇规划背景

大泗镇位于泰州市高港区，是高港区的“东大门”，史称泗水，因水得名，具有浓郁的商贸文化、医药文化、水文化、饮食文化。大泗镇医药文化历史悠久绵长，老中医、老药铺众多，历史上曾出现“一街十六药铺”的盛况，镇区内中医药产业平台已具雏形，医疗器械与舞台设备制造为两大特色领航工业产业，特色农业发展欣欣向荣。另外，目前依托江苏农牧学院建设的以“中药材种植，产学研养游”为特色的江苏中药科技园已投入使用，并成为大泗镇产业转型升级的重要抓手。

大泗镇欲以中药科技园为核心，建设中药养生特色小镇，实现泰州发展大健康产业的目的，培育产业发展新动能，寻找新的经济增长点。

四、大泗中药养生特色小镇规划特色

1. 规划面临的问题

目前，大泗产业品类多而不精，亟待整合，中药养生以及休闲旅游产业发展较为薄弱，对优势资源挖掘不足，优势产业未得到有效拓展和发挥，需要在产业空间布局的格局演化中找准定位，促进镇域产业整合、协同发展，发挥领头带动作用。

2. 规划特色

《大泗中药养生特色小镇策划及概念规划方案》围绕特色小镇展开研究分析，寻求中药养生小镇建设思路，聚焦特色产业的科学谋划，精准定位小镇发展方向，打造特而强的主导产业，选择与导入具有创新、活力及长久竞争力的产业链，形成一、二、三产业的联合互动圈。并在产业基础上，孕育出鲜明的特色文化，进而衍生出旅游功能，并辅以必要的社区配套，形成一个产业、文化、旅游、社区的有机复合体。

五、项目发展定位

1. 建设思路

随着生活水平的提高，人们越来越关注健康，大健康产业是21世纪最具前景、最为重要的产业之一；同时，人口老龄化使得养老产业需求旺盛；而中医药文化博大精深、底蕴深厚，非常值得挖掘；大泗拥有中药及医疗器械产业优势，健康产业结合中医药养生和养老产业是大泗产业发展的主导方向。

规划以产业为载体，形成“1+3+N”产业体系，1即以江苏中药科技园为核心的中药养生产业，3是以中药养生文化为特色的商贸文化产业，以生态旅游为特色的休闲娱乐产业，以健康医疗器械为拓展的大健康产业，N包括高端养老、舞台文化、电子商务等配套产业；以旅游为契机，积极探索“医养结合”养生养老新模式；以文化为导向，塑造大泗中医

药品牌；以生态为介质，注重城乡统筹。

2. 总体定位

大泗中药养生特色小镇以中医药文化为灵魂，以大健康产业为主题，以高端中医药产业和度假养生旅游为核心功能，全力打造融彰显地方中医药文化、养生文化、旅游文化、餐饮文化的新空间、新平台。

3. 形象定位

大泗因水得名，史称泗水，形象定位体现大泗的文化内涵与小镇特色，朗朗上口，利于传播。

“大泗若水，至善至美。”

“精致大泗，养生天境。”

4. 产业定位

做足中药文章，以商贸、旅游产业为切入点，深化健康科研衍生产业，联结中医药健康产业、养生旅游产业、医疗器械、舞台设备等，引入新产业、新业态、互联网+等概念，产游养学研融合发展，创新产业特色，打造泰州中医药旅游示范基地（详见表1）。

表1　产业定位

产	中药种植、中药制药、中药日化、中药食品、中药保健品、中医医疗器械
游	养生服务、养老产业、中药特产商贸、中药工厂游览
养	针灸、推拿、按摩、熏蒸、汤浴等休闲养生、中西医体检康复、中医疗养、亲子游乐、养生餐饮
学	中医院学院、中医养生培训、中药园艺、主题年会
研	中药制剂萃取、生物技术、中医养生文化研究、中医药论坛会议

六、项目概念规划

1. 规划范围

大泗中药养生特色小镇位于大泗镇北部，规划区面积为3km^2，核心区面积为1km^2。

2. 发展结构——聚焦产业，城乡融合

（1）以特色小镇为主体，更新老城功能，带动周边村庄发展，实现城乡统筹，打造创新创业示范基地；

（2）产业升级，向西协同高港区联动发展，形成大健康产业集聚核心；

（3）远期向南、向东拓展，强化功能叠加，挖掘优势资源，增强特色小镇的竞争力。

3. 功能布局

本次规划以江苏中药科技园为核心，充分考虑新老镇区、城乡之间、一二三产之间的融合发展，依托现有产业布局，立足中药养生，将特色小镇划分为六个功能片区：中医药产品加工区、中药科技园养生体验区、中药商贸文化街区、精致生活宜居区、养生养老配套服务区、中药种植生态区。

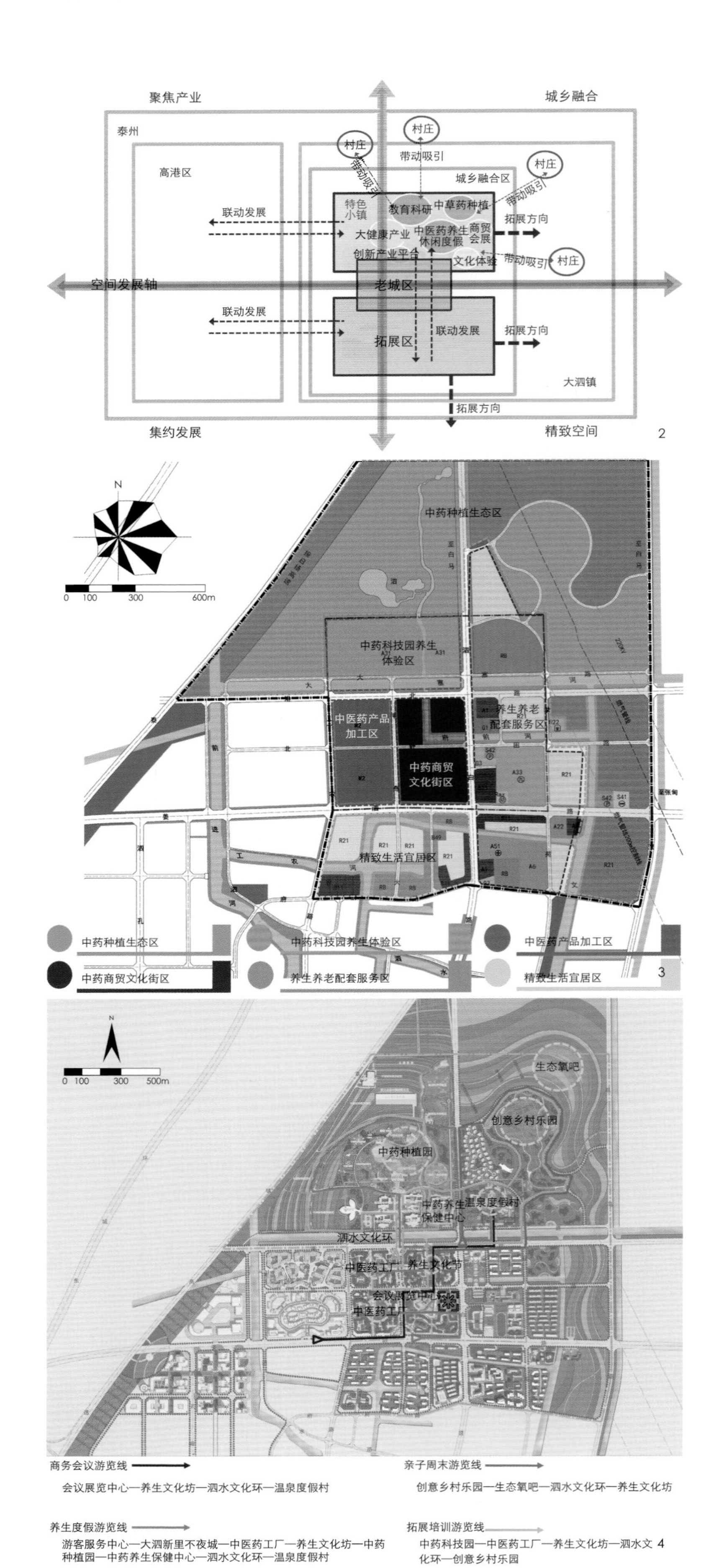

4. 项目框架

规划形成“泗水文化环活力引领，六大功能板块实力支撑”的一环六区项目框架，绘就乐游、乐业、乐居的美好蓝图。

在此基础上，具体发展如下项目（详见表2）。

表2　　项目框架

功能板块	主题项目	子项目
泗水文化环	水上活动、水上观光、水上体验	水上烟花、夜游泗水、趣味赛龙舟、水上航模、水上灯光秀、水幕电影
中药种植生态区	中药种植园	中药材主题公园
		中药材种植示范区
	创意乡村乐园	亲子农耕体验园
		氧气公园
	生态氧吧	彩虹田园
		原味乡村度假小镇
中药科技园养生体验区	中药材科普教育区	江苏农牧科技职业学院
		中医药科研中心
	健康科技园	养生培训中心
		中药养生保健中心
中医药产品加工区	创智天地	企业孵化
		中草药产研基地
	中医药工厂	中医药加工厂
		手工作坊
中药商贸文化街区	大泗新里	城市会客厅
		不夜城水街
	养生文化坊	中医药养生会所
		养生文化体验
养生养老配套服务区	大泗养生谷	健康养生养老度假区
		温泉度假村
	小镇颐养社区	双养住宅
		养生配套服务设施
小镇生活区	低碳人文国际社区	——
	回迁社区	——

5. 小镇空间塑造

空间是产业的载体，营造精致美好的小镇空间，自然能吸引人前来居住就业旅游。规划致力于打造一座：宜居小镇、精致小镇、生态小镇、魅力小镇，形成创新创业的新空间，城乡融合的新平台，产业集聚的新载体，人文风情的新亮点，旅游休闲新去处。

（1）宜居小镇

通过提供多样的居住形式，构筑步行距离全覆盖公共活动空间、打造绿色慢行系统、倡导可持续的交通方

2.城乡统筹发展分析图
3.功能布局分析图
4.游览线路分析图
5.驳岸设计图
6.低影响开发导向分析图

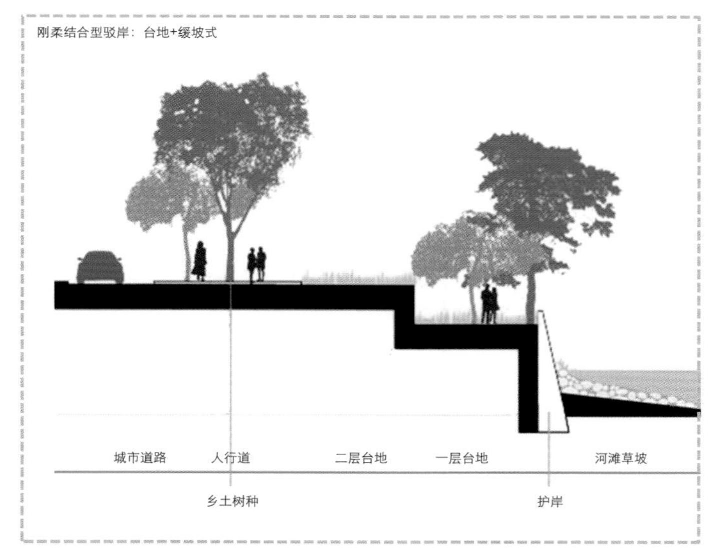

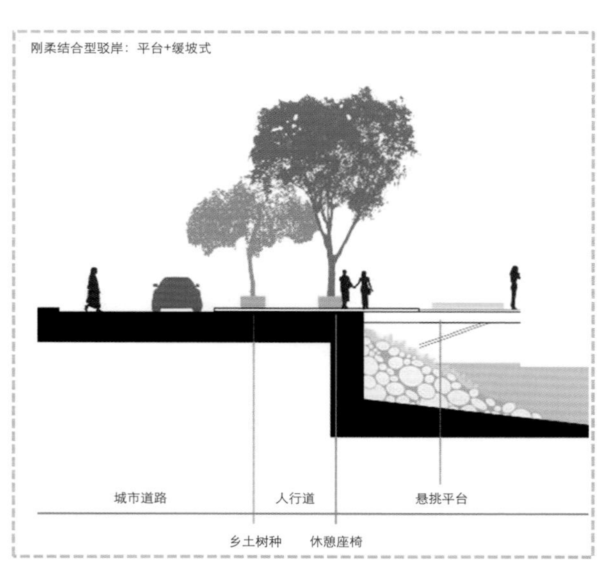

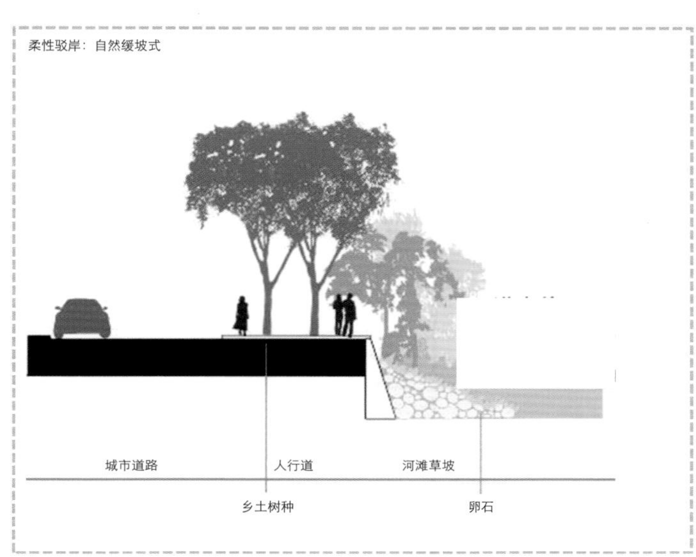

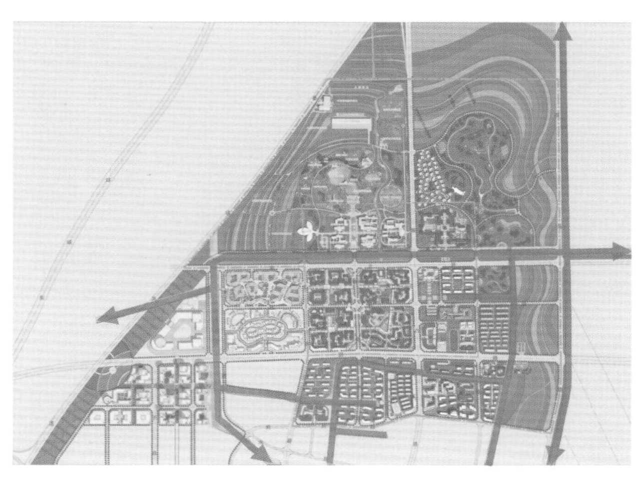

5

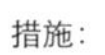

措施：

渗——减少地面雨水径流
滞——回补城市地下水位
蓄——增加雨水调蓄容积
净——控制面源径流污染
用——利用雨水收集回用
排——提高排水防涝能力

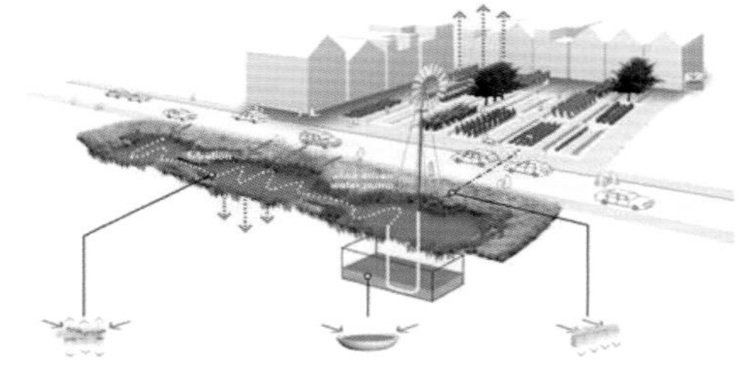

降低开发对雨水径流的影响

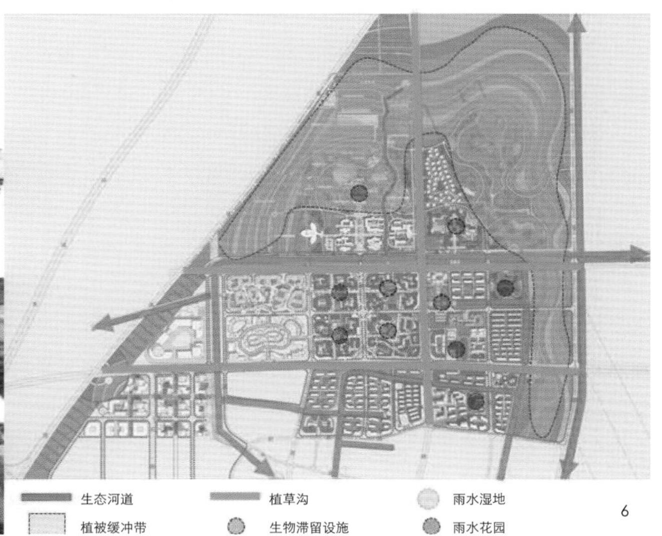

6

7.鸟瞰图

式，打造宜居的特色小镇。

①规划多样的居住形式，包括宜居生活区、度假酒店、养老公寓、养老别墅、养老疗养院、特色民宿、精品酒店、特色木屋，以满足各层次消费群体需要。

②构筑5分钟步行全覆盖公共活动空间，依托中药科技园、重要商贸街区、中药种植生态区以及滨水空间，分布多处休闲、游乐、养生运动设施，供市民及游客享受闲暇时光；

③建立完整的休闲、生活、娱乐的城市绿色慢行休闲系统，打造一座可以享受慢调生活的“漫游城市”，构筑“宜居、宜业、宜游、宜学”的低碳小镇、精美小镇。

④倡导可持续交通方式，将特色小镇的公交系统纳入到区域公交体系中，加强规划区与高港区及主城区的联系，结合现有河道，开发水上游船线路，打造独具特色的水陆公交及水上游览系统。

（2）精致小镇

注重细节推敲，通过水绿交融的景观环境，与环境景观融为一体的景观家具设计，遵循绿色环保的指示系统，变废为宝的生态景观小品，打造精致小镇。

（3）生态小镇

然生态环境，是小镇的优势条件，通过打造休闲特色的滨水风光带以及结合海绵城市，以低影响开发为导向，营造回归自然，慢享生活的自然环境。

①特色的滨水风光带打造，强化大泗水质保护，构建综合交错、脉络分明的水系，打造文气秀气大气 “河塘清盈、鱼儿畅游”的休闲滨水岸线和亲水空间。

②海绵城市建设理念，以低影响开发为导向，利用地形特征、植被种植改善生态环境、减少外排径流量、减轻区域防洪压力，具体采用“渗、滞、蓄、净、用、排”六方面措施达成目标。

（4）魅力旅游小镇

通过规划独具特色的旅游资源、精致的配套设施以及设置令人流连忘返的专项游览线路打造最具品质的魅力旅游小镇。

①独具特色的旅游资源，通过规划商业型旅游资源、体验型旅游资源、观光型旅游资源、生态型旅游资源，增强旅游体验型。

②精致的配套设施，规划从食、住、行、游、购、娱六方面要素，设置旅游配套设施，打造最具品质的旅游休闲度假基营。

③规划专项游览线路，根据不同游览人群以及不同游览主题，规划设置商务会议游览线、养生度假游览线、亲子周末游览线、以及拓展培训游览线，令人流连忘返。

七、总结

特色小镇的建设是个繁复复杂的工程，涉及到规划设计、施工建设以及后期运营等。而特色小镇在建设之初需要解决的问题有很多，综合谋划成为特色小镇建设的关键。本项目重点解析大泗中药养生特色小镇建设的背景环境，从项目策划及概念规划的层面着手，提出小镇的整体运营框架和构思，明确小镇的发展定位及产业选择，而这只是小镇建设的第一步，只有确定了小镇的发展方向，才能后续启动法定规划和设计、搭建工作平台。大泗中药养生特色小镇未来建设的道路还很长，需要步步为营去探索，不断发展创新，不断积累沉淀，才能取得成功。

作者简介

薛　娇，上海中森建筑与工程设计顾问有限公司，主任规划师。

项目主要编制人员：陆地、薛娇、史慧劼、任瑞珊、魏亚亚、汤妮、张慧杰、赵梓铭等。

地域特征在特色小镇营造中的应用
——以新疆二二二兵团北亭镇规划为例

The Application of Geographical Characteristics in the Construction of Characteristic Town
—A Case Study of the Planning of Beiting Town of Xinjiang

苏海龙 孙晓倩
Su Hailong Sun Xiaoqian

[摘　要]　本文从地域特征的三大方面，探讨了在特色小镇规划中的尊崇自然、尊重历史、尊重原住民需求和时代发展的地域观，并以新疆二二二兵团北亭镇规划为例，探讨了地域特征在特色小镇的营造中的应用，希望能为西部地区特色小镇的规划建设提供参考。

[关键词]　地域特征；特色小镇；小镇规划

[Abstract]　This paper explores the regional view of respecting the natural, respecting history, respecting the needs of the indigenous people and the development of the times in the planning of characteristic towns in three aspects of the regional characteristics, and taking the planning of Beiting town in Xinjiang as an example. The application of the regional characteristics in the construction of the characteristic town, hoping to provide reference for the planning and construction of the characteristic town in the western region.

[Keywords]　Regional characteristics; the characteristic town; town planning

[文章编号]　2017-77-P-125

特色小镇是国家发改委在今年五月初提出，于2016年在全国范围内选择1 000个左右的特色小镇进行试点。特色小镇建设是统筹城乡发展的重要载体，是经济转型升级、新型城镇化和新农村建设的重要推动力量。

地域特征和文化特质对于特色小镇的特色打造和发展起到至关重要的作用，但在当前的发展中，千城一面，千镇一面，对于地域特征如何在小镇的发展和传承中利用缺乏足够的关注。“只有民族的才是世界的”，特色小镇的建设应强化地域特色，这样特色小镇才会各具特色，拥有强大的生命力。

一、理论基础

地域特征是所在地的地理特征，是一个地方自然要素与人文因素作用形成的综合体，简单来说就是特定地域表现出来的与众不同的方面。地域特征一般体现在三个方面。

1. 区域性

区域性是地域特征的一个标志性特点，是人们界定一个地方的主要依据。每一件地理事件，都发生在一个具体的时空范围内，见证于具体的人群。

2. 人文性

人文性是区别于自然之物，体现人与文化，包含情感、意志与思想观念的内容。周边相邻局域之所以能区别于其他的关键，就在于其原有的历史性和人文性。

3. 系统性

单一的地理位置或者事件等不能形成地域空间，地域反应的事物或者关系往往是一个关系或者实体错综复杂的综合体，只有将地理位置、自然要素、人口、资源等要素以及历史要素融合在一起来分析，才会全面科学生动地把握其各种要素，形成准确的地域印象。

二、现状与反思

1. 何处觅乡愁——快速城镇化下小镇地域特色遗失

在快速城镇化的进程中，城市建设对于地方的气候环境、用地布局、建造方式等要素缺乏足够的重视，千篇一律的采用所谓的“现代”手法与造型。千城一面常被用来形容城市地域特色的匮乏，已经是我国大部分城市所面临的问题，乡村小镇在这个过程中，遭遇了同样的问题，小城镇的规划照搬城市孵化模式现象普遍，地域特色的缺失直接导致乡村小镇的低辨识度。

2. 特色小镇营造中的地域观

（1）尊崇自然

我国古代风水学中关于城市选址的理论就是对自然的一种尊重，《管子 · 乘马》中提出了因地制宜的城市选址和规划思想，曰：“凡立国都，非于大山之下，必于广川之上。高毋近旱而水用足，下毋近水而沟防省。因天材，就地利，故城郭不必中规矩，道路不必中准绳。”其主要思想就是通过对自然条件、地形地貌等方面的考察，形成先天有利的选址条件。

近代在城镇建设的生态保护方面做得远不如古代好，人工对自然干预过多，导致城镇环境恶化，反过来又影响居民的正常生活。“绿水青山就是金山银山”的环境保护的可持续发展理念深入人心，归根结底就是尊重自然，保护自然，保护自然环境就是保护人类，建设生态文明就是造福人类。生态兴则文明兴，生态衰则文明衰。

（2）尊重历史

小镇的历史是其发展宝贵的财富，历史遗留下来的文化、古迹、肌理、甚至植物都是小镇在新时代

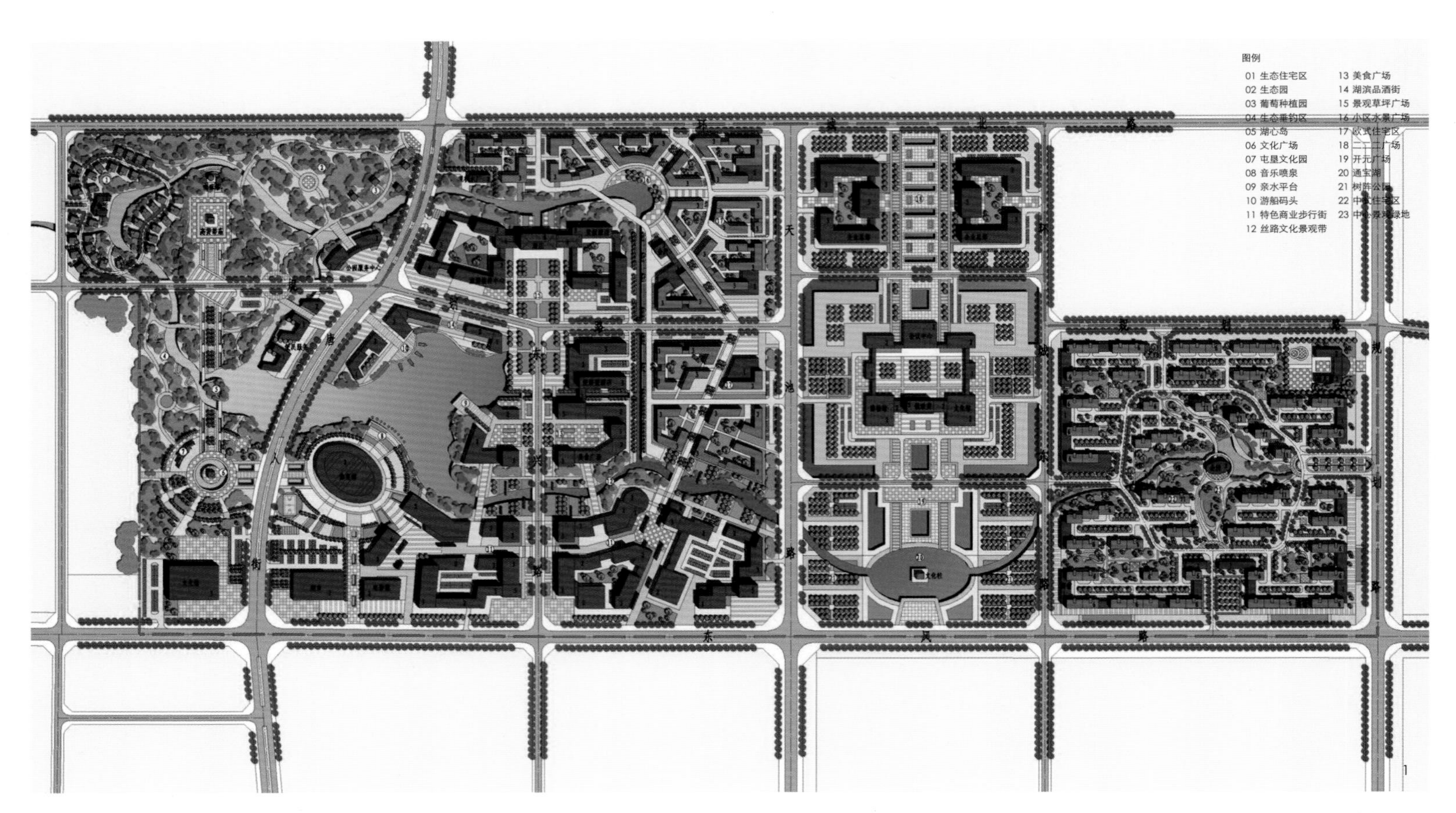

1.规划平面图
2.规划鸟瞰图

重新发展、重新定位的良好资源，是小镇有别于其他的特色所在。

在特色小镇的规划中，尊重历史就是对小镇的尊重，拥有敬畏历史之心，才能打造有灵魂的小镇。自2015年1月21日浙江省政府提出“创建特色小镇战略”一年多来，一个个各具特色的小镇如同漫天繁星般散落在浙江大地上，成为加快产业转型升级的新载体。那些成功的小镇，首先是爱护、敬畏自己的过往。只有对历史存有敬畏、对过往予以保护，融合“创新、协调、绿色、开放、共享”的发展理念才能带来最终的精神富裕。

（3）尊重原住民的需求

对原住民的需求的尊重是人文关怀的重点体现，高大上的历史要尊重，百姓娱乐的历史也要尊重。在设计的过程中，既要对小镇的人文特征有深入的了解，在空间设计中有所体现，也需要充分尊重原住民的生活需求，如公共交往的需求，宗教信仰的需求，民风民俗的需求等等。

2013年，六塘镇被确定为桂林市第一批示范小城镇。建设规划过程中，当地有群众建议把斗鸡文化表现出来，县镇领导认为“群众的意见有道理，也有可操作性”，就决定将这只好斗又好看的雄鸡画到小镇建筑的白色山墙上。没想到，这只好斗的雄鸡成为六塘的旅游标识，成为小镇的特色。

（4）尊重时代发展的需求

地域特色不是固定不变，随着时代的变迁而逐步升华，地域特色的营造是可持续的文化消费。文化消费是社会经济发展到一定阶段的必然产物。随着我国社会经济的快速腾飞，对于文化消费提出更高的要求。

因此，在特色小镇的营造中不是要墨守成规传统的营造手法与方式，而是在适应现代生活的基础上，摒弃糟糠，探索兼具传统符号与时代印记的表现形式。

三、小镇规划中地域特征研究——以二二二团北亭镇为例

1. 自然地理环境

兵团二二二团于1959年1月19日创建，地处举世闻名的新疆天池脚下，团部北亭镇距乌鲁木齐市中心72km，毗邻乌鲁木齐市甘泉堡工业园区，距阜康市中心18km，吐—乌—大高速公路和216国道通过团场附近，交通便捷。现是兵团唯一的直属团场。北亭镇是兵团38个重点建设小城镇及十个重点建设城镇之一，承担着二二二团政治、经济、文化、物流中心的职能，具有乡镇共性，总面积约121hm^2。

地貌：南部为天山支脉博格达山，团部地势平坦。

气候：属中温带大陆性干旱气候，冬季时间长，春秋季节不明显，昼夜温差大，年均气温6.7℃。

自然水系：有小沙河自东南向西北流过。

2. 自然资源

二二二团地处天山北坡博格达峰脚下，纬度为北纬43°~45°，与世界公认的法国著名葡萄基地波尔多处在同一纬度，是种植酿酒葡萄的“黄金地带”。

3. 历史文化积淀

（1）丝路文化

丝绸之路由北路、中路、南路、草原丝绸之路和海上丝绸之路这几条道路组成。陆路丝绸之路东起

2

中国古都长安（今陕西西安），西经南亚、中亚直达欧洲，全长7 000多km，在中国境内有4 000多km，是沟通古代东西方之间交流的重要桥梁，把古代的中华文化、印度文化、波斯文化、阿拉伯文化和古希腊、古罗马文化连接起来。团场北部现存丝绸之路古道之一的唐朝大路遗址，同时沿线分布了众多历史遗迹。因此，以丝绸之路为代表的经济文化历史渊源是基地重要的文化传承特征之一。

二二二团还分布众多的古城遗址，如阜北古城、六运古城等。而六运古城被认为是唐代的轮台县（推测）。唐轮台是唐朝治理天山以北的重要城镇，是丝绸之路上军事重要的据点、屯垦的重点地区，并在北疆首开征税之先河。

（2）屯垦文化

新疆屯垦戍边事业源远流长，远从西汉屯田戍边开始，历经东汉、魏、晋、南北朝、隋、唐、元、明、清代2 000余年，相袭至今。新疆和平解放以后，中国人民解放军第一兵团进驻新疆各地区，新疆的屯垦事业揭开了崭新的历史篇章。

四、地域特征在特色小镇的营造中的应用

结合现状条件，提出小镇发展的总体目标为：充分体现北亭镇的经济、社会和文化特色，建设成为布局合理、交通便捷、环境友好、社会和谐、具有独特地域特色的,以行政、商业、居住、文娱等功能为主的兵团新型小城镇示范区。

地域特征在特色小镇营造中主要体现在以下几个方面。

1. 空间结构体现与自然环境的和谐统一

自然环境是特色小镇依托发展的最本质基础，在小镇建设中应将小镇的布局形态、空间轮廓、色彩等与周边环境相协调统一。

根据北亭镇的地域特点，城镇结构形态为“一带、三心、八区”，形成“大分区、小组团”的整体空间格局。

周边自然山体、天然水系、绿色田野、生态聚落和内外沟通的绿化体系共同构成了独具地域特征的“大生态、小城镇”生态景观格局。

2. 文化根基，体现与历史演变的沿承发展

（1）镇行政中心——穿越千里丝路，历史再现

追溯历史，二二二团兴盛于唐代，丝绸古道穿城而过，留下大量的唐代文物、遗址。因此该地区深受唐文化的影响。唐文化最重要的一个特点就是“包容”“兼收并蓄”。

方案通过以唐文化为主体，融合中西文化，以小沙河为纽带，串联起不同功能区，各个功能区通过对空间形态、建筑风格的控制引导，呈现中原、西域、欧洲多样的风貌，在2km的地块里重现7 000多公里丝绸之路的地域、文化、景观变迁。

镇行政中心整体设计以唐代“城”的布局为理念，形成中轴对称的规整布局，同时水环绕着镇政府的景观设计也是延续唐代“里坊”理念的一大特色。唐轮台在北疆首开征税之先河，历史意义深远。而税赋的内涵可以体现为：政权、财富、公平。

理念：税赋开元，水聚通宝

市民广场通过设计开元广场，通宝湖，寓意“税赋开元，水聚通宝”，同时通过设置特定的符号如雕塑、税关、烽火台、唐朝井、铺地，来体现税赋“政权、财富、公平”的内涵。

（2）屯垦文化体验园

整体打屯垦文化体验园，结合景观水系，改善自然生态环境。并通过特色的体育休闲活动，以吸引人流，聚集人气。

（3）特色酒庄旅游服务区

以酒庄为主题，同时将休闲、娱乐、旅游消费结合起来，带动驿站旅馆、滨水休闲、湖滨品酒街、特色美食街的建设，形成以托斯卡纳风情的酒庄、特色旅游度假、酒店服务，并与河岸以南的特色商业区形成呼应。

3. 建筑要素，体现设计适应气候特征

特色小镇的营建始终要以地域特征为魂，善于

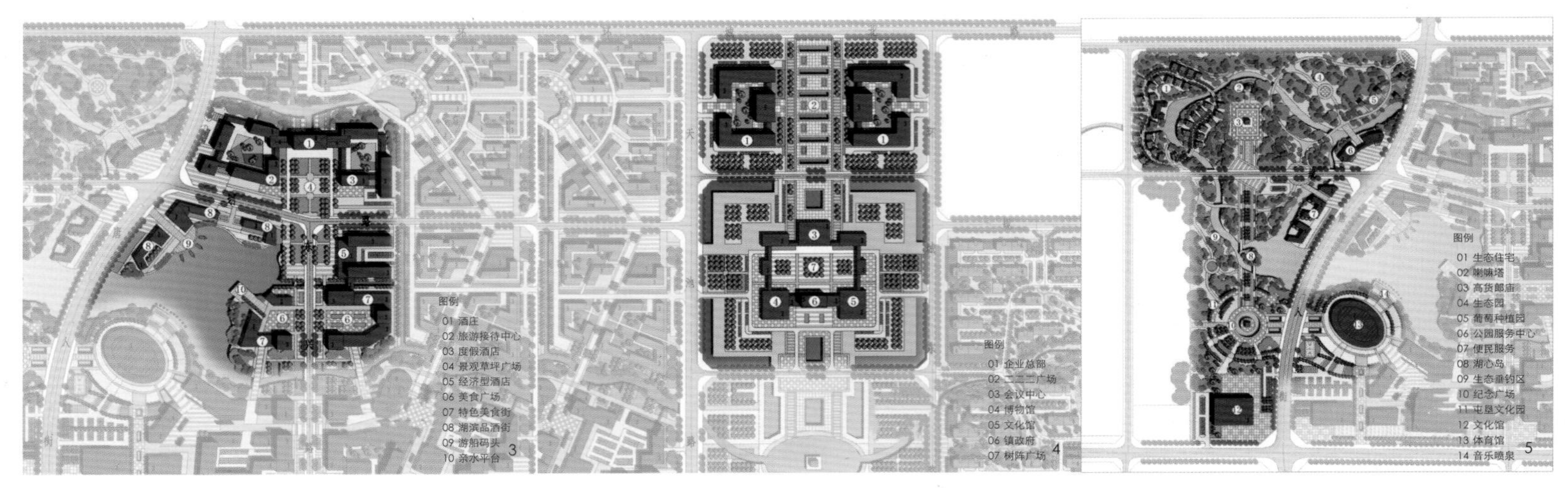

3.特色酒庄
4.行政区效果
5.屯垦文化体验园

表1　建筑及环境要素控制导则

分类	控制导则
建筑色彩	普通民居以灰、黄、白为主，表现淳朴、自然，一般公共建筑以灰、黄为主，商业建筑以黄、红为主
建筑高度	一般建筑不超过6层，重点建筑不超过11层
建筑体量	根据建筑物在同一平面的总面宽和最大对角线的尺度范围，将建筑体量分为小尺度和中尺度。小尺度总面宽不超过2层，最大对角线不超过30m，中尺度总面宽为4~6层，最大对角线45~60m。普通建筑以小尺度为主，一般公共建筑以中尺度为主，重要公共建筑体量不做控制
建筑形式	以坡顶为主，除行政中心外，坡顶颜色宜为红色
街巷形态	强调曲折多变，街巷宽度与沿街建筑高度比例不超过1/2
街道植物	采用落叶乔木
街道家具	采用木制或仿木制、可局部采用鲜艳的色彩

将地方的气候、水系、环境等各要素结合起来，寻找历史根基、总结场所精神，作为规划环境和建筑设计的起点。

（1）“多风”特征下的设计要点

与城市中倡导“风道”设计不同，在西北广袤的环境中，“多风”是主要特征。整体上，应适度提高建筑密度，形成组团状的格局形式，有利于冬季的寒风绕行吹过。在具体设计中，首先应使道路主体走向避免朝向主导风向，街道应提高建筑的“围合度”，规划主要采用公建围合，阻挡街道引入的寒风，部分地区可以用住宅院落和单位围墙，两侧建筑高度起伏不宜过大，避免形成风廊。

（2）“冬季时间长”背景下的设计要点

以暖色调为基调的总体建筑色彩，公共空间除部分应采取室内设计外，设计些小而围合的室外活动空间，避免广场三面开口，减少寒风引入，增加空间的温暖和舒适感。

街道的植物设计多采用落叶乔木，夏季可提供遮阳，到冬季则有利于更好满足人对日照的需求。同时，木、塑料和特殊的复合材料比金属、混凝土和石材更能为人们在一年较长的时段中提供舒适的感觉，因此应大力加以提倡，如可以将室外座椅等设计成木制或仿木制。

采用色彩鲜艳的室外环境小品来改善冬季室外场地灰暗单调的景观，丰富人的视觉感受，提高环境质量。

4. 软环境营造，体现地域特征的系统性

尊重当地居民的生活习惯，有意识主动保留传统文化中有价值的生活方式并在空间规划中予以支持和体现，如新疆地区悠久的历史和灿烂的文化形成了丰富多彩的文化生活，文化生活的重要特征就是传统节日多，歌舞多、集会活动多。在规划设计中，配套多层次多点的绿地广场，满足居民日常文化生活之所用。

另外一些非物质文化的传承，一些传统手工艺品的制作、特色民俗小吃等都是历史沿承的重要载体。软环境的营造，对人的充分尊重，是地域特征系统性的重要体现。

五、结语

尊重，是特色小镇设计的出发点，尊重小镇的自然形态与周边自然的关系，尊重历史留给小镇的文化个性，尊重居住在小镇里的人，尊重时代发展的需求。在设计中将地域特征中的空间结构、文化根基、建筑要素和软环境营造四个方面落实到特色小镇规划中，希望能为西部地区特色小镇的规划建设提供参考，并能引起更多学者就特色小镇的规划建设进行更深入的研究。

参考文献

[1]尼格尔·泰勒. 1945年后西方城市规划理论的流变[M]. 北京：中国建筑工业出版社, 2007.
[2]陈可石, 袁华, “形态完整”理念下的旅游小镇城市设计实践[J]. 规划设计, 2016(1): 45- 50.
[3]荣丽华, 彰显藏区地域特征的高原小镇总体布局规划[J]. 规划设计, 2013(2):35—38.
[4]朱莹莹, 浙江省特色小镇建设的现状与对策研究[J]. 嘉兴学院学报, 2016(3):49—56.
[5]路远. 地域特色：特色小镇生命力之所在[N]. 宁波日报, 2016. 7. 22.

作者简介

孙晓倩，硕士，上海复旦规划建筑设计研究院规划二所副所长；

苏海龙，博士后，上海复旦规划建筑设计研究院副院长，复旦大学城市规划与发展院院长。